见识城邦

更 新 知 识 地 图　拓 展 认 知 边 界

人类系统

A HISTORY OF HUMANITY

The Evolution of the Human System

PATRICK MANNING

[美] 帕特里克·曼宁 著　刘家峰 梅云鹤 译

生物、文化和社会进化
如何让我们走到今天

中信出版集团 | 北京

图书在版编目（CIP）数据

人类系统：生物、文化和社会进化如何让我们走到今天 /（美）帕特里克·曼宁著；刘家峰，梅云鹤译. -- 北京：中信出版社，2023.3

书名原文：A HISTORY OF HUMANITY：THE EVOLUTION OF THE HUMAN SYSTEM

ISBN 978-7-5217-5231-1

Ⅰ.①人… Ⅱ.①帕… ②刘… ③梅… Ⅲ.①人类起源－研究 Ⅳ.① Q981.1

中国国家版本馆 CIP 数据核字 (2023) 第 032301 号

人类系统：生物、文化和社会进化如何让我们走到今天
著者：[美] 帕特里克·曼宁
译者：刘家峰 梅云鹤
出版发行：中信出版集团股份有限公司
（北京市朝阳区东三环北路 27 号嘉铭中心 邮编 100020）
承印者：北京诚信伟业印刷有限公司

开本：787mm×1092mm 1/16　印张：23.75　字数：344 千字
版次：2023 年 3 月第 1 版　印次：2023 年 3 月第 1 次印刷
京权图字：01-2020-3554　书号：ISBN 978–7–5217–5231–1
定价：88.00 元

服务热线：400–600–8099
投稿邮箱：author@citicpub.com

CONTENTS

目　录

全新世进化

人类世进化

中文版序言

对中文读者来说,《人类系统》提供了有关人类系统（Human System）发展的解读。这是一部有关过去 7 万年间人类变革的历史，其核心在于运用口语的人类完善各项社会制度的过程。人类历史上这种长时段模式的发现源于科学分析的巨大进步与最新进展，特别是语言学、人类学、考古学、遗传学、气候学与生态学等学科的进展。本书展示了当今人类系统——包括民族国家、商业网络、学校、社区与冲突——是如何随着时间的推移、伴随着社会制度的发明而产生的。我是一名居住在美国的全球史学家，专职研究非洲历史。我在非洲方面的专长使我关注到人类早期进化、语言的发明，以及人类自非洲向其他地方扩张的历史。通过对比人类个体行动与运用语言进行交流的社会群体行为，本书对一系列问题进行了延续至今的探究，并对我们的未来进行了思考。

与此同时，我也在关注世界上的每一个地区，以及它们在整个人类社会中所发挥的作用。我对东亚经验与中国学者的研究给予了特别关注。东亚的历史进程包括该地区各个人类族群的定居、农业的兴起、商业与国家的建立，以及之后全球联系在东亚的扩张。我与东亚保持密切联系，这有利于我进行这一分析。自 20 世纪 90 年代开始，我就为研究生提供关于中国全球史研究方面的指导。我 2005 年首次访问中国，开始关注华人。2008 年，在南开大学的一次会议上，我成为“亚洲全球史协会”10 名创始成员之一。2017 年，我在山东大学停留了 3 个月，其间写作了本书的部分章节，做了学术演讲，并与该校历史学者讨论。这些经历让我意识到，全球史研究在中国与海外华人群体中很活跃，发展良好，而且其中也蕴含着多元视角。有个简单的方法可以说明多元视角，即思考中国在过去数百年中的变化。清代中国是一个运转平稳、国内蓬勃发展且具有对外影响力的中央王国。19 世纪 30 年代以后，中国在全球范围内经历了一个世纪的失败与屈辱，包括鸦片战争的失败、太平天国运动、海外移民的增多、与列强的一系列不平等条约，以及日本的毁灭性入侵。之后，中华人民共和国建立，中国逐渐回归世界舞台。中国现在是一个真正的强国，尽管这一地位也会带来几种潜在的冲突。这些经历产生了对过去截然不同的解释。

本书虽然是一部全球史，但并不是一部大国的历史。本书指出，人类言语社群的形成是社会变革最初也是最为持续的源泉。诚然，语言群体最终将变得十分庞大，而村级政府最终演变为了帝国。然而在今天，家庭仍然存在，地方社区与连接社区的区域网络也没有消失，这些结构仍然在很大程度上控制着人类社会的变化。因此，在本书中，东亚的内容将不仅局限于帝国统治者与宫廷文化，识字能力、教育、流行音乐和戏剧等方面的进步，以及普通人随着时代变迁提高生活水平的其他方式也将在书中提及。这种研究方法使人们注意到在每个层次的人际关系中，人们在平等和等级制度之间反复做出的选择。

我要衷心感谢山东大学历史文化学院教授刘家峰先生，他邀请我到济南进行学术交流，并承担了本书的翻译工作。我还要感谢张伟伟和亚洲全球史协会的其他同事，感谢首都师范大学刘文明教授，感谢中国其他地方以及整个亚洲研究世界史的同人，还有与我在美国东北大学和匹兹堡大学共事的研究生们。我希望本书有助于促进中文圈的世界史研究，在有关我们共同的历史的全球讨论中扩大亚洲的声音。

帕特里克·曼宁

美国匹兹堡，2021 年 5 月

序　言

在漫长的历史学家职业生涯中，我目睹了所谓的“世界史”所发生的剧变。起初，我阅读的是有关帝国、战争、伟人和欧洲扩张的著作。随着时间的推移，这些主题被全球化、性别、移民、环境变化、非殖民化和基因组所取代。我自己的研究——我主要关注世界历史中的非洲，以及跨学科研究非洲的经济、移民与文化——也与其他学者一样发生了变化。从那时起，我就计划进行一次全新的世界历史回溯，考察人类在过去的全部经历。在过去的三年里，也就是在本书的写作过程中，我不止一次地对我要研究的新问题和相关新知识感到惊讶。结果绝非明确，我将本书的资料更新到 2020 年，这涉及世界历史中的许多新事物。

我在开始写作本书时，使用了一个术语“人类系统”，以此强调在过去和现在，人类生活中有数量庞大的各种元素，作为复杂、进化的有机体的一部分在互相影响。我选择让人类系统与“盖娅”一同进化——人类作为个体和群体，与这个复杂的自然环境互动。我还假设，在产生人类的过程中，生物进化在某种程度上与社会进化过程有关，这个过程逐渐形成了今天的社会生活群体——城市、学校、国家、公司、团队。我认为口语——句法语言——的兴起是向社会进化过渡的核心。

一个令人惊讶的发现是，在20世纪80年代，学界出现了一种介于生活和社会过程之间的文化进化理论。这一理论成功证明了个体学习是如何将人类合作提升到更高层次的。但这一理论还认为，若要实现更大规模的人类社会，人们无须采取进一步措施。相比之下，一个仍然较新的社会进化理论表明，加入群体的协议，特别是以口语为媒介的，使人们能够形成具有内在动力的社会制度。虽然这两种新理论还没有实现融合，但我相信它们的结合体可以令人满意地解释人类系统的兴起。理清这些理论和其他理论需要就宏观问题展开辩论。我们可以将人类看作一个不断发展和运转的社会系统吗？是否存在一个可以解释历史主要趋势的社会进化过程？我们能将社会进化和生物进化联系起来吗？文化进化是整体人类进化的一部分吗？文化的含义有多广泛，又存在何种分歧？口语是第一个社会制度吗？我们应该如何理解我们在社会群体中的行为——相较个体行为，人类群体的行为是否能带来更好的决策？迁移是有益的还是有害的？在今天，流行文化与资本主义同等重要吗？

我对相关问题的解读是研究者个人层面的工作，我在以小规模的研究去探索一个非常宏大的课题。然而，一位学者如何能够汇聚如此众多学科的知识呢？显然，我对于各个学科的涉猎程度不尽相同。尽管如此，在我看来，近些年的经历谈不上不同寻常——我在其中几个领域接受过学术训练，在另外几个领域则是自学成才。在本科期间，我接受了化学和生物学的学术训练，而在研究生阶段，我用世界史的方法，包括一些人类学知识，研究非洲史和经济史。后来，我正式学习了人口统计学和移民学；我还阅读和研究了历史语言学的相关内容。我在专家的指导下阅读了遗传学和气候学方面的书籍；在最近的科学史研究中，我是自学成才的。此外，得益于如此众多献身学术的学者，我在本书中引用了他们的论著，很好地阐释了许多研究领域的基本原理和学术进展。在涉及如此众多的学科之后，最终的观点将是系统性的：人类系统通过相互关联的过程发挥作用，与此同时，在研究这些的过程中，研究者将会发现一些在零散探索中无法遇到的共鸣。此外，我需要在此声明，虽然我支持这些观点，但它们还是应该被视为假说，而不是已得到证实的研究结果。

在我看来，关于人类社会和生物变革的研究正在朝着我确信的方向发展，我写作本书的目的在于提供更多可能性，希望以此加快研究进程。我的核心假设是，大约 7 万年前，人类在非洲东北部发展出口语。这一论点引出了转变前后的重大问题——在本书中，我就这些问题进行了论述。我的第二个假设是基于社会进化的人类系统，这一理论得到了来自詹姆斯 · 米勒"生命系统"理论的强化，这个系统同时也是生物、社会和系统的框架。随后我就开始了我的阅读和写作计划，研究如何将社会的、生物的和文化的进化联结在一起。

在研究的每个阶段，我都会遇到众多学科所展示的令人难以置信的丰富知识和讨论。当我接触到最新研究成果时，我的理论和叙述都会经历几乎无尽的转变。我见证了物理学家的勇敢、化学家在确定多重尺度时的技巧、生物学在理论与经验主义之间的抉择、人类学和社会学通过意识形态进行的斗争、心理学具有战略性但又十分艰难的立场、历史学家的谨慎、系统和博弈论的极端，以及所有人心中对于"群体"的困惑。我一度希望本书能包含对近两个世纪知识进化的回顾，以此作为我关于人类进化叙述的伴生品。我撰写了《人类历史的方法》(*Methods for Human History*)，专门就此做了研究。在此，我重申这样一个观点，即跨学科的发展和交流是了解人类进化诸多方面的一个基本的、令人兴奋的方面。

世界历史不仅仅是一个故事。这是一系列谜题，需要我们在所有涉及人类经历的学科中进行最好的理论分析和实证数据收集。在本书中，我给出了我对世界历史上主要问题、数据和答案的理解，并照顾了不同兴趣的读者。对世界历史感兴趣的读者会发现，对社会变革的解释与创新、移民相关。关注社会动力的读者将会在本书中找到对于当前社会和环境危机的分析。关注物理、生物和社会科学研究的读者会看到这些应用于人类历史的理论。此外，研究生、本科生和中学阶段的学生会发现这样一个观点，即一个作者或读者，通过花时间阅读和讨论现有的知识资源，可以探索并得出有关人类社会重大问题相互作用的结论。还有许多重大问题亟待探讨。

致　谢

首先，我要向我已故的父亲、工会主义知识分子约翰·V. 曼宁（John V. Manning），以及我的兄弟、天文学家柯蒂斯·V. 曼宁（Curtis V. Manning）表示感谢，感谢他们一直与我讨论人类环境中的系统思维。我本科在加州理工学院攻读化学专业（也曾非正式地学习历史学）期间，接触了莱纳斯·鲍林（Linus Pauling）、马克斯·德尔布吕克（Max Delbrück）、罗杰·斯佩里（Roger Sperry）、詹姆斯·邦纳（James Bonner）和乔治·比德尔（George Beadle）等科学界名人。硕士阶段我在威斯康星大学麦迪逊分校，有幸跟随菲利普·D. 柯廷（Philip D. Curtin）、简·万思那（Jan Vansina）、约翰·斯梅尔（John Smail）、斯图尔特·沙尔（Stuart Schaar），以及经济史专家杰弗里·威廉森（Jeffrey Williamson）研究非洲史和世界历史。

我在与三位伟大的语言学家的密切接触中获益匪浅：与我同一时代的克里斯托弗·埃雷特（Christopher Ehret），以及上一代学者约瑟夫·格林伯格（Joseph Greenberg）和诺姆·乔姆斯基（Noam Chomsky）。在古根海姆奖学金的资助下，我在宾夕法尼亚大学正式学习了一年人口统计学，我在那里的老师是塞缪尔·普雷斯顿（Samuel Preston）、简·门肯（Jane Mencken）、苏珊·沃特金斯（Susan Watkins）和图库夫·祖贝里（Tukufu Zuberi）。在东北大学世界史中心，我曾与阿尔弗雷德·W. 克罗斯比（Alfred W. Crosby）和安德烈·冈德·弗兰克（Andre Gunder Frank）进行过密切合作。我在东北大学非裔美国人研究系工作了 22 年，这助力了我在非洲和非洲移民这一世界史领域的研究，与罗纳德·贝利（Ronald Bailey）和罗伯特·L. 霍尔（Robert L. Hall）的合作对于我来说尤为重要，我还与迈克尔·戈麦斯（Michael Gomez）、金·巴特勒（Kim Butler）、马甘·凯塔（Maghan Keita）、乔基·哈梅尔（Chouki El Hamel）和让-雅克·塞内（Jean-Jacques Sène）进行过合作。国际社会史研究所让我与利奥·卢卡森（Leo Lucassen）、扬·卢卡森（Jan Lucassen）、马塞尔·范·德·林登（Marcel van der Linden）、卡琳·霍夫米斯特（Karin Hofmeester）、菲利帕·里贝罗·达·席尔瓦（Filipa Ribeiro da Silva）和佩皮金·布兰登（Pepijn Brandon）等人相遇。在帕特里克·奥布赖恩（Patrick O'Brien）所领导的利弗休姆基金会的资助下，我又重新涉足经济史领域，彼时，经济史学家们的全球性研究工作方兴未艾。

匹兹堡大学世界史中心为全球各地的学者提供支持，推进了包含本书在内的许多项目研究，这种做法值得延续和推广。安德鲁·梅隆基金会资助该中心和匹兹堡大学出版社的一个三卷本的世界科学史项目，在该项目中，我的合著者有丹尼尔·鲁德（Daniel Rood）、马特·萨维利（Mat Savelli）和阿比盖尔·欧文（Abigail Owen）。中心主任露丝·莫斯特恩（Ruth Mostern）领导了世界历史地名项目，这是空间分析的核心资源。该中心让我接触了丹尼尔·贝恩（Daniel Bain）和奥布里·希尔曼（Aubrey Hillman），并得以向他们咨询地质学方面的知识；我还与莫妮卡·格林（Monica Green）探讨了疾病史；与杰森·卡森（Jason Carson）探讨了基因组学；我也曾与R.查尔斯·韦勒（R. Charles Weller）进行讨论，他曾于2016年鼓励我完成一篇长度约为一个章节的人类系统概述。匹兹堡大学的研究生詹姆斯·霍姆斯（James Hommes）和拉尔斯·彼得森（Lars Peterson）对我的世界史手稿进行了批评；克里斯·埃尔克森（Chris Eirkson）、杰克·布沙尔（Jack Bouchard），以及尤其是玛达琳娜·威雷斯（Madalina Veres）帮助我绘制了语言分布图；艾哈迈德·伊兹米尔利奥卢（Ahmet Izmirlioglu）协助我进行了语言和网络分析；马特·德温斯基（Matt Drwenski）提供了经济史方面的重要见解。杰里米·布莱克（Jeremy Black）和费利佩·费尔南德斯–阿梅斯托（Felipe Fernandez-Armesto）都友好地向我提供了他们正在写作的书稿的副本。匹兹堡大学图书馆系统的鲍里斯·米切夫（Boris Michev）和丹尼尔·安德勒斯（Daniel Andrus）熟练地为本书收集了部分资料。

我的女儿帕姆·曼宁（Pam Manning）向我展示了广泛阅读有关人类和动物的著作的益处。2017年，山东大学全球史与跨国史研究院的刘家峰教授邀请我举办了7次讲座，并给予我写作方面的支持。本书初稿的读者提供了宝贵的评论：尤金·安德森（Eugene Anderson）、伊丽丝·布罗维（Iris Borowy）、林肯·潘恩（Lincoln Paine）、克里斯托弗·埃雷特、费利佩·费尔南德斯–阿梅斯托、马蒂亚斯·范·罗苏姆（Matthias van Rossum）、皮姆·德·兹瓦特（Pim de Zwart）、艾哈迈德·伊兹米尔利奥卢、贝内特·雪莉（Bennett Sherry）、莫莉·沃什（Molly Warsh），以及剑桥大学出版社的两位匿名审稿人。在过去两年的书稿修订过程中，剑桥大学出版社的迈克尔·沃森（Michael Watson）曾悉心地给予指导。

我怀着深切的感情将本书献给我的妻子苏珊·曼宁（Susan Manning），我和她一起度过了许多快乐时光。她一直热情且富有想象力地支持本书的写作。

导　论

第一章 人类系统

今天人类所处的环境是如何形成的呢？我们生活在一个由人类的精力与活动所塑造的世界，在这个世界里，“自然”正在稳步退却。我们大多数人所生活的城市是人类创造的产物——由混凝土、沥青、钢铁、玻璃和砖块构成。甚至于城市中的木质元素也被人为地切割、重塑。水由管道输送或是装瓶运输，汽油被灌入油箱以便携带，天然气则有输气管道加以输送。我们通过由工厂制造的电话、电视和电脑进行交流。就连农村也严重依赖人类的建设与创造——纵然自然景观令人赏心悦目，乡村世界也是由人类规划开发的。农田里的作物受到化学和生物工程的培育与保护。我们的牛、羊、猪和鸡在人类的管理下生活、死去：这些被驯化的物种占所有大中型动物的大多数。就连昆虫和细菌也越来越受到人类的控制。渔业改变了海洋的生态，而塑料废弃物则留存在洋流中和海岸上。当然，地球还运行在自己的轨道上，太阳每天都在升起、落下，然而，季节正在发生变化。

人类的力量成就了人类系统，从地方层面到全球层面，这是一套复杂的社会互动和体系结构。这一系统在每块大陆上进行自我复制和自我改造，创造社会制度、物质产品，以及包括科学和文化在内的新知识。该系统创造成果并分配收益——然而人类的扩张过程伴随着压迫和破坏，在某些情况下，这导致了整个社会的毁灭。自然界虽然被日益边缘化，但尚未被驯服。新的细菌和病毒毒株战胜了药品和疫苗，在医学界认为已经取得胜利的地方传播疾病。化学和石油的新产品导致了癌症。石化产品的燃烧和家畜产生的甲烷正在使地球的气温升高，由此带来短期的气候波动和长期的灾难性后果。

在本书中，我考察了推动人类历史变革的四个因素。前三者是生物、文化和社会的进化过程，它们共同构成了人类系统。在宏观的共同进化过程中，人类的这三种变化之间，以及它们与自然环境之间始终相互作用。根据达尔文的理论，生物进化使拥有较大大脑的直立行走物种出现；20 世纪 80 年代以来的文化进化理论主要考察拥有较大脑容量的人类个体的学习过程，特别是合作学习过程；社会进化（我在本书中进行了进一步的理论探索）则源于人类通过有意识的群体行为创造出的一系列社会制度。制度包括语言、社群、移民、农业、写作和经济体系，其中的每一个因素都有着自己的发展路径。第四个推动历史变迁的因素是盖娅——地球上生命的整体系统。20 世纪 70 年代，盖娅这一概念由詹姆斯·洛夫洛克（James Lovelock）提出。它是自然环境的一部分，在生物圈、大气和岩石圈的相互作用中，通过植物制造氧气，会导致气候波动，但也能使得气温长期稳定。[1] 人类系统最初只是盖娅很小的一部分，但在经历成长后与盖娅之间产生了新的矛盾关系。人类现在是能够影响盖娅的最大力量，同时盖娅也保持着对人类的巨大影响。人类的历史就是开发的历史：开发盖娅的自然资源，开发人类个体的能量和想象力，开发人类群体新的结合方式。[2]

在人类秩序的缓慢的共同进化中，我认为过去的很多选择已积重难返，让我们今日面临的风险愈发严重。与此同时，我也认为当前境况提供了重要的群体行为新模式，有潜力应对甚至解决当今的重大危机。我将人类群体视为共同进化的主导因素：群体行为促成了巨大的进步，人类因此形成了拥有共同利益的庞大群体——数亿人使用的语言；拥有数亿公民的国家；在专业且享有特许权的小型管理团队的领导下，成千上万名工人生产商品、提供服务的公司。然而，更大规模群体的建立也导致了更大规模的仇恨，比如在一些亲社会主义者与亲资本主义者之间，以及在一些基督徒和穆斯林之间。群体行为还包括关于社会优先权的不同观点之间的争论，因此，意识形态及有关意识形态的争论从一开始就伴随着我们。

人类及其系统现在似乎处于危机之中。有些人取得了成功的进步，有些人遭到了无情的歧视，所有人都面临着崩溃或战争的威胁。在由这些因素构成的奇特组合中，我们是怎样以及何时达到如此境地的？这些困境是资本主义及前几代人快速变革的后果吗？难道是2000 年前建立的伟大帝国和伟大宗教让我们走上了通向如此艰难境遇的道路？又或是自早期人类诞生和发展以来逐步养成的一些习惯，使得我们的祖先和我们无法防范如今严重威胁我们的困难？[3] 无论如何，我认为人类面临两大危机。在环境恶化的危机中，我们面临着气候波动，以及科学界预测的气候灾害加速、各级物种灭绝、水资源被破坏等。社会不平等的危机正在给社会福利、经济生活、就业和治理参与方面带来权利的分化和丧失。健康状况、生命历程和教育水平的差距已然缩小，但对于人人平等的认识却充满分歧。

此外，我认为我们在当前的危机中还面临着第三个维度——我们的知识体系无力应对环境恶化和社会不平等的危机。在很大程度上，人类倾向于忽视和否认地球与人类所面临的挑战。为什么企业、政府和群体否认气候变化的存在？为什么它们在限制或调节气候变化的相关政策上投入的精力如此之少？为什么这些机构否认社会不平等和权利丧失所带来的负面影响？为什么那些学术成果丰硕的学者似乎无法诊断环境和社会的危机，也无法调查这些危机遭到否定的原因？

为了对这些危机做出回应，我最后强调一下人类系统的进一步变革——更大规模，甚至是全球性的人类群体的当代发展。也就是说，截至现在，我们已经经历了流行文化的兴起（不仅仅从父母那里，也从多个群体处获得灵感）和（在广义和狭义两个层面上）知识的急剧拓展。从这些变化中，一种流行全球的话语诞生了——关于社会优先事项的一致与分歧，这有可能在我们面临重大抉择时促成全球共识。我承认，民族歧视和排斥的消极方面、执政的宪政政府转向独裁统治、卓越的人权宣言一再被违背、公司唯利是图，凡此种种都令人感到失望。我们宣扬妇女和儿童应该享有平等的权利，但对于这种或那种权利的剥夺却发生在世界各地。然而，我想强调的是，一些全球性的标准已由稳步壮大的人类群体明确表达出来，在某些领域满足需要，并逐渐获得声望，但也有人违反这些标准，而且没有受到任何惩罚。尽管仍有很多人否认危机的存在，但是人类之间的相互理解正在稳步增进，并对针对性别、年龄和种族的歧视与剥削提出批评。

人类社会面临的诸多选择之一是应不应该集中精力去更多地了解人类系统——包括它的进化、它的缺陷，以及当我们试图驾驭它时所遇到的问题。当人们为实现一个共同的目标而结成群体时，他们是否会寻求评估公共福利可能因此受到的影响？是什么使机构的领导者们只顾自己的利益而不顾大众福利？为了解决这一问题，我在全书中追踪了人们出于共同目的联结并扩展的网络，以及等级制度的平行扩展——纵向网络也可能产生有利于人类福利的劳动分工。正如我认为的，人类本性固然根深蒂固，但却会随着时间而发生改变。如果出现一种关于公共福利的全球共识，那么它可能会再次改变人类本性，并随之改变人类历史的发展方向。

智人的历险始于 20 余万年前，并一直延续至今。本书讲述了家庭生活的一幕幕故事，包括学习说话、建立社会制度、迁移到新的土地上、保持联系以建立人类系统，以及在如今城市社会中遭遇全球性危机。本书将不仅限于这个故事，而且会进一步提出需要解决的难题。我希望读者们能参与进来，揭示我们的祖先在他们复杂的人生轨迹中如何完成每一步。我们将探讨横跨多个学科的数据、逻辑和术语。我的叙述将集中在人类历史上的进化和迁徙过程。这个过程可分为四个主要时期，以从更新世（Pleistocene）早期到7万年前的原始人类和文化的进化为叙事起点。此后，我将追踪三个由社会进化主导的时代——7万年前的更新世晚期、1.2万年前至公元1800年的全新世（Holocene），以及社会进化达到全新水平的人类世（Anthropocene）。我将移民问题视为社会进化问题的从属问题，但我认为移民对人类的发展轨迹至关重要：它在每个地区都保持着多样性和原创性。一般来讲，我对人类进化的研究进路是强调种群的多样性，以此避免某些特定群体可能获得人类优秀特质的推论。我强调遗传的多样性，这与费奥多西·多布然斯基（Theodosius Dobzhansky）的推论类似。多布然斯基在20世纪30年代提出了新达尔文主义假说，他强调人类种群广泛的多样性，这与优生学家的观点形成鲜明对比，后者认为，通过少数关键基因可以提纯出优良品质。[4]此外，我还注重文化进化中的学习过程、社会进化中的制度，以及个体和群体层面情感表达等方面的多样性。这是我在本书中强调迁移、移民和全区域覆盖的原因之一：旨在指明全时间、全区域内人类多样性的一项工作。

人类系统的进化：关键问题、关键假设

在世界人满为患的今天与我们的祖先生活在东非热带稀树草原的过往岁月之间，存在一个缺失的联系环节，这是人类出现与当今复杂人类社会之间的联系在知识层面的脱节。这个缺失的环节是时间的、学科的和理论上的。在时间方面，当我们的祖先开始说话，并迁徙到新的土地上时，约7万年的时间间隔将今人与他们分隔开了。在学科

方面，生物学家、社会科学家和历史学家的训练与阅读都有很大不同。这种缺失也体现在理论上，即生物学家遵循达尔文理论、遗传学和表观遗传学的最新进展，以及包括物理学和生物化学在内的学科联系，而尽管历史学家和社会科学家在理论方面能力不断增强，但相比叙事来说，他们在理论方面的努力仍显不足。我关注自然科学与社会科学之间的隔阂，尽管我也强调学者们讨论的主线应将这些学科联系起来，因为这些学科可能有助于解决人类发展和变革这一大问题的一些方面。[5]

如何搭建起关于人类的生物学研究（早期）和关于人类的历史学研究（早期，但主要关于现世）之间的桥梁呢？架桥的第一步在于确定指引我们探索隔阂的主要问题。在开始人类系统的研究之前，我在此提出贯穿全书的四个问题：

· 系统。人类作为一个系统是如何运作的？

· 进化。人类的进化过程是怎样的？

· 自然界。人类和自然界是如何联系在一起的？

· 转变。人类在过去和现在都面临怎样的重大转变？

这四个问题从不同方面聚焦于两大问题：系统行为和人类进化。这些问题引导我们深入探索人类历史的进程和事件。研究人类系统的发展和变革包括识别系统的要素，回溯它们的相互作用，并分析它们迄今为止所发生的转变，特别是关注个体和集体意识的作用——我们的“行为”和“人类本性”。我所说的“人类进化”指的是几个相互重叠的过程：不仅是生物进化，而且是文化和社会迄今为止的变化历程。人类系统是否能自动对当代危机做出适应性反应？系统能否及时改变方向，以降低其内外两方面所面临的损害和威胁？或者，在这里预测一个将成为本书核心的问题的答案：无论是在个体行为层面还是在群体行为层面，人性会改变吗？

上面提出的四个问题不能自问自答：问题必须由分析人士给出答

案，以精心挑选的**假设**来构建自己的调查。在选择假设时，我受到了查尔斯·达尔文在生物进化研究中假设和分析的启发（就像其他许多人一样）。达尔文在《物种起源》（*On the Origin of Species by Means of Natural Selection*, 1859）一书中非常明确地给出了以下关键假设：

> 由于生存斗争的存在，不论多么微小的或由什么原因引起的变异，只要对一个物种的个体有利，这一变异就能使这些个体在与其他生物斗争和与自然环境斗争的复杂关系中生存下去，而且这些变异一般都能遗传……我把这种每一微小有利的变异能得以保存的原理称为自然选择。[6]

达尔文据此强调了他对生存、变异和遗传斗争的假设，并将其概括为自然选择。自然选择的主要影响是物种间的**分化**（divergence）。[7]

与达尔文的明确论述相反，涉猎广泛的社会学家赫伯特·斯宾塞（Herbert Spencer）在1857年做出了关于“进步”（progress）的更为模糊而笼统的论述。斯宾塞的论述横跨自然科学领域和社会科学领域，强调“进化”（evolution）和“进步”是每个研究领域的特征。

> 由简单发展为复杂，经历了一个持续的分化过程……它可以见诸地球的地质和气候演变中，存在于地表每一个生物之上；它可以见诸人类的进化中，无论是之于公民个体还是群聚的集体；它可以见诸社会的发展过程中，在政治、宗教和经济组织方面均是如此；源自人类活动的无穷无尽的或具体或抽象的产物构成了我们的日常生活环境，在这些产物的进化中，我们也能看到它的身影。[8]

斯宾塞的逻辑是，在“进化”这个术语之下，将所有转变一概而论，并假定“进步”是每个层面所固有的。虽然斯宾塞很快便接受了达尔文的生物变化机制，并称之为“进化”，但他并没有为其他的转变建构相同的机制。他描述了自己看到的一个普遍结果，然后含糊地给出了一个普遍原因，却没有提供细节解释。斯宾塞之于每个领域都是进步理论家，而达尔文则是生物学领域的分化理论家。达尔文的理论由于包含一个特定的机制来支持其整体假设，因此是可以被测试并最终被验证的，但斯宾塞没有建构出“同质转化为异质”的机制，只是简单重复了自己的整体假设。达尔文开启了对生物进化的具体研究，斯宾塞的推测在引发争论的同时却没有开启对人类社会变革的系统研究。确保进行分析的假设足够具体，这个问题将占据本书的大量篇幅。

达尔文的分析引出了一个关联问题：人类社会和文化变革的历史如何适应生物进化？人类学奠基人之一爱德华·泰勒（Edward B. Tylor）以一个至今都非常有名的定义作为《原始文化》（*Primitive Culture*, 1871）一书的开头：“文化或文明，从广泛的人种学意义上来讲，是一个复杂的整体，其中包括知识、信仰、艺术、道德、法律、习俗，以及人类作为社会的一员所获得的其他任何能力和习惯。”[9] 尽管泰勒对法律和习俗的关注意味着他认为文化存在于群体层面，但这里他对文化的定义并没有明确指出，文化的来源是人类个体还是社会群体。[10] 泰勒接着探讨了人类的种族差异，认为不同的种族由一个统一的人类物种产生，并强调语言和意识在人类历史上的特殊作用。泰勒支持对人类变革的科学研究，但他采取叙述和描述的方式来表述自己的想法，而不是建构变革的机制。因此，泰勒认为人类学（即对人类的研究）是独立于生物进化研究的科学研究。[11]

达尔文理论的特殊性意味着，随着时间的推移，其理论中的错误已被发现和纠正。达尔文假设了一套自然选择的运作方式，它有赖于个体层面的动机和行动。从这些最初的论述起步，生物分析开始了极为复杂的发展历程，但其主要还是加强而不是否定了达尔文的早期洞见。相比之下，19 世纪社会科学分析的不精确性同时掩盖了社会科学的优点和不足。斯宾塞想当然地认为从统一到多样化的进步是必然结果，但他却没有设想造成这种结果的过程。除了斯宾塞以外，许多对于人类社会变革的分析都倾向于假定一种普遍的、不具体的推动进步的动力，而不是构建某种更具体的机制。[12] 泰勒认为文化的存在以某种方式有赖于人类群体，然而他并没有对文化进行分析，而是对其进行了描述。总而言之，社会科学家没有建构出具体的社会变革理论机制，也未能为他们的研究打下能与生物学相匹配的基础。[13] 这种失败不是由于学者们能力不足，而是（至少部分）由于意识的复杂性和社会科学对意识形态主张的敏感性。

时至今日，虽然对人类生物进化的分析是连贯的（尽管并不完美），但我们还没有对人类社会的进化做出连贯分析。我对于社会进化的理解在很大程度上有赖于心理学家唐纳德·坎贝尔（Donald T. Campbell）的睿见，他断言社会进化在人类社会中发挥中心作用，并以达尔文主义的方式构筑了相关模式。[14] 不过，基于坎贝尔在书中所讨论的领域所取得的新进展，我对他的方法进行了改进。在我看来，对社会进化进行分析时应该将重点放在群体行为和社会制度上。尚未解决的问题包括：我们如何解释人类群体的功能？口语在人类进化中发挥了怎样的作用？迁徙在人类历史和进化中具有怎样的地位？在更宏观的层面上，我们还没有在以下方面建立起连贯的分析：人类变革中的个体和群体行为，人类作为一个系统所具备的功能，文化生产在该系统中的位置，人类与自然界的相互影响，以及人类所经历的重要转变（尤其是人类对自身过去认知的扩大）。为此，本书构建了一个分析人类整体进化的框架，尤其关注社会进化的逻辑。我在附录中提供了对这个框架所使用方法的简要总结。[15]

世界史的方法

世界史学科为探索这一系列重大问题提供了一个适当的体系框架。借助该框架，我试图对世界历史进行全新的分析和叙述。世界史框架拥有宝贵的概念资源，例如多重视角（学科和意识形态）、存在的多重尺度（在人类和自然界中）和社会要素之间的系统互动，以上所列为中心要素，框架当然也包含其他要素。世界史虽然是一个相对较新、规模尚小的研究领域，但由于其侧重跨学科的协调研究，因此对于这一任务具有优势。在此，我将对这一领域的大致范围做一说明。在世界史研究诞生之初，先驱研究者们积极而成功地推进环境史的研究进程，包括气候史和生物变革史，以及人类层面的相关历史。在该框架内，世界史学家还对全球经济、帝国与民族、世界各地的迁徙路径、性别关系模式、种族与奴隶制问题，以及科学层面上的全球联系进行了分析。[16] 我赞同现在去寻找人类历史上缺失的一环——人类起源与我们今天的生活之间在分析上的区隔。由于我们面临日益严重的社会和环境危机，我们越来越有动力以更深的历史和分析深度去研究人类社会的进程。从某种意义上说，此项研究的准备工作对于身为作者的我来说就像一次个人的旅程，因为我见到了令人惊讶的新类型的证据和越来越多分析者精巧的公式化分析。在另一种意义上，我发现本书揭示了跨学科研究基本的协作性质，即将讨论和集合知识相结合，以此确定并最终解决重大问题。然而，关于人类进化与人类系统令人满意的图景并非很清晰。

在本书中，我回溯了人类系统从早期人类祖先到今天的发展与转变，其中我将重点关注进化过程、人口迁徙、社会制度的建立，以及人类与盖娅的相互作用。虽然我根据最新的证据和有别于他人的理论提出了自己的观点，但我还是要感谢曾大致在这一领域耕耘过的作者们，他们对于人类经历的所有领域都进行了考察。主要作品有贾雷德·戴蒙德（Jared Diamond）的《枪炮、病菌与钢铁》（*Guns, Germs, and Steel*, 1997）、约翰·R. 麦克尼尔（John R. McNeill）和威廉·H. 麦克尼尔（William H. McNeill）的《人类之网》（*The Human Web*, 2003）、大卫·克里斯蒂安（David Christian）的《时间地图》（*Maps of Time*, 2004）、弗雷德·斯皮尔（Fred Spier）的《大历史与人类的未来》（*Big History and the Future of Humanity*, 2nd ed., 2010）、安德鲁·施莱奥克（Andrew Shryock）和丹尼尔·洛德·斯迈尔（Daniel Lord Smail）合编的合集《深度历史》（*Deep History*, 2011）、克里斯托弗·蔡斯-邓恩（Christopher Chase-Dunn）和布鲁斯·莱罗（Bruce Lerro）的《社会变迁》（*Social Change*, 2014），以及尤瓦尔·赫拉利（Yuval Harari）的《人类简史》（*Sapiens*, 2015）。[17] 上述作品非常出色地描绘了从两足人科物种到当今世界的转变，尤其展示了地质、气候变化与生物进化之间的相互作用，并总结了有关古人类大脑发育的古生物学工作。麦克尼尔父子发展了网络的寓意，以此回溯人类相互联系日益紧密的历史，克里斯蒂安区分了旧石器时代的“扁平”网络与农业时代的等级网络。[18] 克里斯蒂安和斯皮尔强调了物质世界的背景，并回溯了人类能源消耗的稳定增长。在这些广泛而流畅的叙述中，一些概念脱颖而出：直立行走、大型大脑、农业及复杂文明。历史社会学家蔡斯-邓恩和心理学家莱罗针对人类历史提出了一种比较的世界系统方法。赫拉利相比其他人更多地强调口语的兴起，并回溯了人类社会后续发展阶段中不断变化的哲学困境。施莱奥克和斯迈尔与他们的同事对方法论进行了广泛探索：相较于叙述，他们更强调方法，他们还确定了许多有价值的工具，用以探索遥远的过去。总而言之，这些著作为研究人类的长期历史构建了一个历史和多学科的框架，不过我们仍然需要通过各种方式来让其发挥作用。

除了生物学与社会科学之间的历史距离外，还有一个可能存在重大分歧的方面：人类行为是否可以完全用个体经验和选择来解释？还是说有意识的人类群体在群体层面上参与群体选择具有更重要的意义？文化最好被理解为个体选择还是尚在辩论中的群体选择？我认为，语言的诞生必然是一种群体现象，因为创造词汇和句法的行为必然有赖于一个稳定群体成员之间的互动与协调。对于任何一种局限于个体分析的进化理论来说，想要合理地解释语言的兴起，尤其是口语的维持，的确十分困难。因此，这个逻辑指引我去寻求一个合适的人类群体行为模式。

然而，许多生物学家对群体能否成为进化性变革的基础持怀疑态度：围绕社会群体构建生物或文化进化的努力失败了，又回到个体进化的水平，因此他们提出这个观点并加以理论化。[19] 与此同时，文化进化理论家认为，个体的社会学习在与生物进化的共同进化过程中，可以促成一个稳定的更高水平协作，或许足以解释今天人类的大型社会和文化制度。[20] 不过，分析大型社会制度和文化协作的研究者不太可能相信这种理论可以解释当今文化生产的丰富性。相关讨论一定会很有趣。为了突出这些相异的维度和观点，我选择将“文化”这一宏观概念分为两个子概念，即将“个体层面文化”与“群体层面文化”区分开来。简单来说，“个体层面文化”应用文化进化理论来进行分析，并主要聚焦于学习，而“群体层面文化”应用社会进化理论来进行分析，并聚焦于表征（不过也包含对艺术和人文学科的探索）。[21] 事实上，我认为这两个方面相叠的面积很大。

为了说明我的观点，即人类行为是个体动机与群体关联的结合体，我在此给出两个历史事例，每个事例都可以把个体身份与国家群体联结起来。1789 年，法国大革命爆发，国民议会通过了《人权和公民权宣言》（Declaration of the Rights of Man and the Citizen），这是一份令人难忘的个人权利宣言，与君主统治形成了鲜明对比。然而三年之后，随着法国与侵略者开战，焦点从个人转移到国家，转移到军事方面，正如群体关注的流行歌曲《马赛曲》所表达的那样。在第二次世界大战后，在个体与群体之间的身份平衡方面上演了类似的情节。在挫败了纳粹德国和日本帝国主义的种族等级区分图谋后，新成立的联合国于1948年通过了《世界人权宣言》(Universal Declaration of Human Rights)：这又是一份令人难忘的以个人主义为宗旨的宣言。随着宣言的通过，一个伟大的非殖民化时代开始了。100多个新国家诞生，国家认同得到前所未有的扩展。在这两个事例中，人们都可以看到一份个人及个人权利至上的正式声明，这与强大社群的实际发展相关联，而社群中的成员（或者说他们中的大多数）愿意为共同幸福而奉献自己。总而言之，针对人类群体的理论分析与对个体行为的分析同等重要。

本书架构与假设

在本章之后，本书将分三个部分发问：是什么在支配人类的行为，我们又是如何知道的？本书开篇介绍了我们生活其中的人类系统，包括其功能上的多个层次以及加速变化，同时也介绍了该系统在环境退化和社会冲突方面面临的困难，由此提出了解释人类社会和人类系统进化的任务。[22] 本书余下的三个部分叙述了人类社会转变的三个地质年代：更新世，从大约300万年前至1.2万年前（第二章至第五章）；全新世，从1.2万年前至公元1800年（第六章至第八章）；人类世，指过去的200年（第九章和第十章）。在最后，人类成为地球上主导变革的力量。

从第二章开始，在生态变化的背景下，我将叙述上至约7万年前更新世的人科动物（hominin）和文化进化，包含以下假设：

1. 古人类脑容量。自200万年前开始，通过遗传、表观遗传、文化，以及环境变化的共同进化，古人类的脑容量迅速扩大；

2. 拓展古人类能力。扩大的脑容量通过不同机制使得古人类个体层面上的能力得到提升，包括推理、学习、交流、想象和情感表达；

3. 个体层面人类本性。这些古人类的能力可以被统称为“个体层面人类本性”，包括个性、情感和家庭层面行为，以及推理、学习、非言语沟通和协作的能力。

第三章是完全理论化的一章，我为此提出了三个假设，用以论证大约 7 万年前非洲东北部口语和句法语言的突然兴起，以及人类系统的形成：

4. 句法表达。句法表达是第一个群体层面制度，在一个复杂的过程中形成，有赖于明确的群体行为。口语促进了其他制度的建立，并加速提升了个人层面能力所带来的益处；

5. 群体行为和群体层面人类本性。在口语的助力下，群体行为产生并促进了社会机制的建设，以此完成人类所需。比以往家庭群体大得多、用语言交流的人类社群得以出现，以此维持语言的存在。这些新型能力可以被统称为“群体层面人类本性”，包括语言、交谈、集体意向性、情感表达、意识形态、文化生产和网络；

6. 社会进化和人类系统的出现。人类系统出现于此时，在与环境的相互作用下，通过生物、文化和社会进化过程中的共同进化，将所有人类活动和社群联系起来。在地理和自身活动层面，人类系统都进行了扩张。

第四章（从 6.5 万年前到 2.5 万年前）和第五章（从 2.5 万年前到 1.2 万年前）继续叙述人类系统的扩张，直至更新世结束。这两章的假设为：

7. 表征。早期的言语社群强调表现自身所处的世界，以及以群体为基础发展群体层面的文化；

8. 跨社群迁移。人类迁移到多个栖息地，由此带来了社群之间的联系网络；

9. 对于无言语人类的整合。无言语的人类（包括智人、尼安德特人和丹尼索瓦人）被大量整合进有言语的人类社群；

10. 生产和联盟。在末次冰盛期（Last Glacial Maximum），气候急剧变冷又迅速回暖，人类社群开始尝试联合以扩大人口数量，还在觅食生活方式之外增加了生产性活动，以保护自己。社群联盟组织了更大规模的社会团体来协调生产活动。

第六章，时间段为全新世早期和中期，即 1.2 万年前至 1 000 年前。该章回溯了社会制度的创新型扩张，其假设为：

11. 扩大生产。全新世时期，凭借新兴技术和精密的社会组织，手工业、农业和畜牧业生产制度纷纷诞生；

12. 社会。全新世时期，社会从社群和联盟中产生，与之前的社会群体相比，它能组织协调更多人力参与生产活动；

13. 网络和等级制度。在全新世时期的生产和制度变革中，网络与等级制度之间的矛盾不断加剧。随着城市、商业、宗教和帝国机制的兴起，等级制度的扩张改变了群体层面人类本性，促成了协调、冲突、压迫与反抗的融合。

在公元 1000 年至公元 1800 年，全新世晚期带来的收缩一度叫停了人类的发展，而紧随其后的又是发展阶段。第七章的时间段为公元 1000 年至公元 1600 年，回溯了人类和盖娅之间人口与机制的冲突。第八章的时间段为公元 1600 年至公元 1800 年，分析了商业和群体文化的扩张与转变。全新世晚期的假设有：

14. 冲突与收缩。盖娅带来了首先变暖而后变冷的气候影响，人类系统中的等级制度则带来了战争和社会压迫。二者通过陆地、海洋生物的迁徙而相遇，造成了人口减少，同时增加了环境的多样性；

15. 全球经济网络。尽管如此，商业在区域经济中联系更加紧密。从 1200 年开始，纺织品、奴隶和白银的流通在旧世界形成了一个全球经济网络。这个网络在 1500 年左右扩展到非洲和美洲。知识和文化也是通过同一个网络进行传播；

16. 资本主义。资本主义（一种社会经济制度与等级制度的区域性融合）在西欧兴起，尤其是在 17 世纪。在 18 世纪，凭借与世界各地的联系，其财富和力量不断扩张。

从大约 1800 年开始，人类世带来了无可比拟的成功与过剩。第九章回溯了人类系统的发展与危机。第十章给出了两个有可能限制危机的社会进程。

17. 加速增长。加速增长——分配不均——人口膨胀、资本主义生产、知识、战争规模以及环境恶化。等级制度与网络均得到扩展。

18. 制度和环境危机。基于狭隘私利的成功与危机达到了新的顶点。意识形态争端扩展至全球。危机爆发，环境恶化和社会不平等问题突出。

19. 全球流行文化网络。全球流行文化网络创造了新联盟，由此可能重组人类系统。

20. 全球知识网络，全球民主话语。知识交流带来了一种趋势，即通过提高世界范围内的识字率以及一些科学家的努力来共享知识。民主讨论可以使得人们对社会目标达成广泛共识。其中，经过改良的群体层面人类本性可能有赖于更大规模的群体，以此来管理旨在适应大众福利的机构。

在结语中，我提出了这样一个观点，即人类当前的危机与很久以前人类创建言语社群的时刻存在某种共通之处。当今人类网络的建立（通过流行文化和共享现有知识来实现共同利益）将是相当令人吃惊的。不过，这份惊讶不会比 7 万年前一个运用口语的人类社群迅速且富有想象力的建立还要大，在这个社群中，个体和群体，给自己和世界都带来了变革。

更新世进化

第二章　生物和文化进化

古人类物种在大约 400 万年前就已经出现了：在本章中，我将回溯他们从 7 万年前开始的进化历程，这些都是非凡的生物进化历程的最新成果。真核细胞起源于 20 亿年前，从那时起，DNA（脱氧核糖核酸）就成为多细胞生物的核心组成部分，发挥着储存核心生物信息的档案作用，这些信息将被用作复制多细胞组织及其行为。DNA 精确而卓越的自我复制能力确保了物种的延续，它和它的进化支撑了贯穿地球中古和近代地质年代反复出现的物种分化，这种分化一直延续到现在。最令人感兴趣的是 DNA 造成的结果，即生物个体和生物群体的产生、存在和消亡。

我们久远的祖先，即最早的灵长目动物，在大约 6000 万年前以热带森林居民的身份出现。它们与其他哺乳动物一起发展，之后取代了恐龙，占据了地球食物链顶端的位置。灵长目动物的谱系有很多发展方向，其中就包括于大约 1200 万年前出现的类人猿（great apes）。非洲类人猿的生活在 700 万—600 万年前的气候凉爽时期发生了改变。在西非潮湿的丛林中，黑猩猩属（*Pan*）产生了两个物种：黑猩猩和倭黑猩猩。在东非比较干燥的生态环境中，类人猿学会了用两条腿走路。[23] 现在有人认为，那时东非的生态环境没有变成开阔的草原，而是变为公园般的树林和草原。无论如何，两足类人猿在这里出现，他们被称为人科动物。

本章考察了两足人科动物的遗传、表型和文化进化，时间段为从 400 万年前的南方古猿开始，到 7 万年前某些智人群体处于世界人口爆炸的边缘为止。这一章的重点在于集中讨论一些通常不会提及的问题。我们首先要谈论的是 20 万年前人科动物的表型进化，包括气候对生物进化的影响、生命过程的发展历程（表观遗传学），以及通过基因组分析得到的人科动物信息。[24] 之后，我们将分析 200 万—10 万年前人科动物脑容量扩大时代其相应能力的增长。这些增长的能力包括通过文化进化和多层次选择而出现的学习进程、人科动物群体规模的扩大、通过手势或声音表达意思的交流方式、增强的推理能力、潜在的语言能力，以及关于人类情感和动机特征的新知识。[25] 在本章第三部分，我将 10 万年前的尼安德特人、丹尼索瓦人和智人的社群进行了比较。总而言之，本章展示了超越表面概述的新思想，以此解释生物和文化能力的进化，这些能力使学习、更深层次的逻辑、交流，以及更广泛的情感成为可能。这种对个体层面行为的分析的拓展使人意识到，更新世中期人科动物的生活比以往人们所理解的更为复杂和先进。这种生活方式为截然不同的社会和文化变革提供了平台，我们将在第三章对这种变革进行探讨，即智人可以说出清晰的口语。

进化为人科动物的表型：上新世和早期更新世

让我们从两足灵长目动物，或人科动物（这一术语包括上新世的南方古猿属和更新世的人属）的进化开始。[26] 南方古猿属的各类物种都属于两足动物，在上新世地质时期（500 万—260 万年前），他们生活在非洲东部和南部。紧随其后的更新世起始于 260 万年前，几乎与此同时，第一个人属（*Homo*）物种出现了：能人（*Homo habilis*）。

在接下来的几段中，我将对这些接连出现的人科动物进行表型描述，讨论气候和其他环境变化对人科动物进化的影响，之后我们将关注古生物学的记录，从中观察其潜在的基因型变化。

南方古猿出现于约 400 万年前，虽然他们的行走动作不如今人流畅，但仍然是最早成为两足动物的物种。南方古猿最著名的遗骸是露西（Lucy），这位年轻的女性是生活于 320 万年前的阿法南方古猿（*Australopithecus afarensis*）。她的骨骼清晰地显示出她是直立行走的，而她的脑容量则介于 380 毫升和 430 毫升之间。最近对南方古猿遗骸的比较研究表明，他们的两性异形（sexual dimorphism）状况相对温和。例如，雄性在体重上比雌性多出 15%（与今天的人类大致相同），这与其他灵长目动物中雄性与雌性的巨大差异形成了鲜明对比。这一结果表明，南方古猿（以及之后几乎所有人科动物）的主要交配模式是单配制（monogamy）。[27] 雄性的平均身高为 1.2~1.5 米，体重为 30~55 千克。南方古猿直至约 140 万年前仍然存在。[28]1960 年，路易斯 · 利基（Louis Leakey）和玛丽 · 利基（Mary Leakey）通过考古发掘发现了能人的遗骸和工具。这些矮小生物使用的奥杜威（也译“奥尔德沃”）工具（Oldowan tools），或称卵石工具（pebble tools），仍然是已确认的最古老的工具类型。现在进一步的发现表明，能人在 240 万—140 万年前生活于非洲东部和南部，雄性平均身高为 1~1.35 米，体重为 32 千克，脑容量为 550~687 毫升。鉴于此等脑容量，研究人员认为能人并不比今天的猿类拥有更多的社会学习技能。因此，工具相关知识的传播途径并不是模仿，而是存在其他学习机制。

随着越来越多的人科动物遗骸被发掘出来，根据不同标准，这些遗骸之间差异极大。古生物学家们一直在争论应按照大类还是小类来区分这些遗骸。已故的路易斯 · 利基一度主张应该使用更广泛的分类方法，这样生活在 200 万年前的矮小生物，即能人，就可以被归为人属。反对此观点的学者则更愿意为各种各样的人科动物遗骸确定许多属，乃至许多种。这些人类遗骸标记上的差异使读者很难追踪到如此广泛的进化模式。我尝试对这些已使用的术语采取折中路线。[29]

生物进化过程。在生物进化过程中，今天人类的生物进化与包括著名的露西在内的南方古猿个体的生物进化相同，达尔文理论的要素在其中贯穿始终。自然选择是达尔文理论三大支柱之一：个体在其环境中的不同命运有助于决定哪些个体的后代数量最多，从而将其基因组（通过有性繁殖进行修改后）传递给下一代。第二根支柱是变异：露西的时代与我们今天一样，由于遗传、变异以及个体与环境的相互作用，个体的特征（从基因型到表型）发生了重大变化。第三根支柱是遗传：在受孕时，每个人类个体都会获得来自父母双方基因组的组合基因组，而这 23 对染色体上的基因将会主导该个体的一生。达尔文的另一个观点是，拥有最强“适合度”的个体（尤其是以幸存后代的数量作为衡量标准）将能够维持其世系，并将自己的个体特征传递下去。

由于时空距离，我们目前无法看到南方古猿基因组的生物学细节或者发展过程，不过我们可以得到相关的表型信息——关于个体的身体类型和行为。古生物学家在研究遗骸及其周边环境时，着重于确定诸如身高、体重、骨骼结构、牙齿、头骨形状、脑容量等特征，以及有关饮食、工具和活动的信息。变异个体之间的选择过程可能发生在多个层面上——错误编码的基因可能无法繁殖，错误编码的蛋白质可能无法执行其代谢过程，或者表型功能可能作用于与竞争个体不匹配的层面之上。

现代实验室的研究表明，DNA 在全身的细胞核中都有副本，是进化信息的档案。细胞“繁殖”（分裂）时，DNA 分子可以自我复制。DNA 还可以作为产生 RNA（核糖核酸）的模板，RNA 从细胞核移动至细胞质，然后为每一个代谢过程生成特定的蛋白质，DNA就这样为细胞的生化过程传递信息。此项工作的推广意味着研究人员在记录人类 DNA 及其历史方面取得了稳步进展。丽贝卡 · L. 卡恩（Rebecca L. Cann）、马克 · 斯通金（Mark Stoneking）和艾伦 · C. 威尔逊（Allan C. Wilson）在 1987 年领导了一项研究，他们通过女性线粒体 DNA 证明了现代人类的非洲起源。后来，研究扩展至通过对 Y 染色体的多态性进行分析来追踪男性和体细胞 DNA，而最新的进展是对古 DNA 进行全基因组分析。[30] 此外，一些蛋白质参与表观遗传过程，交替促进、限制 RNA 和新蛋白质的产生。这些因素的相互作用最终构成了一个历经婴儿期、儿童期和成年期的人类个体的表型，而这个表型构成了该人类个体的身体特征和行为模式。[31]

在另一个长期的环境压力下，东非的季风系统（在这个系统中，夏季大陆上的高温迫使南北向的风交替从赤道的一边吹到另一边）每隔几千年就会给非洲东北部和东南部的相对温度和湿度带来一次变化。这种反复出现的模式可能促使人科动物周期性地迁徙至最肥沃的地区——这种模式可能使得人科动物形成了迁徙的倾向。[32]

人属：早期阶段至 50 万年前。已知最早的人属物种遗骸来自非洲东北部的阿法地区（Afar），其历史可追溯到 230 万年前。现在被称为“匠人”（*Homo ergaster*）的更完整的化石可以追溯到 180 万年前，尤其是在非洲东部和南部。最晚近的匠人遗骸距今 140 万年。一般认为，这一时期脑容量增长相对较快，与此同时，狩猎活动和肉类消耗也显著增加。从婴儿期到成年期，匠人的发育速度与现代猿类类似，比南方古猿慢，但比现代人类快。早期的匠人标本与奥杜威工具有关。

匠人在其相对短暂的历史中，似乎经历了许多表型和文化上的变化。已知非洲直立人（*Homo erectus*）的脑容量平均为 700 毫升。[33]

高产量的食物对于大脑生长是必要的，同时这还可以减少消化所需的肠道体积。捕鱼有助于实现高蛋白质饮食，火可能在这一时期开始得到控制。之后，160 万至 140 万年前，阿舍利工具（Acheulian tools）在非洲出现，它很可能诞生于非洲直立人中间。阿舍利工具的特点集中体现在泪珠状手斧上，相关工艺在非洲和亚欧大陆西部延续了将近 100 万年。阿舍利工具的改进程度虽小，但已被记录下来。然而在东亚，奥杜威工具仍继续被使用。更进一步，在人类进化的某个阶段，大部分体毛都消失了。虽然没有直接证据，但最近的研究表明，在大约 170 万年前，即非洲直立人的时代，随着大脑体积的增大，人科动物失去大部分体毛对于他们来说是有利的。这种变化的时间证据来源于对体虱和阴虱的基因组分析。[34]

除了达尔文的遗传进化外，表观遗传变化如今被认为在匠人的快速表型变化中具有重要意义。伊恩·塔特索尔（Ian Tattersall）对此进行了详细论证，其最重要的证据是一具骨架：纳里欧柯托米男孩（Nariokotome Boy）的遗骸，这是一具几乎完好无损的骨架，是 160 万年前生活于肯尼亚图尔卡纳湖（Lake Turkana）的一位年轻人。这位身高 1.6 米，现在估计在 8 岁死亡的男孩，是"一个生长快速，但在身体层面与我们之前所知完全不同的人科动物，他还是一个明显远离原始森林、自由自在的生物"。[35] 长腿意味着对草原的适应，以及具备一定的狩猎能力。塔特索尔认为，这种明显不同的表型的突然出现可能是表观遗传改变的结果，"在男孩血统中发生的一个微小的变异，通过改变基因的时序和表达，从根本上改变了其拥有者的形态——而且完全偶然地为他们开辟了新的适应途径"。[36] 基于这个事例，塔特索尔认为，随着食物链中一个物种功能的变化，家族群体的规模也会随之改变。也就是说，作为攻击能力不足的觅食者，早期的南方古猿从大型群体中获益，而与纳里欧柯托米男孩一样从事狩猎的人则受益于小型群体，如此就不至于猎物被消耗殆尽，因为他们的活动范围为女性的行动能力所限制，而婴儿是没有生存能力的。[37]

在 140 万年前，直立人成为主要的人科物种。这种又瘦又高的物种显然起源于非洲，却在整个旧世界广泛传播。最近在高加索地区发现的骨架和工具表明，这一地区的直立人遗骸可以追溯至 180 万年前。直立人的身高和体型与今人十分类似，虽然二者头骨形状不尽相同，前者的脑容量也只有 900~950 毫升。在直立人时期，气候波动越来越严重，现在有人认为，大脑体积的稳步增加是对气候不稳定的一种适应措施。更大的大脑意味着至成年时期的发育过程比之前的人科动物要慢。在非洲和其他地方，直立人与阿舍利手斧联系在一起。在非洲，直立人在大约 50 万年前就不再是优势物种，尽管其仍存在于东亚和东南亚，在某些情况下甚至一直存在到 5 万年前。

自大约 70 万年前开始，海德堡人（*Homo heidelbergensis*）作为直立人的改良后代在非洲出现。这一物种的人口数量持续增加，在大约 50 万年前，他们迁徙到亚欧大陆的西部和中部。这一物种的男性平均身高 1.75 米，体重 62 千克；女性平均身高 1.57 米，体重 51 千克；脑容量一般为 1200~1300 毫升。这个使用阿舍利工具的物种繁荣了一段时间。有关海德堡人的信息最丰富的时间段是 60 万年前到 30 万年前，非洲的化石往往比欧洲的化石更为古老。[38] 他们身材高大强壮，面部宽阔，但仍然没有现代人类典型的尖下巴。他们集体生活、工作，猎杀大型动物，并制造各式各样的工具，包括石手斧和装有石矛头的木矛。[39]

海德堡人的后代。虽然时间和空间的细节尚不明确，但是海德堡人应该衍生出三个种群。他们是：主要生活在欧洲的尼安德特人，大约出现于 40 万年前；非洲的智人，最晚出现于 20 万年前，更有可能是 30 万年前；亚洲的丹尼索瓦人，可能出现在 30 万年前。关于尼安德特人的研究非常详细：他们的遗骸位于数个欧洲研究中心附近，虽然如今其也被发现于西亚和中亚。尼安德特人的线粒体 DNA 表明其源于 50 万年前，他们的遗骸则可以被追溯至 30 万年前，由此揭示了他们为海德堡人后裔的身份。在西班牙阿塔普埃尔卡（Atapuerca）的胡瑟裂谷（Sima de los Huesos）发现了 60 万年前的“预期化石”，显示出尼安德特人表型的渐进发展。[40] 20 万至 4 万年前，尼安德特人开发并开始使用一套被称为穆斯特式（Mousterian）的创新工具包。他们从燧石芯上切下许多小薄片，以此制成各种大小和形状的刀片，其体积比之前的阿舍利手斧要小。这些碎片还会被装到手柄或把手上。尼安德特人的脑容量很大，大约为 1500~1600 毫升，这可能部分是因为他们需要适应在寒冷环境中的生活。尼安德特人的家庭似乎由血缘关系构成，其中可能包括三代人的夫妻和孩子。这些家庭群体与另外一群人进行交流、互换物品，尤其是在寻找配偶的时候。[41]

被称为丹尼索瓦人的中亚人科动物种群完全是凭借遗传证据才得以辨识的。最初的骨骼证据是来自阿尔泰山脉丹尼索瓦洞穴的一根指骨。指骨的主人是生活于 4.1 万年前的一位年轻女性。根据所有现有基因证据，目前有人认为丹尼索瓦人是尼安德特人的姊妹种群，后者大约于 60 万年前从海德堡人中分化而来。[42]

根据对基因和骨骼数据的综合研究，智人被认为在 20 万年前或者更早以前出现于非洲。早期非洲的海德堡人遗址显示出改良石器技术的发展。[43] 目前的数据表明，智人主要由东非的海德堡人进化而来。一块发掘自埃塞俄比亚奥莫河谷 1 号遗址（Omo 1 site）的化石，距今 19.5 万年，显示了与今天人类有关的头骨变化的开始，这块化石包括一个圆形头骨和一个可能突出的下巴。一个 16 万年前的头骨，来自埃塞俄比亚中阿瓦什地区（Middle Awash）的赫托遗址（Herto site），似乎也处于这种转变的早期阶段：头骨呈圆形，但保留了海德堡人巨大的眉骨。更先进的过渡时期形式发现于坦桑尼亚的莱托里（Laetoli），可追溯至大约 12 万年前。[44] 这些个体的平均脑容量大约是 1 500 毫升。

然而，对于智人来说，目前还没有证据表明“预期化石”与尼安德特人的表型渐进发展相平行。塔特索尔认为，这种模式导致了一种可能性，即我们的物种“起源于一种全系统的基因调控事件”，他针对匠人也提出了相似的观点。[45] 正如塔特索尔所说，“这表明我们物种的身体起源于一个重大发展重组的短期事件，即便这一事件可能是由 DNA 层面上相当小的结构创新所驱动的”[46]。总的来说，在大约 20 万年前的东半球，生活着各式各样的人科动物，他们当中至少有一部分人经历了物质和文化技术上的变化。这部分人科动物包括非洲东北部的智人、非洲其他地区的海德堡人或其后续种族、从欧洲到中亚的尼安德特人、中亚及（可能还包括部分）南部地区的丹尼索瓦人、东亚和东南亚的直立人，甚至还有生活在东南亚岛屿上的矮小的佛罗里斯人（*Homo floresiensis*）。[47]

人科动物技能的进步

前文描绘 20 万年前人类进化的图景，重点借鉴了古生物学知识，这门学科基于实体遗迹和对表观遗传学不断增进的理解，越来越清晰地勾勒出了有关人科动物物质进化的图景，尤其是脑容量的增加。现在让我们来谈谈人类大脑的大小与能力拓展之间极有可能存在的联系。关于人类使用语言之前的进化史研究，还有四个领域的研究进展需要添加到这篇仍属推测性的综述报告中。其中，文化进化和进化语言学两个领域自 1980 年以来已经取得了令人印象深刻的进展。其他三个方面的分析，即视觉通信、人科动物社会群体规模和情感，已经被证明值得深入研究。总而言之，这些研究工作表明，人科动物大脑新皮质的发展与人科动物能力之间的关系是复杂且相互关联的。

文化进化。文化进化已经成为一门联系社会科学、生态学和生物学的学科，其假设生物和文化变化是“双重继承”的，以此“澄清文化传播与其他达尔文进化过程之间的逻辑关系”[48]。研究文化进化的学者认为，从 140 万年前直立人出现至 20 万年前海德堡人消失，人类能力在其中的某个时期取得了重大进步。罗伯特·博伊德（Robert Boyd）、彼得·J. 里彻森（Peter J. Richerson）和他们的同事们以此为基础，回溯了从社会学习发展到文化学习和种群特性共同进化的过程。他们使用“文化”一词来指代任何将行为传递给下一代的模仿、教学和学习。（从世界史的角度来看，我将其称为“个体层面文化”，以此区别于“群体层面文化”。[49]）他们的理论包括小群体中个体发展合作模式的方式，这是文化进化过程中未来发展的基础。社会学习的最初观点来自心理学家阿尔伯特·班杜拉（Albert Bandura）。[50]“在社会环境中”进行的认知过程使个体能够在接触各种行为的环境中进行学习。在更复杂的文化进化层面，个体可以明确选择效仿某种模式的行为，这一行为很可能但不一定是父母的行为。文化进化对社会学习的影响是行为的改变，而不是生物体物理层面的任何改变。因此，研究者模拟了文化进化的变革，以此寻找逻辑上一致的变革假设。文化进化领域的研究者将目光转向考古学，试图追溯物质技术的运用，例如工具生产，因为这些技术只可能来自社会学习。社会学习的过程可以说直到现在仍在继续。最近的相关研究侧重于合作。[51]

这种文化进化是创造和继承学习的过程。它强调相互学习，而且毫无疑问，在某种程度上，这种学习可以在没有口语的情况下进行。文化进化的机制被认为具有适应性，适合度高将使个体后代的数量实现最大化。在文化进化的情况下，进化形成特征是一种行为，例如制造石器的技术。根据这一理论，当个体学习成功时，其结果将在个体的大脑中形成编码——大脑因此成为储存特性的档案馆（与生物基因组截然不同）。在这种情况下，由于学习进入大脑，表型和基因型的学习就没什么区别，两者是平行的。这一特征必须是可遗传的，而遗传是通过下一代人对这一特征的个人学习来实现的，其中最明显的就是由父母到子女，不过也可以遵循其他传递途径。特性还必须是可变的：比如，必须存在不同的工具制造技术，以在有效性上进行比较。

此外，由于文化进化发生在个体生物层面上，必然会与遗传进化发生冲突，因为后者也关注个体层面。进化过程的竞争结果是什么？文化进化论的相关论者建构了模型，以此证明这两个过程在零和博弈中是对立的。[52] 在理想情况下，竞争结果为文化和遗传适合度的平衡——因此，必须实现遗传和文化特征的稳定与平衡，即使这两个进化过程完全不同。例如，二者的传递时间是不同的：遗传特征只在个体出生时从双亲处获得；文化特征则是在一生的时间里形成，父母两人对此的贡献可能有所不同，而父母之外的其他人也可以发挥影响。不过总的来说，可以针对文化进化建构模型，因为如此就不会使个体层面文化削弱个体的遗传适合度。[53]

文化进化中的三个关键分析点为广义适合度（inclusive fitness）、普莱斯公式（Price Equation）和多层次选择。汉密尔顿（W. D. Hamilton）认为，对于广义适合度，不仅一个有机体的直系后代的存在可以被视为个体遗传的成功，而且兄弟姐妹和其他近亲的后代的存在也可以被视为该个体遗传的成功。[54] 这就增加了个体之间利他行为遗传的可能性。普莱斯公式建立在乔治·普莱斯（George Price）和约翰·梅纳德·史密斯（John Maynard Smith）的研究基础之上，该公式将这一推论扩展到相似个体的群体，重点关注一个特征的频率与个体适合度的共同进化。[55] 多层次选择的概念，可以被认为是在个体层面、广义适合度层面和多层次选择层面进行选择。这有助于分析镰状细胞贫血和利他主义遗传等情况，展示利他主义遗传如何削弱每个个体的适合度，但同时增强这些个体所在群体的适合度。[56]

此外，有人认为这种文化变迁可以累积，并成为一种种群特征。[57]

文化变迁真的是一种种群变量吗？这对于该机制是否适用于更大规模种群来说至关重要。约瑟夫·亨里奇（Joseph Henrich）认为，社会学习早在180万年前的直立人时期就已经以个体模仿的形式出现了。一个个体进行了一项创新，另一个个体（可能是一个儿童）则模仿他。随后，模仿者安排下一代模仿自己。如此一来，每项创新就都在种群中推广开来了。如果一项创新可以可靠地传承下去，如果一个个体在传授其所模仿的创新的同时，还能再加上一个新的创新，那么整体技术就进步了。亨里奇以“跨越卢比孔河”（Crossing the Rubicon）来形容创新积累成为自我增强的临界点。[58] 他认为，至少在大约75万年前，在以色列的亚科夫女儿桥遗址（Gesher Benot Ya'aqov）存在着累积的文化进化，然后在大约45万年前，海德堡人总体上已经达到了累积文化进化的那个水平。[59]

在多学科研究工作中，一直为学界所探讨的“还原论”（reductionism），最终被引入人类进化的研究里。还原论通常的策略是，使用一个简单的模型（该模型通常源于较低的层次）来解释一个明显更为复杂的现象。由此，以物理学为基础的模型在分子生物学的兴起中发挥了重要作用；而在这里，生物学模型被用来解释社会现象，那么问题是，人类的群体行为是否可以被简化为等同的个体行为。当新动力出现，还原论已无法解释时，还原论也就达到了自身的极限。也就是我所讲的，文化进化的个体层面分析虽然可以解释部分群体合作的情况，但却无法解释群体社会行为的动力。[60]

语言学、推理和内在语言。目前已识别出 *FOXP2* 基因会影响语言能力。刚开始人们希望这是发现了一种语言基因。然而，人们逐渐认识到，语言和口语十分复杂，需要多种基因的相互作用，因此，单一的 *FOXP2* 基因并不是语言的关键。[61] 在语言进化方面，贝里克和乔姆斯基从平行基础出发，以精确的细节回溯了与文化进化理论相平行的语言进化步骤。他们将一种内在语言的语法能力标记为"CPU"，它计算未说出口的内在语言，利用具有类似单词意义的词库(lexicon)，并将它们与思维系统连接起来，思维系统负责执行推理、论证和计划。这是他们对于初始条件的陈述，也是他们分析语言初始的基础——一切尽在个体的思想中。此外，他们还允许存在一个"感觉运动"系统，将个体与世界其他部分联系起来。因此，CPU与两个接口相连：一个是思想的接口，两者结合起来构建出内在语言；另一个是与感觉运动系统相连的接口，这当中蕴含了口语的潜能，同时也是进行学习的接口。[62] 随后，贝里克和乔姆斯基提出了第二个生物性变化：增强CPU能力的小规模突变。这就是**合并**功能，它提供了一种把单词按等级分组的简单方法。其结果是，CPU、词库和思维系统之间的互动变得更为复杂。他们认为，合并功能一旦启动，就会通过自然选择在整个种群中迅速传播开来。他们强调说，合并功能对内在思维过程(内在语言)的益处要大于对语言后期发展的益处。[63] 尽管如此，根据这一理论，后期外在语言的出现(即句法语言)将会促进个体之间高等级思维的交流，从而创造出新的群体行为。

贝里克和乔姆斯基认为，依赖于合并的高级内在语言在人科动物中持续传播了至少几千年，但并没有导致口语的出现。他们推定，具有等级体系的推理能力给具备合并能力的人带来巨大优势，他们的影响力也因此扩大。他们认为，合并功能一旦启动，口语接着就会出现。在时间顺序方面，贝里克和乔姆斯基估计合并功能大约在8万年前出现，而口语的发展则发生在6万年前，与此同时，智人开始从非洲向亚洲迁移。之所以选择8万年前这个时间点，是因为他们对南非布隆伯斯洞窟(Blombos Cave)的考古调查发现，洞窟中的壁画体现出了一种前所未有的表现技巧。[64] 因此，我强调合并功能出现和传播的重要性，正如我在这里所描述的。我将在第三章中分析这一过程的下一步，即口语的产生。[65]

视觉通信。进化心理学家迈克尔·托马塞洛（Michael Tomasello）将关注点转移到了表观遗传学，强调年轻人的个体发育。托马塞洛已经开始了对“文化学习”的研究。[66] 从1998年开始，他对年轻灵长目动物的发育进行了详细比较，研究对象包括人类、黑猩猩和倭黑猩猩，关注的重点就是视觉通信。他的研究结论是，这三个物种对于物质世界的感知是平行发展的，但在社会关系感知方面，人类发展到了更高水平。他假设早期人科动物开始分享食物，这为合作打开了大门；40万年前，人类开始结对紧密合作（尤其是配偶）；而在15万年前，这个群体的人数开始增加，这就要求人们成群结队地工作。[67] 虽然托马塞洛的工作在某些方面与博伊德和里彻森的相似，不过他们的关注点有所不同。博伊德和里彻森强调双重继承和群体选择，由此获得基因支持的优势，走向合作。在该模型中，群体和部落发展缓慢，但速度却不断加快。托马塞洛强调个体的发展过程，更注重亲密的社会互动。

人科动物群体。在研究人科动物社会群体的规模时，研究者们在一定程度上集中研究其大脑的尺寸。莱斯利·艾洛（Leslie Aiello）和罗宾·邓巴（Robin Dunbar）研究了各种体型的灵长目动物，将它们的脑容量与每个物种一般社会群体的规模进行比较。他们得出的结论是，群体规模随大脑尺寸的增加线性增长。他们将智人的大脑尺寸代入这种关系，据此认为智人群体的规模应该是150人。[68] 邓巴在后来对人类现状的研究中发现，150人的群体在当今人类社会十分常见。这一结果与人类的口语有关，因为人类学的观察表明，150人上下是维持一种语言所必需的最低人数。与此同时，艾洛和邓巴发现灵长目动物的大脑尺寸和互相梳理毛发所需时间之间也存在相似的关系。然而，梳理毛发所需时间的最大值超过了黑猩猩的大脑尺寸，因此人类群体的规模不可能平稳达到150人。也许在人类发展出口语之前，他们一直对群体规模过小感到沮丧——提高语言的交流效率可以使群体规模快速增长到150人。

考古学的数据几乎没有提供人类群体规模的信息：考古学家发掘过个体遗骸，有时也会有家庭遗迹，但想知道有多少人定期参加更大规模的社会群体活动却几乎不可能。在等待结果的同时，我对人类群体规模提出以下假设。我假设，在口语出现之前，家庭群体包括各年龄段成员有15人或者更多（暂不考虑大脑尺寸）。随着口语的兴起（我将在第三章展开论述），我认为口语社群的规模迅速扩大到150人。如果群体规模接近300人，我认为他们会分裂为不同群体。在人类具备良好口语这一基础之后，正如我在之后章节中所描述的，我认为群体将按照一种不同的逻辑继续发展，达到基数150人的倍数。[69]

情感。新达尔文综论（neo-Darwinian synthesis）和微生物学强化的另外一个研究领域是行为学（ethology），即在生物学背景下对动物并最终对人的行为进行研究。[70] 拉尔夫·阿道夫斯（Ralph Adolphs）和戴维·J. 安德森（David J. Anderson）在行为学领域提出的情感模型现在已经发展成为一个综合性模型，它以情感的功能定义为开端，情感是由其所加持的身体状态所定义的。每个情感状态的输入包括各种刺激和刺激的背景；此外，生物对于自身的情感状态也有一定的意志控制。情感状态的后果包括生物行为、躯体反应、认知变化和心理生理学，对人类来说，它还包括关于情感或感觉的主观报告。[71] 阿道夫斯和安德森的研究对象十分广泛，人类也在其研究范围之内。他们认为，通过研究可以建构关于特定情感状态的类型学，但他们拒绝推断某个具体的情感列表。不过，他们确实给出了一个情感状态属性的“临时列表”。[72] 简而言之，他们认为动物普遍拥有情感状态，也对如下观点持开放态度：情感状态导致人类的特有行为，人类对情感的感知和报告可能不同于其他动物，特别是因为人类拥有更高的认知能力。莉萨·费尔德曼·巴雷特（Lisa Feldman Barrett）以完全不同的方式来研究情感，她使用的假设与托马塞洛的假设相类似，更侧重于情感的构建、感知和表达。她以一种针对个体刺激的生理反应代替阿道夫斯和安德森的情感状态。“情感”是在人与人的互动中形成的。在巴雷特所称的“一个关于人性的新观点”中，她批判了达尔文的“本质主义观点”，认为达尔文暗指情感来源于基因编码和早期动物物种的遗传。巴雷特强调精神和外部世界的持续相互渗透，也就是说，她在很大程度上依赖表观遗传学的新发现作为自己的分析框架。[73] 这两方研究人员各自进行了详尽的实验，他们似乎正在以卓有成效的方式推进情感研究。然而，他们当中没有任何一方提出有关人类情感或情感表达的任何具体进化变化的类型或时间框架。

对这些有关人科动物变化的不同分析做一总结，我的观点是，这些方法之间的相似性足以支持一种整体解释，即人脑的扩展并没有产生特别的新的亚器官，但为额外计算提供了空间，由此使得学习、群体行为、推理、视觉通信以及情感表达拓展等新功能出现。[74] 后来，随着句法语言和具体语言交流的产生，在更高层次上利用这些功能成为可能——根据以合并为基础的推理来创造和分析语句，通过语言指导来拓展学习，通过扩充词库来补充视觉通信，以及通过口语来表达情感反应。

人属的世界，10 万—7 万年前

10 万年前，在非洲和亚欧大陆的人科动物总数是多少？是海德堡人在非洲某处生存了下来，还是海德堡人的后代在非洲发展出了更多人种？智人在 10 万年前从东非迁徙到了非洲其他地方吗？如果确实如此，那么他们在迁徙过程中又遇到了谁？以色列的卡夫泽洞穴

（Qafzeh Cave）是一处充分记录扩张与相遇的考古遗址。早在 11.5 万年前，即撒哈拉沙漠正处于易于穿越的湿润时期时，智人就占领了这个洞穴。不过，他们无法维持对该地区的统治：在晚些时候，气候变得更加凉爽时，尼安德特人又控制了洞穴。然而，此时还存在其他人科动物，生活在 11 万年前，他们的遗骸留存在摩洛哥的洞穴内，而他们的技术则被冠名为“阿梯尔”（Aterian）。稍晚一段时间后，在卡夫泽洞穴和其附近的斯虎尔（Skhul）遗址也出现了遗迹，这些遗迹可能同时混合了尼安德特人和智人的元素，也可能混合了阿梯尔文化和智人的元素。[75] 在这些连同位于北非、南非、以色列和刚果的其他遗迹中，我们都发现了装饰性物质文化逐渐发展的迹象，其中包括穿孔的海螺壳、加热颜料以使其颜色更深和骨制鱼叉，而最引人注目的则是刻有几何图案的赭石雕塑，它们被发现于南非的布隆伯斯洞窟。这些证据有力支持了萨莉·麦克布里亚蒂（Sally McBrearty）和艾利森·布鲁克斯（Alison Brooks）关于非洲装饰性物质文化早期和逐步发展的观点。[76]

分布广泛的人科动物种群的生活方式一定大致类似。他们主要生活在水路沿线，以中石器时代的技术生产和使用石器，所有人都过着觅食的生活——从陆地和水中采集蔬菜和动物物质，主要靠动物尸体获取肉类，同时也进行狩猎活动。他们有共同的学习方式，尽管口语并不是他们生活的中心。[77] 不同物种的身体几乎是相同的，不过大脑的尺寸和颅骨的形状会有所不同。根据种群遗传学家的观点，每个种群为了维持自身的生存，至少需要几千个个体。此外，这些人科动物种群发现自己正在与其他中大型哺乳动物争夺资源。

这些人科动物个体及家庭的心理与行为的本质是什么？虽然我们没有对他们进行直接观察，但是以我们对现代人类和其他物种的了解，我们可以假定他们的个人性格和特质，而且这些品质在他们的生活中是积极因素。他们的家庭大部分很小，很少超过 30 人，家庭成员依照根据年龄和性别分配的角色模式进行互动；配偶通常是一夫一妻制的。[78]暴力、合作、顺从、爱恋和野心之间的平衡我们无从得知，但所有这些因素及其他动机都确定在发挥作用。

文化进化、进化语言学和其他行为的研究给我们提出了关于人科动物物种的新问题。根据最新研究，这些问题都具有相似的可能性：从直立人出现到智人兴起，随着大脑尺寸迅速增长，突变或快速发展为这些生物提供了额外的社会学习能力，用于增强情感表达，用于交流（通过手势、音乐或基本词汇），用于增强逻辑能力的内在语言，或者用于改变所在共同群体的大小。在这些物种中，哪一个物种达到了文化进化和内在语言所要求的基本水平？哪一个物种在文化进化的过程中发展到了这一程度，即“累积的文化进化成果推动了我们基因的进化，塑造了我们的脚、腿、内脏、牙齿和大脑”？[79]哪一个物种受益于带来合并功能的变异，从而导致了内在语言中语句层次结构的进步？又是哪一个物种获得了进一步发展行为倾向的能力？例如需要象征、解释和行动，这些将影响人类行为的进化。在 50 万年前的海德堡人时代，就这些变化的程度而言，这些先进的能力将会传递给所有人科动物种群。就 20 万年前这些变化的程度而言，只有智人中的个体才有机会获得这些能力。对现有信息的进一步分析，有助于对各种可能性进行分类。例如，位于卡夫泽的智人遗迹距今 11.5 万年，之后他们就消失了，这可能表明他们在距今 6 万年前缺乏一些能力。

第三章　口语和社会进化

在本章中，我提出了这样一个假设，即在7万—6.5万年前，口语句法语言突然兴起于非洲东北部。它跟随社会进化的进程，人类系统的形成，以及人类生活中社会、文化和环境要素的最初共同进化。在上一章的结论中，我们将智人作为三个（或者可能更多）觅食人科动物种群之一。今天，智人已经成为地球上唯一的主导物种。这种转变是突然的还是渐进的？考古学家萨莉·麦克布里亚蒂和艾利森·布鲁克斯在2001年发表了题为《不是革命的革命》（The Revolution that Wasn't）的重要论文，她们认为非洲智人种群进行了缓慢和稳定的转变。[80]她们着重批判了在约4万年前发生了"人类革命"的观点，该观点认为，在这场革命中，人类可能突然获得了高级理性能力（如洞窟壁画所反映的）。麦克布里亚蒂和布鲁克斯认为，特别是在非洲的人科动物种群，经历了25万年前开始的技术、行为和骨骼结构的持续发展，而不是在4万年前"人类革命"之前进行漫长的等待。她们根据非洲连续性的化石记录，梳理出了从运用中石器时代技术开始的一系列发展，包括运用赭石颜料和使用鸵鸟蛋壳制作珠子项链等装饰的早期发展。[81]自2001年她们的论文发表以来，考古学界进一步证实了非洲社会实践的反复变化和发展。[82]

不过，在本章中，我将描绘一幅突然的、革命性的变化图景，虽然我认为这种变化发生在麦克布里亚蒂和布鲁克斯提出的框架之内。变化的确以革命性的速度发生——不是因为4万年前智人到达了欧洲，而是因为大约7万年前口语出现在非洲东北部。结果，智人在2.5万年前控制了整个东半球——到那时，所有其他的人种作为独立的社群都已消失（尽管他们的个体为不断扩张的智人种群所吸收）。我的研究思路是，接受麦克布里亚蒂和布鲁克斯的结论，同时肯定革命性变化的发生。我强调口语表达而不是认知能力的产生，并且，我假设在最初的口语运用者社群和跟他们互动的其他人类之间存在复杂的关系。我认为，为创建一个口语社群而做出的最初承诺为其他切实的合作打好了基础。这种合作（不同于早期的合作形式，因为其涉及对一个群体明确的、口头的承诺）导致了社会制度的产生，一开始是语言、社群、仪式和移民，之后还有进一步的发展。

语言和口语

“创始者”（the Founders）是我给予最初口语运用者社群的标签。[83]“口语”（speech）则是我为创始者所创造的句法语言设定的术语。[84]大约在7万年前，这个创始群体发生了明显的突然变化和扩张，由此奠定了人类扩张的基础。[85]从生理上看，这些创始者与今天的人类几乎一样——他们的平均身高和大脑尺寸与今天的人类非常相似，与同时代的其他人科动物也无二致。他们擅长行走和奔跑——他们是稀树草原上的觅食者，有时也会打猎。他们凭借的是一套标准的中石器时代工具，30万年前就在非洲开始使用了。[86]在这样一个言语社群中，成员们通过努力学习共同语言来使自己融入群体。

缺乏直接证据来支持我提出的转变发生的时间：7万年前。[87]我对于时间点的推测有赖于对遗传学、考古学和语言学数据的三边分析，以及一个假设，即有记录的人类人口统计和迁移扩张在口语社群兴起后不久就开始了。具体来说，我认为有句法的口语社群最早出现于7万年前，最晚出现于6.5万年前。我的总体假设是这样一个过程，即由口语、表征、社群和迁移结合而成的社会进化过程。在这之后，我认为社会进化催生了人类系统，包括所有口语运用者、他们社群生活的动力，以及他们扩张、变化的过程。先前存在于个体层面的文化进化过程持续存在，并最终促成了人类行为整体的共同进化。然而，随着句法语言的建构，群体层面的进化新进程也开始显现出来。从这一点看，人类整体的共同进化越来越依赖群体行为，侧重制度的进化。

在语言学方面，我凭借对原始人类口语的研究成果来支持这样一个观点：句法语言产生于单一社群，且其产生过程极为迅速。克里斯托弗·埃雷特等人的持续研究再次证明，原始人类语言起源于单一的社群，而今天所有的语言都源于这个社群。语言从未被重构，不过埃雷特已经取得了一些进展，他在基本词汇方面发现了大量共性，例如代词（第一和第二人称单数）、表示母亲和祖母的单词，以及用于指示的单词，像“this”或者“that”。因此，他用“⋆⋆mai”表示第一人称单数，用“⋆⋆wai”和“⋆mue”表示第二人称单数，用“⋆ina”和“⋆aya”表示母亲。埃雷特关于原始人类语言词汇的研究成果基于对世界各地语言的重构。这些词证明，今天的所有语言都有一个共同源头。[88]

基于创始者创造口语的假设，我认为，在某一时刻，一小群同处一地的人（可能兼有成年人和儿童）开始通过组合发声的句子来分享他们的想法，表达特定的甚至复杂的含义。正如我所强调的，我认为这些创始者生活在非洲东北部。[89] 然而，在创始者集体实现突破性的言辞表达之前，他们还需要满足一些先决条件。首先，他们在说话时要同时具备概括能力。口语的逻辑从哪里来？口语对于生存是必需的还是对于繁衍是必需的？近50年来，语言学家和哲学家针对这一问题进行了深入研究。诺姆·乔姆斯基长期以来是这一讨论的带头人，他认为语言的复杂逻辑在某种程度上嵌入了人类的思维，并等待可以应用它们的实践机会。没有人能找到一个专门的器官来处理语言：争论异常激烈，然而研究进展缓慢。[90] 研究集体学习的学者指出，即使在大脑中没有这样特殊的附属组织，制造工具的人类也在逐渐扩展自身的逻辑能力。如上一章所述，语言学家贝里克和乔姆斯基提出了合并能力的概念。这是一个简单却关键的逻辑步骤：通过遗传性转移，个体能够为两个观念建立联系，使之成为一个观念集合，继而将该集合与第三个观念进行联系，整个过程可以被拆分为几个步骤。这种增强的推理能力作用于个体大脑中，不一定与交流联系在一起。[91] 贝里克和乔姆斯基认为合并发生在8万年前。

第二个先决条件是语言所需的机体能力。生物学强调，喉的位置在更新世中期发生了变化，从而使得口与肺之间的通道得到了拓展。这种变化的好处是个体能够发出传播范围更广的声音，而弊端在于食物可能会进入肺部。（关于舌、唇、肺的形状，以及可能发出的各种声音的研究仍在继续。）[92] 利伯曼（Lieberman）对语言所需机体能力的反思主要集中在智人上；因此，问题在于，重要的机体变化是否只发生在了智人身上？还是说尼安德特人和丹尼索瓦人也经历了同样的变化？

第三个先决条件是社会对语言的需求，换言之，就是对语言的逻辑需求。出于谨慎，我们在建构模型的过程中必须确保区分推理、交流和发声的过程，认识到它们之于相关问题是独立存在的。例如，托马塞洛探索通过手语和其他肢体语言进行交流的可能性，但忽视了口语交流水平。[93] 贝里克和乔姆斯基坚定地认为，语言的主要功能不是交流，而是内在思想的表达。[94] 因此，这里存在争议，即改善交流是不是口语的先决条件。

第四个先决条件是语言所需的社会能力。在这里，我们遇到了一个限制性的事实，即在今天的人类中，儿童能轻而易举地学会说话，但至成年时仍未掌握口语的人却无法学会说话了。然而，最初创造语言的人肯定是成年人，或者至少是青年，因为在语言的最初阶段，广博的知识和丰富的阅历是语言发挥作用的必要条件。为了弥补这一差距，我假设10~15岁的孩子开始说话，并吸引其他孩子加入他们，最终步入成年。[95] 因此，我认为是青春期的孩子们创造了口语，成为那个年龄段喜好玩耍的群体的一种创造性游戏，而这种创新通过某种方式维持了其存在，并传播开来。也许这些年轻人试图将这种新交流方式教授给他们的父母，或是语言的产生在父母和孩子之间造成了巨大的社会裂痕。但是随着时间的推移，当第一批说话者有了孩子（也许是在发明语言后的5年或者10年），他们能够教自己的孩子说话，由此使得语言更容易得到维系和传播。（然而邓巴认为，成年女性之间的情谊是语言的主要起源。）[96]

因此，句法口语作为第一种社会制度出现了，[97] 它的中心在于忠于集体实践：那些通过口语与他人进行分享的个体必须花费数年时间来扩展单词和句法，并将自己的成果与他人进行交流。共同的目标包括描述感觉、反馈和物体，以一种新的方式聆听和学习相关对象——更不用说还有找不到单词的共同挫折。根据最新研究所得的模式，一种语言必须拥有超过100名掌握者才能维系自身的存在。[98] 一种语言的掌握者会吸纳更多的人加入他们的集体，他们吸引他人的方式包括激动人心的演讲以及随之而来的创新。口语的出现无疑造成了社会动荡，因为年轻人正在建立新的秩序。或许是年长者的修辞为语言设定了标准，或许是年轻人的创新成为语言的指标。在这一过程中，掌握口语的人逐渐在其同伴中取得更高的社会地位，由此使得他们能够建立语言之外的更多制度。

然而，普遍语法（Universal Grammar）之谜依然存在：是什么导致了句法的复杂性？为了解释语言制度的动力，我们必须回到语言本身的细节，以及乔姆斯基提出的那个问题：婴儿是如何将语言概念化的，又是如何参与到语序逻辑和其他语法结构当中的？我提出了三个要点。最终，贝里克和乔姆斯基将合并功能作为这一问题的简练答案，即整合先前已有的推理能力，并逐步添加新观念。这种合并功能一旦启动，便会长期存在于不使用语言的个体之间；它效用出众，部分原因在于它是每个人的内在因素——人们可以避免口语所必需的特殊性，因为一个人必须为其他人所理解。

我认为，对于这一谜题的第二种回答可以在大脑以外的其他地方找到。语言的很多逻辑（而不是编码后大脑进行等待）存在于语言本身，并随着说话者进行实践（即说话）而逐渐展开。这里有一些支持该论点的论据。语言有许多动态的内在变化：一代人接着一代人，发音发生变化，语法发生变化，新的术语被从一门语言“借用”到另一门语言。每一代孩子都会更新、修正他们父母的语言。随着人们的分离，他们的共同语言逐渐分化。最终，只有通过译者才能将两个口语社群联系起来。语言的这些特性不是源于某种宏大的设计，而是源于说话实践中声音与意义的相互作用。语言的内在特征在言语社群中产生动力：我们将在其他社会制度的动力中看到类似情况。我的第三个观点是，无论口语从何时开始，它都启动了话语、社会重组和创新。哪些单词是最先被创造出来的？家庭角色的标签和个人的命名都是有力竞争者。例如，对家庭成员进行命名和归类，意味着人们可以明确地谈论男性和女性、家庭内部和外部之间的等级与互动。此外，身体部位和物质文化最基本的元素也是很强的候选者：手、脚、眼睛、食物和水。所有这些都是名词。[99] 再者，人类最常见的行为也是早期词汇的强力候选者。随着名词和动词的发明，人们很快发展出修饰词来形容大或小、快或慢、冷或热。语言的发明本身就是一个独特的步骤，它也为社会进化树立了典范。

然而，语言本身并不足以维持由它自身做出的承诺。人们必须假设，社群制度（包含大约 100~300 人）很快成为第二个社会制度，它的成员说单一的原始语言。口语一旦被创造出来，就只有当一个社群可以提供一个维持相同词汇和意义，并且能够扩展这些词汇和意义的社会结构时，它才能维系下去。这样一个由运用口语的个体组成的群体一旦形成，就将是一个全新的概念。[100] 它必定是一个庞大而强力的社会群体，其力量远远超过它周围的家庭群体，后者一般只有 20 个不会说话的个体。[101] 当然，家庭单位继续存在于新的、更大的言语社群中，不过，家庭生活的性质肯定已经发生了变化，因为家庭成员正在通过语言不断与新社群内其他家庭成员进行交流。我认为，一群运用口语的人，以及这些人的语言、社群和仪式，都是按照整个群体的计划在进行。也就是说，一种语言的使用者同意接受整个群体所使用词汇的发音和意义。相比之下，非正式的狩猎群体可能追求相似的目标，不过群体内的个体可能也在走自己的发展道路。[102]

正规化的社群为使用原始句法语言的成员提供了一个共同身份，但人们仍然需要额外的手段来使不断扩展的社群保持统一。因此，人们需要第三种制度——一个社群成员可以参与其中，增强社群内部感情的仪式或礼俗制度。语言要求共同使用口语，社群要求扩大社会身份认同，而仪式则要求社群成员参与到社群的巩固、合理化和庆祝活动中去。然而，正如我所说的，一个制度的核心要素是一群有着共同目标的人。因此，仪式制度要么是由完整执行仪式的大型群体负责，要么是由计划、指导仪式的较小群体领导。仪式的动力是歌舞的动作与声音，以及由仪式所唤起的团结之情。

在定义制度时，我将在本书中多次强调这种推理。其他或大或小的重要革新凭借人类的经验创造新制度，而每个制度的内在逻辑则成为维持新制度活跃特性的动力。对于农业来说，农时的本质源于种植、除草、收获和储存的需要。对于制陶来说，控制黏土和火的需要发展出了特定的造形和烧制技术，从而在设计中催生了对创造的一再渴望。而就迁移而言，正如我们将要看到的，人类生命周期和不同语言社群有效性的结合，既鼓励也要求年轻人去迁移和学习。口语、农业、制陶和移民各自的动力既不是由创新者们继承而来的，也不是由他们创造出来的。相反，它们作为这个新型生活方式所固有的要素，遇到了那些发明新制度的人。这就是后来图书馆、国家、战争和科学的情况。因此，对于口语和其他社会进化中的重要步骤，人类的能动作用开启了创新，但却没有确定其动力的细节。

自句法语言诞生之初，有一个问题就一直存在：会说话的人类是否能够向其他人教授语言？学习说话的能力是由生物血统决定的，还是由社会学习决定的？当然，父母会教授孩子语言，就和今天一样。问题在于，会说话的成年人（或儿童）是否能够向不会说话的成年人（或儿童）教授语言。至少在早期的非洲东北地区，似乎只有向新群体教授语言才能促使语言快速传播。这种语言方面教与学的经验一经采用，往往会被延续下去。会说话的人越来越多，而在他们社群的边缘，其他一些人也学会了说话。因此，语言在发展早期必然涉及趋同和分化的过程：人们以不同的口音和熟练程度说话。因而，随着标准语言的发展、方言的分化和新语言的兴起，皮钦语（pidgins）和克里奥尔语（creoles）在言语社群的边缘地带应运而生。[103] 从那时起，这种复杂性就成为语言历史的特征。

然而，教不会说话的人说话，可能需要学习者已通过遗传得到了合并能力，而且他们的感觉运动能力也要足够支持其说话。毫无疑问，整个古人类群体的感觉运动能力都是相似的，而通过遗传得到合并能力的人却是少数。那些不具备合并能力的人也能学会说话吗（即使是很初级水平）？在最坏的情况下，他们根本无法学习，而语言的传播会受到生物进化速度的限制——对于人类来说，每千年大约有35 代人。在最好的情况下，语言学习是没有限制的。在这种情况下，讲口语的大社群扩张，并从不讲口语的社群中吸纳更多成员，口语就传播开来。而介于两者之间的一种可能是，那些不具备合并能力的人能够学会一种低级语言，他们会被合并为附属部分，他们的推理能力和社会能力也将处于弱势地位。然而，最近对人类群体杂交繁殖的研究表明，学习语言是有可能的。另一种可能是，早期的言语社群包含有一些会说话的人和一些不会说话的人。随着合并能力在人群中普及，一切这样的模式都消失了。然而，早期的不平等可能已经确立了某些不平等的价值观和做法，影响深远。

社会进化

这里所定义的社会进化，主要是指社会制度的创造与变革，其中制度是成员为实现共同目标而形成并维持的结构。这组对社会进化和社会制度的定义是我的分析核心。然而，“制度”（institution）一词通常有两个主要含义。我采用的是人类学家常用的定义，即制度是一群人和他们的行为，而不是社会学家和经济学家的见解，他们将制度视为全社会的标准和规则。[104] 人类学的观点以群体为中心，其优势在于，它将基于群体的结构视为社会要素，而这些要素根据其优劣被创造、改造和摒弃。这些制度虽然不完全与遗传进化中的基因相平行，但它们会自我再造，并根据社会和环境的压力逐渐改变；它们为更大的人类系统的运作做出了贡献。相比之下，以规范为中心的社会学研究方法是如此宽泛和抽象，以至于从来没有考虑过制度内的群体行为。相反，它假设制度只依赖个体行为。[105] 在使用小规模的人类学方法时，人们不得不谈及群体在社会中的作用，或者群体与个体在制度运作中的重叠。

群体和群体行为的类型。在此我们将探讨言语社群中成员的逻辑，其中的核心概念是由哲学家约翰·塞尔（John Searle）和拉伊莫·图奥梅拉（Raimo Tuomela）提出的“集体意向性”（collective intentionality）。与个人主义者或其他个人主义者群体的逻辑相反，这一概念描述和分析了达成一致者群体的本质。首先，我将人类群体行为中的“自我群体”（I-group）和“群我群体”（we-group）区分开来。在“我”（自我）的模式下，每个人（无论是一个人还是一群人）都把自己看作“我”，并根据自己的利益和信息做出决策。在“我们”（群我）的模式下，多个个体同意从“我们”和共同利益的角度去思考。一个“自我群体”由多个个体（参与者）组成，他们的个人观点或行动碰巧是紧密相关的。一个“群我群体”包含多个个体，他们有共同认可的目标，而且每个个体都同意为实现这一目标进行合作。这些基本术语后面将通过各种方式进行组合。[106] 为了改变一个群我群体的方向，群体内部的交流将决定所有人的方向。若要改变一个自我群体的方向，所有个体都会做出自己的选择——有可能会出现几种方向选择。因此，与由参与者个体层面决定所构成的自我群体相比，群我群体在通过成员协作解决集体问题方面具有优势。更具体地说，形成一个群我群体所需的三个要素为：群体存在的理由，成员对共同利益的认可，以及成员投身于共同努力的行动。满足这些条件则可以创建一个具有明确决策权的群体代表，这使得群我群体的决策比自我群体的决策更加简单。[107] 每个群我群体网络都具有从属关系，而且成员也同意遵守其所在群体所采取的标准。然而，这些类别也有重叠之处：在一个群我群体的网络中，可能会有一些成员遵循自己的独立思考，而在自我群体中，一些附属群体可能会像群我群体一样行事。

与发展出这一理论的学者们一道，我将“社会制度”或“制度”定义为一个由使用口语进行交流的成员所建立的、服务于特定社会目的的群我群体。在这个以群体为基础的分析中，我假设制度是社会进化的基本要素。我试图展现这些要素如何通过社会进化过程（其与生物秩序方面的达尔文进化有着重要的相似之处）而独立进化。对于早期的言语社群，我试图发展和应用逻辑一致的社会进化模型——包括其与生物和文化进化过程的相互作用。基于今天的直接观察以及对文字、人类学和考古学记录的研究，我们希望通过鉴别已经发生的社会变革，将它们融入对社会进化过程的解释，由此来建立适当的模型。其中的一个关键点在于，社会进化的影响在于行为的改变，而不是人类身体构成的变化。然而，社会进化的影响也有着具体的物质和社会结果。[108]

制度进化过程。达尔文在对生物进化的分析中强调了这一过程的三个方面：自然选择，即认识到个体生物有可能无法在生存斗争中存活；个体生物特性的变化；生物的遗传变化。随着时间的推移，人们越来越关注达尔文理论中的第四个要素：变异的适合度，即具有某种变异的下一代生物是否能够生存和繁衍。事实上，达尔文理论的另外两个要素也日渐受到关注。其中一个要素为，遗传是通过一个关于生物信息的档案在几代之间进行传递的，我们现在知道，这个档案就是 DNA 的自我复制链。另外一个要素为恩斯特 · 迈尔（Ernst Mayr）重点强调的，即达尔文的理论在更深层面依赖后来被形式化的群体思想（population thinking）。[109]

对于社会进化，我试图找出与这些标准相类似的社会制度变革。然而，明确的群体行为和通过口语进行的交流需要对迈尔所强调的群体思想进行扩大。[110] 社会制度作为群体行为的重要运作方式而诞生，是社会进化分析的核心内容。社会进化档案的性质（保存每一个制度的信息，这是其复制所必需的）尚不完全明晰。不过，我假设存在分布在整个人类社群的过程，每个作为构成元素的档案通过这些过程储存信息、复制自身，以及复制社会结构。[111] 从概念上讲，其结果就是一个全面的社会档案，它为了下一代而复制自身，而且也会复制相关的社会制度。我认为，制度是通过社会进化的各个方面来维持的，包括选择、变异、继承和社会适合度。在下文中我们将逐一探讨这些方面，介绍过程和为解释其动力所必需的附加术语。

制度选择。实际经验将显示出哪些社会实践有利于社会秩序和个人，哪些又会产生不利影响，而自然环境的持续变化可能会使当下的人类行为显得有益或有害。因此，在人类行为与自然环境的相互作用下，一个向社会档案提供反馈的社会选择过程就出现了。在社会进化中，选择发生在不同层面，以便确定哪些创新将继续得到支持，哪些将被摒弃，不再复制。在“微观选择”的内在层面上，与社会档案主流完全不一致的创新没有被选中。在“宏观选择”的更大规模层面上，破坏正常社会实践的创新可能会被添加到档案中，但却不太可能在后代中得到加强。在环境层面上，影响人类社会秩序的外部环境变化将影响社会创新，进而让社会秩序受益或受害。[112] 社会选择是一个混合的过程——无意的、有意的以及环境的——这一结合体为社会档案提供反馈，间接影响档案为下一代带来的社会行为特征。社会选择的无意识部分与人类祖先遗传下来的基于生物学的行为密切相关——而且，可以说，也与文化进化产生的行为密切相关。社会选择的有意识部分与此不同。例如，在某些情况下，社群希望消除某些消极或危险行为。实际上，这意味着以新的创新代替旧的实践。[113] 社群内的交流可能达成共识，但也可能导致不同观点之间的广泛讨论：例如，分类可能导致欺骗性的类别，产生只对特殊利益群体具有价值的创新，而不是有利于整个社群的创新。总而言之，社会选择通常会达成赞同采用和保持创新的共识。此外，达成一项共识，即某种实践应该结束，并不等于修改档案以停止这种实践的复制。另外，环境变化对社会选择的影响大致相当于无意识行为模式或社会共识的有意识发展，或是意识形态的统一。

变革：通过表征的变化。人类社会秩序的变革大多是表征的结果。所谓表征，是指对一种现象的描述、塑造、概念化、解译或重述，通常是将一种描述从一个对象投射到另一个对象。口语并不是人类第一次尝试表征——早期的舞蹈、音乐和个人装饰都是表征世界的行为。然而，口语这一表征方式在适用范围上如此广泛，在特定描述上又如此开放，它必定会促使早期口语运用者去拓展他们在口语表现和其他领域的广度与深度。一旦人们通过创造数千个单词来表现他们的世界，他们就可以更容易地在其他媒介上描述所属世界的各个方面，比如在可视化艺术中表征动物。这种不断发展的表述揭示了逻辑和知识方面的新问题。在这些分类和表征的话语中，人们通过清晰与错误、一致与分歧、真实信息与错误信息的混合体表达意思。如此，结果便是，个体与群体在概念化、社会结构和物质生活方面不断提出创新。

词汇一经发明，便产生了话语。言语交流带来了人际沟通和信息与情感的交换。话语为世界中的元素、可以采取的行动和这些元素与行动的特征赋予了特定的名字（名词、动词、副词和形容词）。虽然人们找到了越来越多的话题，但他们不一定在每一点上都达成一致。口语导致对词义的争论，导致理解与误解，因此，真理与谎言一经话语表达，便具有引申的含义。也就是说，话语导致争论。在这些论述中，已知与未知的区别是可以讨论的。例如，用语言表达未知事物的能力开辟了一个新的思维和实践领域。在该表述中，说话者对自己所属的世界进行了具体的分类和表征。通过分类，人们选择术语并赋予它们意义，从而构建关于社会文化秩序、自然世界，以及任何可想见领域的知识。分类带来比较，随后发展为类比和隐喻。伴随着将事物和行动进行标记的行为，早期口语社群的成员正在用口语表征世界。自这些话语中产生的意识形态，是一套既有助于维持，又有损于社会共识的思想，它往往反映社群内的具体利益。表征和话语最终导致了行动——创新。

在社会进化中，变革的机制始于人类头脑中的表征：对现实世界是什么样和会怎么样的反映和塑造。这些表征中产生了行动的联想：等同于新类型社会文化行为的有意识创新，它还可能导致新社会制度的构建。这些创新也许是社会制度的外生因素，它们提供了可能有益于社会秩序的惊喜。不过，它们同时也被认为是反馈的内源性结果，在反馈中，对社会状态是什么样和会怎么样的表征可能导致变革的建议。任何社会制度的确立都需要经过讨论。倡议可以来自个体，然而制度只有在为群体服务时才有意义。任何新制度，例如迁移和其他形式的仪式，都会有计划之中的益处，但也会有计划之外的利与弊。[114]在社会进化早期，社群会议和社群仪式有助于支持和复制制度。也许支持任何一项制度都需要训练人员来维持和履行制度的功能。随着时间的推移，新建立的制度将接受某种程度的监管——它们可能会得到重申和加强，或者受到限制，或者因为人们毫无兴趣或给社群造成实质伤害而被废除。因此，我认为，社会创新是被构建的。档案中产生变革的过程之于社会进化比其之于生物或文化进化来说迥然不同。

遗传：复制与调节。对于一个新形成的社会群体，它必须迅速确立自己的社会制度，保护它们，并能够为后代复制它们。我将社会进化中的这一步骤与达尔文的“遗传”阶段相提并论。社会档案可以可靠地保存能够产生社会行为的信息。鉴于必须与之合作的对象——人类的意识和制度，档案无法拥有生物化学 DNA 链的统一性或精确的可复制性。然而，与 DNA 分子分布在人类细胞中和有机体中的生物档案中相同，社会文化档案也分布于人类有机体、制度和物质资源中。该档案中既有物质因素，也有行为成分：它包括脑细胞、父母的行为、长者的智慧、制度、仪式等等。[115]

社会制度的遗传或复制分为两个阶段：档案必须自我复制，才能为每代人服务；档案必须复制每一个社会制度。社会档案不一定直接导致社会行为本身——它复制制度，反过来产生了社群的社会行为。[116] 纯粹的个体天资必然有影响，不过其影响仅限于该个体的一生，除非这些影响是有组织地在发挥效用。档案开始实质性地进行保存运作，大概始于创始社群成员有意识的集体记忆，这些记忆随后得到社会制度结构的加强。为下一代复制社会档案需要拓展的过程——儿童社会化、各种学校教育，以及以口头、文本和现代数字格式建设图书馆。

每一项社会制度的复制都需要招募下一代群体成员，并以责任和展望指导他们。同辈压力、口头指导、仪式和传统都是繁育制度所需的要素。档案及其对一项制度的保护可以扩大，也可以随着思想和声音的丧失而收缩。由于存在大规模的迁徙，可以想见年轻的迁移者独自生存的艰难，他们不得不在缺乏时代智慧的前提下工作。另一方面，迁移者到某一社群可能会为当地档案带来宝贵和积极的贡献。我关于复制制度假设的一个关键点在于，它并不能使创新为已经实现变革的社会秩序带来一个瞬间的飞跃；相反，我们需要采取一个步骤来更新社会档案，随后社会档案便会采取行动，将创新提供给下一代。

此外，调节是遗传或复制的一个侧面，它对于社会进化来说是独特的。当面临是或否的选择时，遗传过程会从适合度评估中获得有意识的反馈。这种有意识的反馈为一个社会制度在复制过程中接受来自社会压力的调节创造了空间，一个有缺陷的制度因此可能从继承（遗传）中获益，而不是被淘汰。例如，语言制度由社群内所有人共享和维系，通过说话者的输入，该制度在其复制过程中不断发生变化。社会制度的调节和复制，作为一个综合过程，可能是困难的。

社会适合度。社会制度的“适合度”是指一项制度在多大程度上改善了受益人群的社会福利。在默认情况下，受益人群应该是制度所作用地区的社群（或者是更大规模的社会）。这里必须要问：哪些结果？哪些群体？一个制度的成员有可能选择将利益集中于自身，而不是更广泛的社群，从而导致在评判该制度时可能出现争议。[117] 衡量社会适合度的标准可以是该制度为社群增加了多少人口和资源，也可以是它为社群带来了多少被称为总体福利的混合体。评判社会适合度时，这些不确定因素是固有的，必须通过社会妥协或制度监管加以解决。制度的选择是在自然与社会环境背景下，在为生存而斗争的过程中进行的，其反馈效果决定了制度是否能够存在。

社会制度的动力与运作。对于一些早期制度，我提供有关于其运作的进一步细节，相关内容与前文中关于句法语言在社会制度内部的动力的讨论是平行的。我随后注重家庭群体的重新建构，自群体的成员被纳入更大的社群、旨在维持新生口语运用者群体的社群得以建立，以及两种迁移方式被确立起，这种重新建构就存在了。家庭群体，基于至多 20 人的小规模群体长期存在，随着口语的发展而继续维持。一小群人（或者核心家庭）可能继续保持着居住群体的状态，但他们之间周期性的联系和不断增长的话语创造了一个更大的身份——在生、死、季节变换或其他事件发生时偶尔举行的庆祝或纪念仪式中表现出来。[118] 随着言语社群所扮演的角色越来越多，家庭或一小群人在其中的位置也发生了变化。口语开始在家庭和新兴社群中发展，从而改变了家庭关系。此外，在所有层面上，性别和家庭关系中的平等、特殊化和支配地位都有待重新确定。

社群的形成是为了维持运用清晰语言的个体之间的密切交流，它可能需要四五代人的时间才能像一个协调的制度一样统筹运作。口语社群现在包含对越来越多问题的讨论和辩论，这些社群发现应该发展自身的组织和管理，包括保存产生于社群成员之间的讨论的社会创新方式。因此，当年轻的社群拥有长者后，仪式制度就有了新的含义。在仪式和实践中，社群可以向每一代人重申正在发展的行为准则。这些独立的社群开始在它们的所在地变得独特和专业化——它们发展出了自己的仪式和有赖于自身所处环境的特定语言。口语对暴力的影响引出了许多问题：口语是否同时限制和扩展了暴力？最终导致的结果是口头的和平建设还是造成更大规模暴力的言辞？[119]

迁移制度在早期的言语社群中有两种主要形式。[120]首先是殖民模式，在这种模式下，整个社群或社群的许多成员（年轻人或老年人）迁往一个新的栖息地，开始新的生活。社群可能会试图在一个新的地方复制旧的生活，从而通过运用口语的人类拓展社群的控制范围。人类群体可能从他们的早期祖先那里继承了迁移取向——包括驱使东非地区早期祖先南北向迁移的古老气候压力。随着时间的推移，迁移社群的语言和随之而来的仪式发生变化，他们彼此之间因此变得不同。一旦殖民了新的地区，这些迁移群体可以很快发展出异于其他社群的特点，同时还能与它们的母社群的活动和发展保持一定的联系。另一种迁移形式是跨社群移民。[121]在该模式下，少数人（通常是年轻人）离开他们原来的社群，加入一个距离他们不远的现有社群。从一个社群迁移到另一个社群的移民需要学习一门新语言，也可以学习新的仪式、社交和技术手段，并且可能带着新的思想回到原有社群。年轻人从一个社群移民到另一个社群是有作用的，因为他们分享了思想，为进一步的创新汇聚了经验，还把学习语言和仪式作为一种人类共同的活动。移民本身并不是制度。相反，制度包含移民本身，以及促进移民或同时促进和接纳移民的人。因此，早期社群中存在着移民子群体，他们移民到另一个社群，并加入另一个包含有移民者和促进者的子群体。

此外，跨社群移民的强化和益处带来了重要的生物学效应。年轻的移民导致人类社群之间的杂交繁殖和基因组交换，从而保持了宏观的遗传统一性，限制了高度区别化本地群体的发展。与其他哺乳动物物种相比，人类婚配在相对较高的程度上是族外婚，即夫妇双方来自不同的社群。因此，虽然个体间存在显著的遗传差异，但由于跨社群移民，这些差异被广泛传播，由此使得社群间遗传差异要小于社群内遗传差异。总而言之，跨社群移民成为人类社会实践中的一项制度，它产生内在动力，将某些实践融入人类生活：年轻人常态化的跨社群移民促进学习和创新，并加强全人类的遗传统一性。

人类系统及其规模

正如到目前为止我所描述的，最初的人类系统规模很小：它由创始者的社群构成，包括他们的语言、社群、社群中的家庭、仪式和迁移实践。这种先驱者的系统通过人口增长和来自周边群体的移民而扩大，直到它经历第一次分裂，形成两个社群，随后再次出现同样的分裂。

正如詹姆斯·米勒（James G. Miller）所阐述的那样，对人类系统的解释可以通过包括生命系统在内的观点来进行拓展。[122] 米勒的书兼具知识性和分析性，他将系统思维应用到生物秩序中，强调生命系统的多重维度——从细胞层面到全球社会层面——以及每个层面上生命结构功能的显著相似性。米勒的分析层面为细胞、器官、生物、群体、组织、社会和超国家系统。他的主要目标是展示各层面生命的相似性，以系统的方法对待每个层面，特别强调每个层面生物之间发挥功效的子系统。他确定了适用于任何生命系统的 19 个子系统，并列出了他分配给每个子系统的名称、目的（或功能）和实现目的的中介体（或器官）。

米勒的 19 个子系统分为三类：（1）作为整体单位而言，有两个子系统，重点在于繁殖者（复制者，reproducer）和边界（boundary）；

（2）就物质和能量的处理而言，有8个子系统；（3）就信息的处理而言，有9个子系统。一个显而易见的特点是，关注信息的子系统与关注物质和能量的子系统的数量相近——对于各个规模等级的生命系统来说都是如此。该框架对于早期人类社会进化的意义似乎是毋庸置疑的。也就是说，7万—2.5万年前，在为扩大人类社群而实行的众多新的实践性决策时，建立信息子系统——概念和社会变革，而不仅仅是技术创新——必须是高度优先事项。例如，迁移的社会实践使得基因库和文化档案能够在所有人类社群之间广泛交换；创造有效的仪式来复制社群也必须是高度优先事项。基于这些以及其他文化和社会进步，人类对物质世界的重新配置将随之而来。

米勒的框架还阐明了生物、文化和社会进化过程之间的关系，以及它们与环境之间的相互作用。生物进化长期占据主导地位，决定着细胞层面、器官层面、个体生物层面，甚至家庭层面的进化。此外，文化进化在学习方面发挥着交互作用，它的兴起为人类个体的特征和家庭层面带来了变化，生物和文化进程因此竞相为人类个体和家庭带来变革和连续性。[123] 在这种情况下，以生物和文化方式组织起来的个人和家庭层面的子系统，可能具有重复或至少相互补充的自然选择档案和系统。同时，社会进化也为社群层面所定义，并最终为更高层面的社会所定义。当然，所有这些因素都通过共同进化间接地相互影响：这样，社群必然与有机体和家庭的生物及文化结构发生互动。

人类社会子系统。人类系统在更新世晚期随语言的兴起而诞生，它最初由在家庭、语言群体和种族层面上部分重叠而又相互作用的社群组成。在全新世时期，社群得到扩展，社会以城镇、州郡和帝国的形式出现。这些社会群体为了生存和发展，需要子系统来执行发展、维持边界、管理物品和能源，以及处理信息的任务。[124] 早期社会系统在较浅层面上发展出庞大的规模，其子系统和制度是怎样的呢？在社会进化早期，人类无疑需要构建属于他们的19个子系统，以此维持社会进化进程——之后，这些子系统随着人类系统整体一同发展。这些子系统发挥哪些功能？它们使整个系统受益，还是只服务于特定群体？人类系统没有中央大脑，尽管许多有意识的个体和社群能够共享信息、发展出一致行为。人类个体和群体（家庭）的生物系统及其子系统如以前一样发挥作用，但它们得到了社会系统及其子系统的补充，后者扩大并细分了自身功能。

两个子系统作为一个整体满足系统（在本情形下是社群）的需求：繁殖者（reproducer）与边界（boundary）。繁殖者子系统包含档案，它保存为产生和执行社群系统行为所必需的信息。社群个体成员的繁殖由生物繁殖者在生物层面进行，而这些个体在社群层面的行为则由繁殖者负责。边界很可能指的是社会分界，其功用在于确定哪些人是社群成员。8个子系统负责为社群处理物质和能源。摄入者（ingest）带来食物、水、木柴，以及制造工具所需的原材料；分发者（distributor）在社群成员中分配这些物品；转换者（convertor）将木柴转变为热能，将水转变为饮品；生产者（producer）用肉类和蔬菜制作食物；排出者（extruder）去除废料，包括它们的实际存在和气味；原动者（motor）是社群的活动能力；支持者（supporter）可以被视为社群生活的栖息地。

9个子系统通过各种方式传递和转换信息。输入转换者（input transducer）从社群外带来信息；分发者通过渠道和网络在社群内传播信息；解读者（decoder）、关联者（associator）、记忆者（memory）和决策者（decider）共同工作，它们负责理解来自社群内部或外部的信息，并做出行动决策；编译者（encoder）将决策传送到社群内的目的地；输出转换者（output transducer）将决策传送到社群之外。信息子系统的独特性和重要性在社群一级，甚至在所有系统级别中都引人注目。如何收集和准备信息？如何处理和存储信息，从而做出决策？如何输出信息？什么人或什么东西接受和处理输出的信息？这些问题的答案并不十分清晰，但这些问题已经显示出重大意义。很明显，人类系统早期的概念化问题和信息组织问题确立了重要而又持久的模式。

子系统中的制度。新制度虽然是由人的能动性所创造的，但其通常是由制度逻辑所固有的动力驱动的。正如前文所述，语言本身就包含我们所说的词汇、词性、语法、音系学，以及随时间而变化的其他模式。在另一个例子中，生产者子系统的功能是合成用于生长和修复的物质。农业兴起时，它成为一种独特的制度，受季节和各种作物特性的支配。在生产者子系统中平行发展起来的另一项制度是畜牧业，它为动物的饲养、放牧和开发所支配。更久之后，图书馆作为记忆者子系统中的一项制度诞生了，它的动力在于分类逻辑和存取资源。（图书馆和记忆者子系统的其他部分也必须为繁殖者子系统提供支持，后者为下一代人类制造群体级别的文化。）通过各自不同的贡献，每项制度都产生了一项适当的人类行为，这些行为对子系统的任务具有促进作用，例如农业中的除草和图书的重新整理。就一项制度而言，无论它涉及信息、物质还是能源，只有深入每个新领域中，才能探寻到相关的制度逻辑。人类知识体系不断发展，有关多种活动类型内在特征的抽象学科因此诞生。

人类系统的这些元素和子元素如何维系整个系统？米勒理论的一个严重固有缺陷是决策者的作用，这是一个根据可用信息做出决策的子系统。与米勒的观察一致，社群决策者子系统的任务可以由向下分散的子系统来完成。[125] 也就是说，社群将决策分散予家庭和个人、社群和组织等等。政治、经济、文化和社会领域的决策也是如此——决策是以分散的方式在相互重叠的社群中做出的。

在这些情况下，在有关社会优先事项的持续辩论中，特别是在讨论分散和集中应该各具有多大程度时，争论的观点是通过意识形态表达出来的。然而，必定存在某种模式（或制度），通过它，分散的决策可以在社群或社会系统中协调运作。[126]世界各地的人类，在所有社群和社会中，保留了三个共同的档案：遗传档案、文化档案和社会档案。迁移增强了这些档案的持久性，使基因库和社会档案能够在所有人类社群之间广泛交换。这些档案共同为进一步的社会进化搭建了平台。即使在存在超级大国和国际组织的今天，我们也远远未拥有一个特有的“决策者”来解答所有重大问题。

网络。“网络”这一概念提供了这样一种方法，即通过模拟各单位之间的联系，将分析的规模拓展到彼此分离的单位这一层面之外。[127]至于我将在此讨论的“社会网络”，网络分析使得将个体和群体行为逻辑扩展到这一行为的空间分布中成为可能。关于网络理论，我主要基于保罗·麦克莱恩（Paul McLean）的分析，他利用网络探索文化行为。麦克莱恩首先将网络作为节点的空间连接，其中的节点可以是个人，之后将逻辑扩展到各种文化互动中。[128]我将麦克莱恩的分析进一步向两个方向拓展，而在每种情况下，我的分析都依赖集体意向性的逻辑。第一，我假设一个网络中的部分或全部节点均有可能是群体，而不是个体；第二，作为节点的群体既有可能是自我群体，也有可能是群我群体。作为第二个附加假设的影响，整个网络有可能是一个群我群体。因此，社会网络的构成节点可以是个体、自我群体或群我群体，而整体网络则可以被定性为“自我群体网络”或“群我群体网络”。接下来我将使用历史的叙述方式来界定多种社会情况下的自我群体网络和群我群体网络：我认为，自我群体网络相对容易形成和调整，而群我群体网络对目标的共识一经形成，便会在改变人类世界的过程中发挥影响。

运用口语者的社群将自身组织为一个系统和群我群体，在社会群体内，他们在一个层面交流，而在跨群体情况下，则在不同层面进行交流。随着社群规模的扩大，社群各部分彼此分离，人们经由迁移而分散，并开始使用不同的语言。[129] 不过，这些分离的社群在自我群体网络中，通过跨社群移民、其他形式的交换，以及公认的相似性和共同起源，仍然保持着联系。总而言之，这些相互联系的语言群体组成了一个广泛的社群社会网络。

在 6.5 万—5 万年前，这些社群及其多样化的子系统扩展到整个旧大陆热带地区。通过保有自身固有能力和利用迁移保持联系，这些社群被接入一系列相互重叠的社会系统网络中——人类系统的一个扩展版本，从非洲大西洋地区到南太平洋地区的内陆和沿海地区，这些社群起初规模不大，但往往聚集发展。一个社群由语言创造后，便得益于额外社会制度的创造。每项制度都有自身内在的动力，每项制度都带来了不同的变化。它们包括仪式（目的在于维持社群——包括舞蹈、歌曲、宴会、启蒙仪式、葬礼、承认人的迁入和迁出）；移民（一个有利于技术和文化知识传播、扩大基因库的过程）；手工作坊（创作表征作品）；集体治理机构；农业和国家。[130] 值得关注的是，尽管社群在早期人类生活的记述中扮演着重要角色，但其在考古记录中却鲜有名气。相反，考古学中却有关于 1 万年前人类个体和小型群体遗存的记录。尽管这个时代有关人类社会的物质遗存很少，但根据有关人类群体规模的研究，以及一门语言需要一个群体来维持存在这一认识，我们拥有强有力的间接证据来证明它们的存在。[131]

共同进化与人性

在东非，人类生活中不断拓展的共同进化产生了言语社群组织，它们将在之后的数千年中持续扩大和发展。因此，这里回顾至此所介绍的要素的相互作用的历史要点和分析要点。此处回顾的重点是共同进化概念，因为它被应用于多达 5 种变化的秩序中——生物、文化、社会、环境和系统——以及人类早期扩张的实际结果。[132]

从遗传学的角度来看，早期的言语社群很可能是遗传漂变的主体——最初的小型群体拥有与整个地区人群不同的遗传构成；如果群体自主发展，它们的独特性很可能会得到加强。另一方面，非口语使用人群稳定输入言语社群的现象限制了漂变的程度，使得口语使用人群逐渐成为非洲智人种群的代表。这是生物和社会共同进化的最初实例。[133]

随着人类在新家园定居，环境、文化和社会的共同进化随即发生。在非洲东北部的不同地区，言语社群的扩张相当迅速。对于单个社群来说，随着自身的移动和吸纳新成员，他们发现需要适应新的栖息地。在一种即将在全世界传播的模式的预演中，他们适应了新的情况，调整了自身技术和社会关系，以符合栖息地的需要，同时也为新家园的土地、植物和动物带来变化。因此，单个社群从山坡迁移到山谷栖息地可能会带来生物、文化和社会进化因素的相互影响。生物进化调整人体表型——也许还有基本情感。在文化进化机制中，人们通过模仿和指导学习新技术，该机制还会调整个体行为和合作模式。社会进化调整群体行为，例如迁移和社群的形成，以及网络的形成与互动。[134] 人类系统的扩张不仅是将人类的疆域拓展到旧世界的一切海岸的过程，也是一个填充许多独特生态龛的过程。

识别这些人类系统的要素有助于探讨它们之间各种相互作用的特点，包括重叠和可能重复的情况。在这一框架内，需要进一步研究的领域是家庭和社群一级子系统可能的重叠，特别是社会进化早期的情况。家庭作为一个由生物和文化支配的系统继续存在；社群通过社会进化的过程而存在，虽然它最初必须依赖生物和文化支配的过程；随着社群的巩固，它的社会支配过程重塑了家庭系统。在这种情况下，假定家庭由生物支配，社群由社会支配，如此可以保持模型的简洁，但这是否合适？

制度中的“人性”与情感。“人性”这一术语，一般代指假定人类行为的可靠模式，该词有时会成为具体分析的主题。人性被理解为各式各样的行为，这些行为是本能的、可预见的，或不可避免的——在任何情况下，人性均被认为与情感密切相关。一种表述人性稳定性问题的方式为：有多少人性由生物过程决定，又有多少人性由社会进化或文化进化决定？在我看来，情感基本上是在生物学的意义上被编排的；它们在与其他个体或环境的刺激因素互动的个体行为中被表达出来。有了这些因素的反馈，个体可以通过自身意志影响情感。[135]

然而在这里，我将为关于情感与人性的思考增加两个维度。其一，关于情感和行为的最初论述，正如其诞生于早期言语社群中那样，引出了人性的相关问题和概念化现象。人性是一个基本的社会概念，它在社会进化初期作为一个讨论话题和社会问题出现。因此，在本书中，我在整体分析过程中都有提及情感，不过我只在人类群体共享句法语言的部分提到了人性。其二，我认为社会制度借鉴并强化了某些个体行为和相关情感，并将它们与每个制度的群体行为、观点联系了起来。对于社会制度，我建议关注每项制度的具体动力，特别是它们利用生物情感和文化学习模式的方式，以此区分不同制度可能具有的不同情感观点和行为。制度所支持的迁移可能会吸引富有冒险精神的个人——因此，慈善制度和商业制度可能会强化截然不同的观点。共同进化很可能意味着，随着时间的推移，制度越来越多，每项制度都建构了自己的观点，向各种情感和“本性”敞开大门。因此，即使人类的生物本性是静止的，人类及其制度的社会本性也会随着时间的推移和情况的变化而变化。在这种程度上，“人类本性”对有意识的改变是开放的。更广泛地说，一个社群的制度平衡和由此产生的观点可能会产生一种宏观的时代精神，因为一个或多个观点会对一个具有显著内部多样性的社群产生影响。群体情感特征通过歌曲、舞蹈、仪式和履行职责得到强化；这些群体情感与群体成员个体层面上的情感相互作用。这些过程及其之间连接的具体情况尚不清楚。一种适合早期人类言语社群的时代精神可能着重于创造力，因为在发展语言、社群和仪式方面还有许多工作要做。无论如何，在生物和社会进化过程中，个体层面和群体层面情感上的这些联系，可能是人类生物和文化进程中整体联系的核心。[136]

因此，我提出了这样一个观点：社会过程在人类行为中的重要性稳步上升，而行为的社会基础维度可以被视作制度行为的积累。例如，语言的创造和传授最好被视作社会过程，而非生物过程。语言及其传授是通过有意识的能动作用产生的，尽管它已经存在了很长时间，以至于已经出现了有利于其存在的生物适应现象。此外，创建一个口语社群一定是一种有意识行为。口语社群一旦建立，新兴社群和现有家庭的共同进化便开始了。根据这一假设，作为创造语言的一部分，应该扩大对社群的研究，并进一步研究之后出现的多重社群社会和社会组织。

社会进化过程中的文化进化。在人类生活的共同进化中，一个更为重要的因素是，在口语和社会进化的时代，文化进化必然继续发挥作用。彼得·图尔钦（Peter Turchin）构建了关于这一问题的最完整的模型，共分为三个阶段。首先，他阐明了生物进化与文化进化的一个重要区别，界定了更新世文化进化的作用。随后，他对文化进化如何在全新世带来巨大变化进行了两阶段的历史论证，我将在第六章中再次谈到这一点。然而，文化进化假说增加了一个新的因素。在文化和生物进化的双重继承之上，社会学习发展出了新的能力，并将之编入全人口范围的基因组，使得人类变得彼此相对同质却又各有区别。

因此，群体（或“部落”）之间的变异拥有了基础，而在部落间的竞争中，合作程度最高的部落取得胜利，由此促进了物种内部的合作。[137] 为了在第一阶段展示自己的模型，图尔钦提到了乔治·威廉斯（George C. Williams）的成果，威廉斯认为，动物群体并没有成为生物进化的平台，因为成为平台的群体必须在内部是同质的，而其个体又是各有区别的，由此才能提供在其中进行选择时所需的多样性。然而，动物群体过于多样化，特别是动物群体之间的迁徙，使得生物进化会不可避免地回到依赖个体生物多样性的阶段——基础生物进化。

正如我在前文中所述，社会进化的各种假设在运作上完全不同。群体经由成员有意识的决定而被创建。[138] 多样性体现在群体内的创新和制度内的创新上，这增强了社群（或部落）的实力。相比之下，在文化进化中，部落内部的多样性通过社会学习被维持在最低限度，以此使部落之间的选择能够进行——这导致了弱小部落的消失。在社会进化中，多样性存在于制度及其创新之间，而选择则存在于制度之间——这一过程导致效力薄弱的制度遭到淘汰。移民是这些机制之间差异的一个清晰例证：移民对于文化进化来说是危险的，因为它增强了部落内部的多样性；然而移民有利于社会进化，因为它增强了制度的多样性和创新能力。我们将通过这些争论、假说的内在逻辑及其历史依据的一致性来探讨它们的意义。可以想见，这两种机制在更新世晚期的相互竞争中各自运作——在某些情况下淘汰弱势部落，又在某些情况下淘汰弱势制度。当我们继续叙述人类历史和人类进化的过程时，应继续留意这两种模式的对比。

在分析多个因素之间的共同进化时，还必须考虑各个因素的具体特征。[139] 这些影响包括生物过程及进化（从细胞层面到社会群体层面）、文化过程及进化（从个体层面到社会群体层面），社会过程及进化（社群层面和建立在社群之上的更高层面）、它们在人类系统中的结合，以及与人类系统进行互动的地球环境。对这些类别的思考引出了在人类系统层面上自组织适应过程的问题。在总体系统层面上，是否存在额外的进化机制？或者说它仅仅是底层所有过程的结果？在我看来，也许在最后有可能确定人类系统变化的总体动力，然而，当我们在讨论历史上稍晚时候、涉及面也更为广泛的人类经历时，应该重新对这个问题加以讨论。

第四章　系统扩张

现在我将讲述 6.5 万年前至公元 1000 年的人类系统扩张。这一部分包含三章，展示了基因组学、语言、考古学、气候、地理、技术和社会变化等数据的拓展结合。在这个部分，我试图整合当代学者的努力，将来自多个领域的新数据和观点结合起来。诚然，我在此关于人类扩张的论述不可能是完美无缺的，因为它是如此简要，特别是在迅速推进的研究中出现的新证据，它们也都需要符合情况的新解释。尽管如此，鉴于我在此尝试对人类扩张进行全面论述，我希望这将确立一个跨学科广度的标准，随后的分析因之可以对现有理论进行修正，构建出更为稳定而广泛的人类扩张论述。第四章（6.5 万—2.5 万年前）和第五章（2.5 万—1.2 万年前）共同探讨了更新世晚期人类的迁移和社会变革；第六章继续讲述大部分全新世时期直到公元 1000 年的有关迁移和社会进化的故事。我使用的语言分类提供了更新世以及之后时段语言群体的位置与活动信息，虽然迁移的时间仍然难以确定。遗传数据包括最新的对古老 DNA 的全基因组分析，其时间信息是准确的，但定位未必准确。气候数据来源于世界范围内的样本和模拟情况。人类学和考古学的信息与数据在数量与质量上稳步增长，证实了特定地方和一般整体的模式。我的社会进化理论以其他最新理论为基础，将从这些数据中得出一个解释。

如前一章所述，创始者和最初口语社群的出现开启了社会进化的进程。本章将以非洲东北部的小型社群这一人类系统的结晶作为起点。随后，我将着重强调人类扩张的三个主轴的不同特征——非洲热带地区、亚洲热带地区和亚欧大陆温带地区。正如我所认为的，群体层面文化、技术、社会档案和社会文化制度的变革，是沿着这些迁移轨迹以不同的方式进行的。人类种群的扩张与其他大型哺乳动物的扩张不同。正如第二章所示，虽然我们对于早期人科物种的大范围迁移有更多了解，但我们甚至无法处理整个非洲和亚欧大陆上一个单一种群从一个确定的家园到不同栖息地的突然扩张。人口的激增并不是因为人类的生物或概念结构发生了显著变化，而是因为一种特殊的新能力——一种智力能力、一种技术，或某种混合能力。我假设这种新能力的核心在于口语和句法语言的迅速兴起。[140]

以往对于人类扩张的分析往往将在非洲内部的扩张与拓展至亚欧大陆的扩张区隔开来，从而忽略了在非洲的扩张。相比之下，在非洲的扩张与在亚欧大陆的扩张最好被视为同时发生的过程，它们在许多方面也具有相似性。[141]6.5 万—2.5 万年前，会说话的人类在非洲和亚欧大陆占据的领土面积大致相等；这一占领过程所需时间在两块大陆上可能大致相同。直到大约 2.5 万年前，这两块大陆也是其他人类的家园，因此它们各有自己的杂交繁殖故事。当创始者从非洲东北部（包括向南延伸的非洲印度洋沿岸地区）的故乡开始向南和向西扩张时，他们同时也跨过红海，开始沿着亚洲印度洋沿岸地区向东迁移。与亚洲相比，非洲的地理位置使得内陆扩张更为容易，因为亚洲的山脉和沙漠至少在一段时间内将移民们困在了海岸附近。

我试图通过考古学、语言学、遗传学和气候学这四种途径来研究全球迁移的路径与时间。在考古学方面，这一时期的遗址接连在东半球被发掘出来，它们被记录在案，如此有助于不断改进对每个遗址的时间估计。在语言学资料方面，通过分析一个主要语系中最早的分支和其他主要分支，可以估计出该语系起源的地理区域——它的故乡。在遗传学方面，关于现代人类 DNA 的研究稳步发展，关于如何将当今人类与过去人类联系起来的假设与前者结合起来，再通过对几种遗传成分进行分析，最终产生了迁移的路径，这些遗传成分是 Y 染色体、线粒体 DNA 和体细胞染色体；重要的新遗传信息来自对古代 DNA 的全基因组分析。[142] 由于技术的进步，基因数据经常更新，从而产生更多案例，由此能更好地将现代与过去的分类联系起来，更好地估计过去基因变化的时间。语言学和遗传学的信息与数据都包含完整的地层学信息——从早期到现代的各阶段信息：它们与考古学一样，都值得进行详细而持续的分析。语言地层学与遗传地层学的区别是十分重要的。每一种语言都只拥有一位家长，尽管它们可能拥有很多姐妹——每一种语言都有着单一的血统。遗传世系则是双性的：每一个生物拥有一个男性家长和一个女性家长——一个单一的女性血统或男性血统，尽管整体血统是高度复杂的。结合语言与遗传血统的逻辑，我们应该扩充有关迁移模式的细节信息。例如，语言信息提供了有关言语社群出现和主要行动所在的最佳证据；遗传信息提供了有关创始者祖先和随后社群杂交繁育的最佳证据。

创始者在他们的故乡

正是在东北非洲东部的干燥地区，两足行走的原始人首次出现，并在那里首次学会使用石器。这里也是智人的主要栖息地，这一物种在 30 万—20 万年前出现。7 万年前，在这一地区的同一物种中，出现了一个开始使用清晰口语的社群。最初的会说话的人类数量较少。[143] 遗传学家认为，当今人类的祖先在大约 7 万年前经历了一个遗传瓶颈——繁殖种群规模急剧缩小。如何解释这一现象？斯坦利 · 安布罗斯（Stanley Ambrose）推测，这一瓶颈是由巨大的多巴火山爆发（位于苏门答腊岛，7.5 万年前）引起的生态危机造成的。他认为大气中的尘埃导致了寒流和饥荒，由此使得智人的数量降到了一个非常低的水平。其他学者对这样的寒流使得智人和其他物种的数量降低到如此程度表示怀疑。[144] 克里斯托弗·埃雷特从不同的角度看待这个问题，他并未将显而易见的遗传瓶颈视作整个人类种群灭绝的体现，相反，他认为这种人口的降低反映了最初口语群体的自我选择。[145] 因此，虽然安布罗斯提出瓶颈是由自然原因造成的，而人类的创新于之后才出现，但埃雷特认为，口语的创新是第一位的，瓶颈反映了那些会说话的人的自我选择——人口随后急剧膨胀。后者是我在回溯社会进化出现时所使用的假设。

早期非洲东北部的口语使用者社群生活在一个生态多样的地区：他们可以选择高地或者低地作为栖息地，也能够遇到截然不同的动植物，或从不同的途径获取饮水和木柴。[146] 这些社群一经形成，便会凭借两种社会动力发展起来。第一，小型家庭群体稳步相互结合，形成共享一种语言的社群，从而将现有的人口重组为多家庭社群。第二，这些社群在适应方面的进步——关于可用资源的更优质信息，或者更实用的工具——使得他们能够以更大概率存活下来，并实现数量上的增长。

在社群层面上，语言的存在为新的表现形式提供了一个平台，例如关于已知和未知的观念——今生、来世、天空、动物，以及可能存在的灵魂。这实际上是一种宗教制度，如今已经形成了一个思想和实践体系。在这一制度内，有一群人分享见解，发展出对这些重大问题的阐释，并命名为他们所创造和分享的概念。弗兰纳里（Flannery）和马库斯（Marcus）发展了这一逻辑，他们将人类和其他灵长类动物的社会秩序进行了对比：他们认为，在人类中，其他灵长类动物中的雄性头领为超自然形象所取代，这些超自然形象构成了“一个自然/

超自然统治等级秩序”。[147] 句法语言得以以一种前所未见的方式表达世界。因此，人们可能会问，当人类开始说话时，是否立即开始将自己视为一个与众不同的物种，并与超自然现象有着特殊关系。宗教制度依赖两个层面的群体：作为宗教实践参与者的信徒，以及作为核心群体的宗教思想创造者。宗教的动力包括发展概念，质疑这些概念，评估它们的影响或含义，以及阐明宗教信仰与社会实践之间的关系。

为了追寻创始者及其后代在非洲及非洲以外地区的扩张，我特别关注语言分布的相关证据，来自基因组学、考古学和气候学方面的证据也强调了这一点。对于该证据以及之后关于迁移的语言数据简述，我将提供三个层面的信息。[148] 第一，在正文部分，我将在接下来的段落中对创始者的案例和之后的迁移做进一步总结。第二，在一个相关在线资料中，我提供了世界范围内 14 个语群或主要语族的地图，图中显示了它们的范围和主要迁移路径，以及补充信息。我将语群定义为一个原始语系，它提供了其至少存在了 1.5 万年的有力证据，包括后来在其中形成的语系（或亚语系）。第三，在本书的总结性篇章《附录：分析框架》关于迁移的部分中，我加入了有关语言历史分析的额外方法论讨论。[149]

我对语言和人类迁移的分析遵循了约瑟夫·H. 格林伯格（Joseph H. Greenberg）的传统，他将非洲的语言进行了分类，接着领导了世界范围内语言分类的研究，他对语言的普遍性进行分析，并对单一创造语言可被记录的观点进行了探究。[150] 格林伯格的研究方法展示了语言数据（由古生物学和基因组学提供支持）是如何证明人类语言的创始者群体起源于非洲东北部的。

虽然从事美洲、美拉尼西亚和东北亚等地区研究的历史语言学家们试图反驳格林伯格对于语言的大规模分类，但是，我将在本书中展示格林伯格分析传统中的语言分类，如何与人类占领地球的基因数据紧密吻合。迁移方面语言与遗传基因的一致性通常会证明格林伯格的分类方法基本上是有效的，特别是今天所知语言的分布提供了有关非洲、亚欧大陆和美洲定居期间语言所在的位置与迁移的明确信息。[151]

随着早期语言的分化，社群也随之分化。除了一些被重构的基本词汇以外，我们没有关于原始语言和“原人类”的直接证据。然而，非洲目前已知的四个语群的创始根据地都位于非洲东北部，这表明它们与创始语言或“原人类”语言存在相对密切的关系。在这四个语群中，三个的创始根据地位于尼罗河流域中部；第四个语群是科伊桑语，它的创始根据地在坦桑尼亚北部。与未使用口语的家庭或群体相比，最初维系创始社群的仪式规模相当庞大，然而随着社群早期的分裂，这些仪式必须改变，现在，它们具有了不同的特征。从这些代表特定社群的经验中产生了新的文化习俗，这既是因为它们的规模，也是因为它们的口头表达方式。在这个过程中，人类很有可能已经找到了方法来融合早已存在的音乐和舞蹈。在这一过程的每一步，都有新的术语被开发出来，并随即在社群中传播。为植物、动物、地点以及它们的特征命名，不过是不断扩大的对世界进行口头描述的一个方面。也许社群甚至对新开发的社会档案进行了一次含蓄的讨论，因为人们在考虑他们现存的哪些要素特别需要为后代所保存和复制。对于传统、故事和哲学记忆的强调随即产生。对优雅地表达重要信息的兴趣可能会促进诗歌的发展。社群成员除了聆听长者的意见外，还可以通过参与各种活动和其他仪式进行积极学习。舞蹈不仅可以培养团结精神和团队精神，还可以将重要的思想与实践融入肌肉记忆中。[152]

这些不断扩大的社群位于尼罗河流域的湖泊与溪流旁，靠近红海和印度洋沿岸。随着掌握口语的智人社群的发展和扩张，他们面临着一个反复出现的选择：居住在水边还是开阔的草地上？当早期人类面临这种选择时，他们倾向于临近水路而居。掌握口语的人类发展了新的技术，开发了新的生态环境，由此他们发现了新的方法，使自己可以同时从草地和临水生活中获益。对人类进化的研究也许过于强调狩猎和草原。我的研究强调河流、湖泊和海洋在早期人类社会中的长期重要性。觅食者在海岸、河流和湖边发现了丰富多样的动植物。[153]口语运用者可能从一开始就掌握游泳的技巧，他们还开发出了木筏和小船。借助其他工具，他们进一步探寻鱼类、贝类和水生植物作为自己的食物。

在此时出现的一项创新是衣服的发明。对体虱的研究表明，体虱种类的繁衍大约始于7万年前，且大部分体虱种类位于非洲。这说明体虱与衣服的发展密切相关，衣服是在非洲而不是亚欧大陆发展起来的。此外，这一非洲起源清楚地表明，衣服最初是出于装饰目的进行传播的，而不是为了御寒。[154]衣服的应用为使用更多材料打开了大门，这些材料包括树叶、草、树皮和毛皮。最终，衣服确实在寒冷的冬天为人类提供了保护。

在非洲的扩张

大约在6.5万年前，移民开始从创始根据地向四面八方扩散。克里斯托弗·埃雷特在《剑桥世界史》中对非洲创始者社群扩张的证据进行了最好的概述，对考古和语言证据进行了卓越的论述。[155]依据埃雷特的观点，来自非洲东北部的移民首先迁移至南非。在那里，他们遇到了当地的原住民；在相当长的时间里，这两群人是同时存在的。接下来，移民们从非洲东北部向西迁移到了非洲中西部的森林地区，他们在那里遇到的原住民，以被称为“卢彭巴文化”（Lupemban culture）的物质文化而为人所知；中非的俾格米人可能拥有他们的部分血统。对于西非来说，来自非洲东北部的移民很早便来到了该地区，但他们却无法站稳脚跟，因为这里先前存在的文化和居民几乎没有发生什么变化。在全部三个地区，尽管先前存在的文化元素——以及他们对基因库的可能贡献——仍然存在，但移居人口最终占据了主导地位。[156]2.2 万年前，“现代”人几乎占据了撒哈拉以南非洲的所有地区。

4 万年前，温度和湿度都在下降，二者的最高值位于 6 万年前，最低值则位于 4 万年至 2.5 万年前——撒哈拉沙漠逐渐干燥，树林面积减少，草地占据主导地位。对于更新世的迁移路径，我们可以依赖语言分布的证据，而基因证据则可以佐证这一点。在坦桑尼亚北部，操着截然不同语言的科伊桑人一直存在，这再次证明这里是口语运用者在迁入非洲南部前的家园；基因证据往往会证实这一点。[157] 操亚非诸语的人类向北扩张至红海丘陵，向东扩展至印度洋沿岸，向南则到达了尼罗河的源头。[158] 操尼罗-撒哈拉诸语的人类在热带稀树草原上向南扩张，之后又向西北方扩展到了撒哈拉沙漠。尼日尔-科尔多凡诸语的创始根据地位于尼日尔中部的科尔多凡山区，那里仍然存在属于原始群体的居民。[159] 这一群体的成员似乎很早就开始了向西迁移的努力，但没有成功。不过，在更新世晚期，一个群体向西迁移到了尼日尔河流域的上游地区，发展出了现在的曼德诸语，随后形成了曼德语族。此后，操亚非诸语的移民沿着热带稀树草原向西迁移到了乍得湖盆地，并在该地繁育出密集的人口。一些操尼罗-撒哈拉诸语的人向西迁移到了尼日尔河流域中部，而一些操亚非诸语的人则在乍得湖地区定居，并开始扩张。宏观模式似乎是先建立一个根据地，随后在更新世时期向多个方向进行迁移。[160] 这种模式在非洲以外地区的语言群体中反复出现。正如我们将要看到的，在全新世，进一步的迁移活动明显改变了这些模式。

在这些迁移过程中，社会、技术和观念发生了变化。在社会结构方面，这一时期出现了婚姻制度。虽然通常是单配制的男女结合并不是什么新颖的事情，但将夫妻与家庭联系起来确实是一项实在的创新。随着异族通婚家庭的规则通过语言被正式确立，一对夫妻的婚姻可以正式确定两个家庭对彼此的责任。[161] 婚姻制度既涉及夫妻双方，也牵涉通过夫妻关系建立起来的家庭；更广泛地说，婚姻制度包括所有参与婚姻秩序的人。婚姻的动力包括结婚年龄、生育和儿童保育，对家庭成员的义务，以及通过婚姻制度构建起来的老年人与青年人之间的关系。随着言语社群中的婚姻正式化，围绕或重叠在婚姻之上的家庭或血统观念也随即被正式化。

与此同时，跨社群结合，可能还有跨社群婚姻，是一个虽然在总体中仅占少数，但又持续存在的现象。跨社群结合具有两个重要的生物学效果。[162] 首先，它增加了每个地方社群基因库的多样性。再者，由于独特的基因被广泛传播，这意味着，尽管每个社群的基因各有差异，但在较大区域内，甚至整个大洲范围内，人类社群的普遍基因构成将保持相似状态。从这个意义上看，人类社群内部的基因差异要大于社群之间的基因差异。在技术变革方面，我们的现有证据表明，弓箭技术是在大约 6.4 万年前于南部非洲发展起来的：这项技术逐渐在世界范围内传播，并得到进一步发展。[163] 人们也许还想了解更多移民在湖泊、河流和印度洋沿岸的冒险中使用船舶的能力。他们使用的也许是木筏，不过更有可能是芦苇船。[164]

掌握口语的智人与其他人类之间存在怎样的互动？有没有可能向他们教授哪怕最基础程度的口语？如果无法掌握口语，属于未掌握口语人群的个体或群体是否有可能加入口语运用者的社群中？这些问题的重点在非洲，因为非洲拥有最大规模的未掌握口语的人类群体。在言语社群中，肯定有人投身于修辞方面的发展，此举并不仅仅是为了发挥领导作用，也是为了娱乐和探索。关于过去经验的故事必定促进了人类行为的变化，以及对人性的理解。

社群扩大而形成了网络，后者的发展具有显性和隐性两种形式。群我群体的明晰制度成为一项通过共识将其成员联系起来的制度，例如通过婚姻，或者共享姓名的个人和礼物交换关系建立起来的跨社群网络。[165] 更为普遍的情况是，网络是参与者的隐性群体（自我群体网络），这些参与者充当一个互动网络中的节点，但他们之间没有达成明确的共识。网络也以群我群体的形式出现于制度结构中，例如逐渐产生了仪式。同样重要的一个问题是，言语群体如何彼此联系。这里再次出现了这两种联系。在社群层面上，跨社群迁移是一项制度，因为每个社群都会对离开或加入社群的移民进行组织管理。然而，在一些正在交换移民的社群层面上，移民们形成了一个隐性群体，社群与该群体的合作并没有明确的制度架构。在更精细的网络层面上，来自几个社群的特定家庭可能会成立一个协作家庭群我群体，以便互相交换婚姻人选。社群自然会彼此分隔开来——当然是语言上的差异，不过也有可能是衣着、饮食，也许还有社会组织细节上的差异。由于这些差异的存在，一个在正式层面上联结各社群网络的好处就显而易见了。跨社群移民的稳定互换在社群之间传播了创新，尽管这在发展方面还不足以阻止各社群发展其特有的仪式和行为。隐性和显性的社群网络——在婚姻、迁移、交换、治疗，以及对神圣力量的理解上存在不同，但保持联系——人类系统向多社群层面最初的延伸。在这个长期处于扩张状态的时代，人类社群的制度维持了包含优先事项的总体时代精神，在某种程度上，这可能强调了定居的重要性——新社群的建立，并加强与栖息地的联系。

亚洲热带地区的迁移

随着移民稳步占领非洲的各个地区，他们中的一些人也开始前往亚洲。他们凭借浅水区域的相关技术——船只的使用是必要技术——越过曼德海峡（当时不到 20 千米宽），向东扩张。这种跨海前往亚洲的行为最早发生在 6.5 万年前，最迟则不晚于 5 万年前。在不超过数千年的时间里，一些移民还到达了澳大利亚和新几内亚。

有关基因组分析的最新研究坚定地认为，人类从非洲到亚洲的迁移只发生了一次，而不是多次。[166] 这意味着，欧洲、北亚、亚洲热带地区和大洋洲所有定居者的存在，都要归功于最初的迁移群体，以及他们之后的分化。这一重要发现塑造并限定了大规模东向迁移的潜在路径。它也为语言分布增添了迁移路径证据这一新的价值，因为语群创始根据地的位置与迁移的基因证据非常吻合。也就是说，基因和语言数据的相对一致性，证实了语言创始根据地在其所在地是一直存在的，而且基因和语言数据可以用来进行相互查验。凭借语言和基因组的相互作用，我们现在可以更加清楚地表达疑问：哪些非洲群体是亚洲移民的来源？候选的群体有尼罗–撒哈拉诸语、亚非诸语和尼日尔–科尔多凡诸语，未来的研究可能会帮助我们在它们当中进行选择。[167] 此外，当这些移民通过最初的一条单一路径在亚洲热带地区扩张时，他们在路上似乎遇到了丹尼索瓦人，二者之间发生了杂交繁殖：我的印象是，这一过程发生在印度，因此之后所有向东迁移的移民都携带有丹尼索瓦人的 DNA。越来越多的证据可以支持这样一个模式，即存在两个丹尼索瓦人聚居中心，一个位于中亚，另一个位于南部地区。[168]

气候波动决定了人类占领亚洲和大洋洲热带地区的路径与时间。这种波动是区域性的，但总体上由日照水平——抵达地球的太阳辐射的不同强度决定。北半球的日照水平在大约 7.4 万年前到达低点，这带来了凉爽的气温、较低的湿度和较低的海平面。在大约 6 万年前，日照水平迎来相对高峰，导致环境更加温暖潮湿，海平面也相对较高。下一个更温和的日照低谷是在 4.8 万年前，随后则是 3.7 万年前更加温和的峰值。总的来说，温暖而湿润的时期是人们迁移到新地区的最佳时机。在日照水平最低时期（7.4 年前和 4.8 万年前，以及 2.2 万年前的末次冰盛期），干旱地区变得相对无法通行。最初进入亚洲的移民肯定会经过阿拉伯地区，但关于他们在该地区的定居点是在沿海地区还是内陆地区，还在持续争论：在 6 万年前，内陆地区也是可以进入的。总的来说，我更倾向于强调人类对海产食品的依赖性，以及从东非到华南、大洋洲这一系列印度洋沿岸地区的生态相似性。不过，喜马拉雅山脉总是有一些水源充足的地区，埃塞俄比亚的山区也是如此，因此，山区总是会吸引定居者。非洲、中亚和中国的大片陆地随着季节变化而温度上下浮动，这迫使季风吹向北方或南方。季风在最温暖的几个月里带来了来自印度洋的降水。季风的强度则随着日照水平的变化而变化。[169]

早期定居者创造了亚洲热带地区的 5 个语群，它们自西向东依次形成，且创始根据地均相对靠近海岸。按照形成顺序，这些语群分别是：埃兰–达罗毗荼诸语，创始根据地位于今天的巴基斯坦；跨喜马拉雅诸语（也被称为汉藏诸语或德内–高加索诸语），创始根据地位于今天的中国西南部；南方诸语，创始根据地位于今天越南、老挝和中国的交界处；澳大利亚诸语，其以澳大利亚北部为中心；印太诸语，创始根据地位于今天的印度尼西亚。所有这些亚洲语言的创始根据地都位于自然资源丰富的地区。[170]

位于亚洲热带地区的栖息地均位于海岸线上，因为海洋和海岸的动植物都遵循着印度洋的节奏。然而，在更遥远的亚洲内陆地区，人们的栖息地却与之迥然不同。从阿拉伯到印度，土地低洼而干燥，只有也门和伊朗高原才有高地，只有底格里斯河–幼发拉底河与印度河才拥有主要的河流系统。操埃兰诸语的人（现已绝迹）定居在波斯湾，而操与之关联的达罗毗荼诸语的人则在印度河流域建立了自己的家园。继续向东，印度的海岸是一片沃土，那里有丰富的动植物资源。沿着这条海岸线，人们很容易建立起持续发展的社群，并向内陆扩展；达罗毗荼诸语在更新世时期传播到了印度的大部分地区。当这些移民越过恒河河口时，他们见到了东南亚沿海平原上的竹林，这些竹林由一些主要河流灌溉。[171] 在内陆（北方），山谷的落差增大，但那里仍然肥沃，因为几条大河从覆盖积雪的喜马拉雅山脉向南和向东流淌：雅鲁藏布江、怒江和独龙江流向西方，而澜沧江与红河则奔流向东。[172] 跨喜马拉雅诸语在东南亚西部山区的山谷中形成了自己的创始根据地，并在那里广泛传播。[173] 南方诸语形成于临近的湄公河（中国境内河段称“澜沧江”）与红河河谷中。南方诸语的四个主要亚语系在地理上相互重叠，同时，它们还与某些跨喜马拉雅诸语的从属语言存在重叠。[174]

也许在现代人类的扩张中最为引人注目的步骤就是占领巽他，以及从巽他前往莎湖。这些地区的定居情况众所周知，特别是因为在澳大利亚经考古发现的人类遗骸可以追溯至 6.5 万年前，而巴布亚新几内亚的人类遗骸则可以追溯至 5 万年前。[175] 除了这些备受关注的内容以外，还有更多的故事可以拼接在一起。地理环境是核心问题：当第一批人类到达时，巽他次大陆有很大的面积。在这个凉爽的时代，海平面比如今大约低 100 米，因此巽他次大陆（包括一系列河流）被认为是面积有印度一半大小的一个半岛。除此之外，在华莱士线深海海沟东侧，还存在着莎湖大陆，澳大利亚和新几内亚在那里彼此相连。

这里的叙述似乎特别聚焦于印太语系成员：似乎操印太诸语的人是早期人类移民中精力最为充沛的水手。他们的故事尘封已久，这是因为后来的移民在人口数量上要多于他们，这些后来者还强占了他们的家园，使得他们流离失所。也就是说，操南岛诸语的人——今天的马来人——在操印太诸语的居民早已定居的土地上占据了主导地位。因此，现在很难猜测最初的印太诸语定居者的创始根据地、分布，以及最初的亚语系。由于巽他以西的安达曼群岛上的居民操印太诸语，因此我假设操印太诸语的人在进入该地区时，首先在巽他西部形成了一个创始根据地，之后又扩张到了巽他其余大部分广阔的沿海地区和内陆地区。[176]

此外，操印太诸语的人也在莎湖定居下来。到达莎湖的唯一方法是穿越宽达 100 千米的开阔海域。[177] 我们可以肯定的是，在从曼德海峡开始，一路沿着印度洋沿岸行进的旅途中，人类提升了水上交通工具方面的相关技术，但航渡至莎湖是一次与众不同的旅程。根据基因证据展现出的澳大利亚和新几内亚古代居民之间的种群差异，这种航渡不只发生了一次，而是很多次。在完成这样的航渡后，定居者得以在莎湖全境进行扩张。随着时间的推移，莎湖新几内亚部分居民的语言与澳大利亚部分居民的语言出现了差异，澳大利亚诸语由此成为一个单独的语群。操新几内亚语言的居民与巽他次大陆的居民保持着联系，因此印太语群同时涵盖了这两个地区，这是早期语言所影响的最大范围。

印太诸语的居民在航海方面持续投入精力，他们在这之后又从新几内亚向东迁移到了所罗门群岛，向北迁移到了密克罗尼西亚群岛，而向南迁移似乎是沿着澳大利亚东部海岸线到达了塔斯马尼亚岛，因为 19 世纪时，人们在那里发现了他们语言的残存。我们对于印太诸语居民的船只了解不多。我们知道塔斯马尼亚居民使用用芦苇捆绑而成的船只，独木舟是另外一种可能，因为今天的整个南太平洋地区都在使用独木舟。[178]

到目前为止，我对于亚洲迁移的分析主要集中于记录和解释人类向东扩张的迁移步骤与物质生活。然而，我们有理由不仅尝试重构迁移和物质生活，也探索重构迁移的概念。为了延续我们对语言的关注，我们应该注意到，随着迁移的进行与时间的推移，必然会出现许多新术语来描述人们从非洲东北部的创始根据地向外扩展到达的土地，以及他们的经历。

虽然重构大多数早期的词汇超出了我们目前的能力，但是识别视觉艺术作品却是可行的。视觉艺术在现在旧大陆的热带地区被首次发现，它们中的一些作品可以追溯至 4 万多年前，从而证实了人类对视觉艺术的普遍追求。法国肖维–蓬达尔克洞穴地处温带，在洞穴中发现的壁画可以追溯至3.5万年前，而最近才发现的Lubang Jeriji Saléh洞穴位于地处热带的加里曼丹岛上的高地（当时是巽他的一部分），在洞中也发现了有近4万年历史的形象绘画。[179]这些发现可以证明，操印太诸语的人从一开始便占据了内陆以及沿海地区。

接触到这些作品后，一种假设应运而生：工作坊作为一项制度，虽小但富有价值，它有助于促进创造过程。工作坊由为了实现共同目标而集合在一起的一小群人组成，这当中的每一个人在实现目标的过程中都发挥了不同的作用。通常情况下，工作坊拥有自己的领导者，领导者提供创造灵感，而其他人则负责提供支持，并学习更多有关任务的知识。工作坊在概念、视觉表现、觅食和生产性工作中具有显著意义。在实践和物质方面，有关食物、容器、实物装饰和仪式的准备可能均是按照工作坊的逻辑进行的。在工作坊中，领导者会将需要执行的任务进行概念化，设计产品（概念的、代表性的或物质的），并召集助手为任务搜集所需材料，完成其他任务。那些表现出技术才能的人会成为学徒，他们通过学习，会逐渐为完成主要任务做出贡献。尽管如此，工作坊通常在某项任务的完成，或是创始者达到工作年限后就会解散。其他表现形式的文化——舞蹈、音乐、服饰、诗歌、演讲、历史、史诗、珠宝、发型装饰、绘画和文身——可能均得益于工作坊，而不是仅仅凭借个人创造力。

向温带迁移，4.5万—2.5万年前

向北迁移，即从热带地区迁移至温带草原和森林，对于智人社群来说并不容易。从人类抵达澳大利亚，到人类在亚欧大陆的温带地区首次定居，其间似乎相隔1万余年，甚至更久。[180]然而，在亚欧大陆中部、欧洲东南部、安纳托利亚和东北亚发现了4.5万年前的许多智人遗骸，这说明定居过程一旦开始，便发展迅速。不过，发起这一

迁移进程需要满足三个条件：一个人口稠密的热带地区，移民们可以从那里反复尝试进入新的土地；没有地理障碍的北上路线，沿途有充足的食物和其他资源；新定居地区有富有成效的技术与社会秩序。温带地区与为人类所知的热带地区截然不同。即便是温带最为有利的环境，其在温度、季节性、动植物方面也与热带存在很大差异。[181]

我们必须从地理和气候障碍开始讨论。至 4.5 万年前或更久以前，人类已经在从大西洋到太平洋的热带地区建立了自己的家园，他们的长期迁移经历似乎意味着他们准备好了向北迁移。然而，这并不是一个吉利的时刻。当时的气候非常凉爽干燥。一条巨大的沙漠带从非洲的大西洋沿岸开始，横跨撒哈拉、阿拉伯半岛和中亚，一直延伸到戈壁沙漠，中间仅有几处中断。虽然伊朗、黎凡特、阿拉伯和撒哈拉等地经历了潮湿时期，但其仅集中于几千年的时间内，即 13 万年前、10.5 万年前和 1 万年前。[182] 至于印度和东南亚，除了中国的平原和西太平洋的海岸地区外，喜马拉雅山脉阻挡了从这一地区向北方前进的步伐。

在通往温带地区的潜在路径中，只有两个地区被寄予厚望。第一条是从印度洋到中亚的路径，有沿着里海东岸和沿着喜马拉雅山脉西麓行进两种选择。第二条是从东南亚到东北亚的路径，同样存在两种选择，即沿着中国东部低地或沿着太平洋海岸行进。由于地理和气候的原因，其他路径的选择在排序上都相对靠后。例如，研究者很容易假设智人是通过尼罗河谷和地中海沿岸的黎凡特与安纳托利亚，从非洲毫不费力地迁移到欧洲的：在有关人类扩张的出版地图上，有很多箭头都遵循了这一路径。但是，撒哈拉、阿拉伯和黎凡特地区在 5.5 万年前极度干旱，3.5 万年前气温和湿度仅略有回升，而且上升时间较晚，因此，根据基因组和气候记录的最新进展，直到很晚的时候才出现了这条路径的相关证据。从非洲到欧洲的大西洋海岸路径也同样干燥。

在我看来，最有可能的北向路径是开伯尔山口路径，即从印度河流域，沿着喜马拉雅山脉的西翼（多山，但水源充足）开始，经阿尔泰山脉的西侧，最后抵达中亚大草原。这些移民会遇到成群的、可供打猎的大型哺乳动物，同时在某些山谷还能找到营养丰富的水果。以此处为根据地，移民们能够向西和向东扩张，迅速在亚欧大陆的温带地区留下自己的足迹。如果这的确是一条路径，那么移民们需要为此做好准备。幸运的是，技术进步可能会有所帮助。最近在黎凡特的一处遗址中出土了一个梭镖投掷器，年代大概是 4.6 万年前，这表明这一地区的人们也许已经准备好进入温带地区，并在那里猎杀大型动物了。[183]

从神话的角度来看，民俗学家迈克尔・威策尔（Michael Witzel）的研究提出了一种可能性，即伴随着移民到达温带地区的，可能是意识观念的转变。威策尔在对世界范围内的人类神话进行列表、制图整理后得出结论，认为这些神话主要分为三类：非洲的泛大陆神话，这部分神话是其他神话的祖先；继之而来的旧大陆热带地区居民们的冈瓦纳（Gondwana）古陆神话，主要讲述了生命循环的故事；持续存在的劳亚（Laurasian）古陆神话，它在北部地区流传，假设地球的创造、转变、终焉与毁灭由超自然的存在掌控。[184]也就是说，人们可能会假设，劳亚古陆神话是一种新的世界观，它是在大约 4.5 万年前，由从印度洋沿岸迁移至中亚的移民所创造的。[185]

当我们谈论去往温带地区的移民的启程时，又有一个问题摆在了我们面前：是哪一个热带语言群体承担了向温带地区整体社群迁移的重任？可以认为，关于这一问题的答案选项仅限于距离开伯尔山口最近的三个群体：波斯湾的埃兰人、印度河流域的达罗毗荼人，以及东南亚的跨喜马拉雅诸语居民。最后一个群体虽然距离开伯尔山口较远，但在我看来却是最好的候选者，因为这一群体的成员可以沿着水源充足的喜马拉雅山麓稳步前进，到达开伯尔山口后继续同样的过程，最终达到大草原。这一路径选择得到了时间更近的一次迁移的证明，在这次发生在全新世的迁移中，跨喜马拉雅诸语的居民同样沿着喜马拉雅山麓前进，其中还包括他们对青藏高原的占领。操达罗毗荼诸语的人可能也组建了迁移团体。埃兰移民不太可能向北迁移，因为如今伊朗和伊拉克的土地当时十分干旱。

一旦移民迁移到大草原，学会适应亚欧大陆中部的气候和动植物，他们就能够形成定居区和语言创始根据地。新移民沿着草原向西和向东移动：向西到达高加索地区，向东到达今天的吉尔吉斯斯坦和塔吉克斯坦，向东北则到达阿尔泰山脉的山脚下。正如我所指出的，这些来自南方的智人已经在热带地区与丹尼索瓦人进行过杂交。当他们进入温带地区时，他们遇到了尼安德特人，并与之杂交。他们也许还与北方的丹尼索瓦人进行杂交。[186]基因组研究显示，东北亚的人类比中亚和欧洲的人类具有更多尼安德特人的血统。目前还没有证据证明这种杂交是和平的还是暴力的，尽管我们会认为二者兼而有之。这种混血的事实证明了人类社会关系中持续存在的异族通婚现象。

有两组定居者发现，高加索地区是一处战略位置优越、生产资源丰富的山区，他们的后代仍然居于该地。操北高加索诸语的居民位于北方。操卡特维尔诸语的居民生活在高加索中部。[187]据研究，北高加索诸语与跨高加索诸语有关，因此，操卡特维尔诸语的居民可能是埃兰-达罗毗荼诸语使用者的后代。考古发现表明，大约在4.5万年前，移民们沿着黑海北部和西部的海岸线迁移，随后分为两组，一组沿着多瑙河逆流而上到达中欧地区，另一组则沿着地中海沿岸一路迁移至伊比利亚。伊比利亚的巴斯克诸语很可能与北高加索诸语有关，这提供了有关欧洲最早智人居住地的另一个证据。[188]（在几千年后的全新世早期，操印欧诸语的农业人口迁移到同一地区，他们的语言成为主流。）

从中亚向东迁移的人类沿着大草原一路到达东北亚。这里有两大河流流域，由此造就了一个资源丰富的地区——北方是黑龙江流域的森林，南方则是黄河流域的草原。在北京附近的田园洞，从4万年前遗骸中提取的古代DNA，揭示了该遗骸所属的智人拥有尼安德特人的血统。[189] 这一发现证实，包括这个智人在内的群体曾经路过中亚，那里的尼安德特人人口较为稀少。这一地区的定居者——最有可能是在黑龙江流域发展了欧亚语群，后来该语群大幅度扩张。

语言和基因组数据表明，还有另外两组移民迁至东北亚。居于西伯利亚中部叶尼塞河流域的人操叶尼塞诸语，这似乎是后来跨喜马拉雅诸语居民迁移的结果。[190] 余下的来到东北亚的移民则沿着西太平洋海岸向北迁移。根据东北亚人群的基因分析，东北亚人类与生活在巴布亚新几内亚、操印太诸语的人类在部分血统上密切相关。[191] 这就导致了这样一种假设：在操印太诸语的人类中，一些经验丰富的水手沿着海岸线和沿海群岛向北航行，从巽他来到台湾地区、琉球地区、日本以及其他北方地区。[192] 无论他们的语言是否在这些地区存活下来，他们的捕鱼和造船技术很可能成为当地经济的主要补充部分。一种特殊的技术革新或许是皮制船的发明——一种轻型船，框架为木制，上面缝有皮革，由此船能够浮在水上，并保持乘客的干燥。这些船只在寒冷的北方海洋中，与在寒冷、流速又快的北方河流中同样实用。[193]

同样在东北亚地区，人类和狗大约在3万年前相遇。[194] 这两个物种形成了一种联系：狗显然很容易加入人类社群。这种联系给予人类驯养经验，而且可能是人类第一次获得相关经验。随着时间的推移，狗在各大洲的人类社群中传播，从而揭示了人类群体间持续接触的自我群体社交网络。狗在人类中的传播速度尚不清楚，但传播的事实强化了一种观念，即跨社群迁移将世界各地的人类联系在一起，保持了基因组的相似性，并传播了社会文化创新。

随着人口增加，人类开始对自己所处的生态环境构成压力。澳大利亚是一个很好的例子，说明了一小群人如何改变一个环境。那里的居民（在一个不确定的时间）开始焚烧大量土地以供他们打猎。最终，整个生态都改变了。那些能够从周期性火灾中恢复的动植物物种茁壮发展。相较之下，迁移的人类本身也为他们所处的生态环境所改变。在寒冷地区，经过无数代人后，人类的头部和身体变得更加圆润。在高纬度地区，皮肤的颜色变得更浅，因为减少色素可以帮助人们通过阳光合成更多的维生素 D。（在热带地区，深色皮肤有助于将紫外线辐射对叶酸的破坏降到最低。）总的来说，尽管所有迁移到新地区的人类都保持着紧密的基因一致性，但由于他们所处的温带地区不同，发生改变最大的是他们的外在生理特征——他们的“表型”。亚欧大陆东部和西部的表型根据当地条件进一步分化。对于所有留在热带地区的人类来说，人体上的差异也有所发展，虽然由于生态差异较小，这种改变的幅度要小得多。后来（主要在全新世），来自温带地区的移民扩展到旧大陆的热带和亚热带地区，这些独特表型的混合也加快了。

人类扩张年代最清晰的物质文化遗存是在居住地和工作场所遗迹发掘出来的石器：斧头、箭头、捕鱼配重和鱼钩、磨石等等。较少留存下来的是大量骨制与木制工具、藤蔓、绳索，以及其他易腐工具。来源于非洲的弓箭，来源于亚欧大陆的梭镖或长矛投掷器传播到了每一片大陆，且不断被调整和改进。有些发展虽然平凡，但对于人类生活必不可少，容器就是一个很好的例子。由木头和树叶制成的容器逐渐被蒲袋、篮子和动物皮制成的容器取代。缝纫技术——被证实起源于中亚，依靠锥和针为线制造穿孔——让人们可以将毛皮和蒲草缝制在一起，而篮子和垫子的编织最终导致了纺织品的产生。[195] 我们可以想象烹饪方面的创新，可以肯定的是，我们的祖先的味蕾已经很发达了。至少在生活优渥的时期，创造美味的食物是优先考虑事项。

第五章　生产与联盟

在本章，我将重点强调2.5万—1.2万年前这一时期对人类历史的重要性。有关人类历史上重大变革的论述，往往在1万—7 000年前这个时间段内，划定一条意义重大的时间界限，并称之为“农业革命”。这样一条解释性的界限导致这样一种阐述，即从此开始的历史，伴随着生产系统的巨大变化，酋长领地、乡镇、社会等级制度、城市和文明本身也被刺激发展起来。著名考古学家戈登·柴尔德（V. Gordon Childe）在其1942年出版的《历史上发生了什么》（*What Happened in History*）一书中使用的两个术语“农业革命”和“社会革命”被广泛运用，并被视为解决所有复杂历史问题的富有成效的出发点。[196] 事实上，柴尔德的著述写得细致入微，而具有象征意义的转变却在许多人的脑海中变得根深蒂固。新获得的数据要求我们采取不同的研究方法。因此，在本章中，我将重点放在农业完全形成的1万年前，物质生活和社会生活发生的重大变化。从2.5万年前开始，受严寒以及随后快速回暖的影响，人类的创新速度加快了。为了应对末次冰盛期带来的挑战，人类通过发展生产经济来弥补狩猎活动收获的减少，并通过将他们的社群结合成规模更大的联盟来管理日益复杂的经济。

持续近 4 万年的东半球定居过程发生在气候逐渐变冷的时期。从 1.2 万年前的温暖峰值开始，气温缓慢下行，湿度逐渐降低，海平面也在下降。人类个体只会关注到气候的短期波动——尽管这种变动通常很严重——而不是长期变化。然而气温降低限制了动植物栖息地的范围，物种间对资源的竞争愈发激烈。

危机：末次冰盛期

在这一漫长的变冷时期结束时，突然发生了一次极度严寒：末次冰盛期在 2.15 万年前达到最低温度。温度下降的幅度足以使南北半球的冰川发生大规模扩张，而几乎没有哪种生命能在冰川地区存活。世界上大部分的水是以冰的形式存在的，以至于海平面下降到比峰值时要低 100 米的程度。大量的陆地暴露在外：不列颠与欧洲大陆相连，日本与亚洲大陆相连，而阿拉斯加与西伯利亚之间也出现了陆地；巽他次大陆与莎湖大陆早就裸露出来了；随着海平面进一步下降，陆地面积扩大。

大多数人生活在非洲和亚洲的热带地区，因此避开了极度严寒。然而，他们也感觉到了温度的下降（尤其是湿度的降低）、年度天气模式的变化，以及自身和他们赖以生存的动植物的栖息地的变化。强烈的暴风雨和灾难性干旱并非不可接受，因此，迁移和生活方式的重构在热带地区很普遍，虽然其程度不及温带地区。[197] 对所有人来说，末次冰盛期都是一个艰难的时代，而从盖娅百万年级的角度来看，这可能不过是全球温度和湿度在既定范围内的又一次波动。[198] 盖娅总体系统内的动植物受自身生物档案掌控，已经度过了类似时期，它们在某种意义上已经为必需的调整做好了准备。对于人类系统，即一个新组建的言语社群间的网络来说，这是迄今为止所遇到的最大的气候挑战。随着一些人类的栖息地不再适宜居住，人们发现或是自己与邻居会因为资源的减少而发生冲突，或是自己不得不迁移，去寻找更好的栖息地。无疑，很多家庭因严寒而分崩离析；幸存者们最大的希望就是被其他家庭收留。资源的稀缺会导致人们弑婴或将孩子送养，甚至可能遗弃老弱病残。

危机给家庭和社群带来了压力，要求它们维持诸如猎场、渔具、盐和其他矿物矿源、果园，以及各种工具等宝贵资源，甚至控制人们的生活。对于个人用品，创造它们或作为礼物收到它们的人，也许会选择将它们传给孩子们。社群宣称它们有权在某些土地或渔场进行狩猎和采集，由此产生了一种产权意识。随着觅食和生产范围扩大、程度加深，新种类的工作带来了新型的家庭关系。以性别和年龄进行划分的劳动分工在不同领域以不同方式发展起来。知识渊博的成年人主持成人仪式，让孩子们进入成年，并在工作中承担新的责任。总而言之，人类探索的是物质产品的生产，而不是简单的觅食。

尤为重要的是，人类越来越倾向于寻找和建造永久性的庇护所。虽然考古学家已证实一些人类群体在智人之前就建造过庇护所，但直到末次冰盛期之后，人类社会才开始系统地寻找或建造庇护所。[199] 其中最引人注目的是在亚欧大陆用猛犸象象牙建造的住宅。[200] 例如马尔塔–布列特文化（Mal’ta-Buret culture），其位于贝加尔湖以西，可以追溯至 2.4 万—1.5 万年前。在末次冰盛期气候最严峻的时候，这个地区的居民一直居于此地，他们的地下住所由猛犸象象牙加固，显示出这个狩猎和觅食人群发展出的令人印象深刻的适应能力。[201] 更广泛地说，岩石庇护所和洞穴仅在有条件的地方为人们所使用，大多数家庭还是不得不建造自己的庇护所。这些觅食社群在寻找资源时是流动的，但并不完全是“游牧民族”——大多数此类社群拥有领地和基地。在这些基地中，人们凭借土墙、石墙、木质结构及一些桩子来建设。

危机的延续：生产与联盟

末次冰盛期之后，气候的周期性变化带来一段时间的回暖，尤其是在 1.9 万年前以后。极地冰盖融化，海平面上升了几十米，降水量增加，导致到处都是新生的植被。一个详细而精确的视频《北美洲的冰川消融》（Deglaciation of North America）提供了对劳伦泰德冰盖（Laurentide Ice Sheet）从 2.15 万年前的最大状态后退到 5000 年前水平的很有价值的模拟。[202] 该视频展示了社会变革的地理框架：随着冰川融化，植物物种开始扩张，人类和其他动物物种的数量也在增加。部分动植物物种离开了在赤道地区的集中地，迁移到了更高海拔和更高纬度的地区定居，尽管也存在相反的情况。人类扩张过度。最有可能的是，由于他们不断改进技术，提升对土地的了解，他们以牺牲其他物种为代价进行扩张，例如分流河道，或者像澳大利亚的居民那样通过放火来迫使动物集中，以便捕杀。与此同时，在温度逆转后，美洲的巨型动物群灭绝了。[203] 在更新世末期的 1.2 万年里，人类需求在生活中不断变化。在某种程度上，他们不断变化的机制引发了一种反映当时人类中间主导观点和价值观的时代精神，这很有可能是一种灵活的时代精神。

总体而言，末次冰盛期给人类社会带来了两大变化：生产活动的扩充和扩大社会群体的形成。这组变化通过所有社会层次的分支发展起来。人类学家史蒂文·米森（Steven Mithen）在他的著作《史前人类简史：从冰河融化到农耕诞生的一万五千年》（*After the Ice: A Global Human History, 20,000–5000 BC*）中对这一时代逐步而深刻的变化进行了极好的阐释。[204] 正如米森所指出的，在这个气候变化无常的时代，人类社群的成员扩大了他们的生产活动，包括人工劳动和食品的生产与预备。人工劳动包括用木材、竹子、石头、泥砖、毛皮和其他材料建造房屋；编制纺织品，以及垫子和篮子；在进行更精细的烹饪和制作陶器时使用火；用木材、骨头和其他材料制作雕塑。船只和渔具早先已经被创造出来，而这些工具的进步可能发生在这一时期。

在这里，我将首先对生产活动中的变化进行说明，然后对社会组织中的变化进行阐释。需要强调的是，我认为这两种变化是同时发生的，而且相互影响。不过，从陶器开始进行叙述将是颇为有益的，因为这项工作需要的能力十分广泛。在更新世晚期，一些地区出现了陶器；最终，陶器生产在世界上大部分地区发展起来。陶器生产制度需要掌握三种技艺：对火的控制，对黏土的控制，以及在窑内对前两者的控制。在可追溯至 3 万年前的考古遗址中，人们发现了包括雕塑在内的个别陶器碎片。制陶技艺在世界上的许多地区都是被独立发明出来的，尽管各地的时间不尽相同。陶罐的系统化生产始于 1.8 万年前，尤其是在中国的北方以及日本。[205] 日本绳文文化（Jomon culture）的制陶技艺始于 1.25 万年前，该文化的居民过着狩猎–采集式的生活，几千年来并没有发展出农业，但他们制造出了深陶罐，且装饰日益精美。早期的陶器发展地区还包括西非热带稀树草原和东撒哈拉地区，后者还是最早开始养牛和收集谷子的地区。在那里以及尼罗河中游地区，陶器制造的传统从 9000 年前一直延续至今，未曾中断。[206]

扩大生产不仅需要个人的努力，而且重点在于工作坊。制陶制度需要一位领导者来指导陶器的设计和生产，他还需要指导黏土的制备和窑炉的建造。技能不熟练但坚实可靠的助手则负责收集和堆放窑中的柴火，照看火，关注温度，直到烧制结束。[207] 在建造房屋、制作垫子、制作渔具——以及为仪式准备音乐和舞蹈——等方面也需要相应的工作坊。随着人类经济、社会生活的日益分化，领导决策，包括在工作坊中的领导，变得更加多样化，也许也变得更加重要。对于移民来说，这意味着迁移时间和方向的选择。在收集谷物和块茎时，这意味着收获的时机和收获过程中劳动力的分配。

在一些地区，强化食物收集分阶段发展起来。其中一项强化措施是块茎的收集，部分块茎被替换到地里用以重新发芽：这种做法见诸西非、东南亚和新几内亚。另一项强化措施是对野生谷物的收割，特别是在西亚、非洲东北部和东南亚。还有一个例子是，非洲东北部和西亚一些社群的生活与野生牛羊关系密切。有关强化食物收集的第四项措施见于从墨西哥南部到南美洲北部的地区，那里的居民食用各种南瓜属的植物。[208] 另一个因素是生态，它促进了部分地区农业技术的发展。山区，更确切地说是海拔高度发生剧烈变化的小区域具有显著优势。一定的海拔区间意味着相应的气候区间，相邻的群体因此可以依赖一系列不同而互补的蔬菜品种。

视觉表现已经是一种古老的人类实践，体现出更新世晚期人类对复杂概念、绘画技巧和协同创作的掌握程度。拉斯科洞窟（Lascaux Cave）的壁画是创作于大约 1.7 万年前的杰作，人们认为在壁画成形之前应该存在草图，因为艺术家先提出了描绘构想。壁画很有可能是由工作坊创作的，助手们负责收集材料，并在艺术家框定的轮廓内填充细节。例如，在澳大利亚北部的阿纳姆地（Arnhem Land）保存完好的岩石壁画中，人们可以看到一位手持石斧的女性，其绘画风格可以追溯至 2 万年前。这幅壁画罕见地展示了一把正在被使用的斧头，画中显示它是有柄的，并证实了当时的女性在使用这些工具。人们将对其他在非洲、亚洲热带地区和亚欧大陆温带地区留存下来的壁画进行分析，意图揭示当时艺术家们的物质生活和思想理念。

在社会组织方面，我将更新世晚期形成的联盟假设为这样一项制度，即之前的自治社群认可加入的一个大群体。变化在于将非正式的社群网络转变为作为制度存在的明确联盟，这样的新联盟是明确的群我群体网络。这是迄今为止人类最大规模的合作行为。然而，目前我们对联盟的了解，更多的是在社会进化理论方面，而不是经验主义的社会科学记录方面。因此，在这一部分的讨论中，我将首先确定联盟的理论依据，随后考察现有信息，甄别信息是否能够佐证我的观点。

考古发现清楚地记录了更新世晚期物质生产的扩张。从逻辑上讲，这种创新需要社会协作。我假设，为了协调新的生产工作和适应快速的气候变化，联系紧密的社群成立了联盟，以实现更大规模的资源共享。[209] 我认为这些变化发生在末次冰盛期的高峰时期至 1.2 万年前，也就是全新世之前。然而，确认更新世晚期联盟的形成将比较困难，因为考古学最有力的记录是在家庭和社群生活方面，而不是这些要素集合而成的整体。[210] 不过，一个鲜活的人类系统的社会进化逻辑表明，这种转变应该伴随着日益复杂的物质生活。一个由四五个独立社群组成的联盟，总人口为 600~800 人，它的组成部分是分布在一片共同区域内的定居群体。历史语言学和比较人类学的证据可能在最后会有助于推测这些社会群体的规模。然而，组建作为更大群体的联盟来解决生产的复杂性，可能不是一个容易的转变。联盟可能多次遭到拒绝或改造，因为它要求在沟通和决策方面采取新的做法，而这可能导致指责和混乱。也就是说，联盟的创新必须通过社会进化在选择和规范方面的一个考验。例如，如果几个使用不同语言的社群寻求联合，这种诉求将造成这方面的压力，即需要选择一种语言作为公共语言，而其他语言则只用于家庭。这个问题肯定经常出现在联盟的组成过程中，以及之后的社会里。社群联合起来可能是由于双方的协定，也可能是由于遭受巨大不幸的社群的请求，甚至可能是一个社群对另一个社群进行征服的结果。然而，联盟的好处在于资源共享，以及各种生产性工作的协调。

更新世晚期考古学的数据，再加上最近的人种学研究成果，二者共同说明了社群如何使联盟成为可能，他们又如何构建起交换的网络，发展出分享食物的做法。1.5 万年前，法国马格德林人（Magdalenian）中的食物管理者将驯鹿、马和小动物作为食物；他们捕捞鲑鱼、梭子鱼和鳟鱼；他们还将骨头做成长笛。从人种学研究中我们了解到，安达曼群岛上的种族群体承认非正式的领导者，在接受这个职位之前，当选者必须经过长期的准备和深入的学习。澳大利亚的部落通常被划分为几个半偶族（moieties），每个部落大约有 6 个家族，这些家族按照远近亲族进行内部区分，共同组成了一个复杂的系统。家族之间的关系建立在一个部落内部的贸易系统之上，贸易品包括矛、羽毛、蜂蜡、树脂、赭石和珠子。北太平洋沿岸的特林吉特人（Tlingit）定期与加拿大内陆的阿萨巴斯卡人（Athabascan）展开贸易。[211] 特林吉特人的交换活动是自我群体网络的交换，交换物品的人通过交易联系在一起，然而二者之间没有进一步的联系。即使在这个非正式的层面上，交换联系也将社群和联盟推入了更大规模的自我群体网络中。

人类通过几种方式发挥领导作用：与强有力的军事领导者有关的指挥领导，与宗教人物有关的信仰领导，以及与新技术或社会组织有关的创新领导。此外，还有一种由那些关注细节的人提供的促进领导作用，这种领导作用可以帮助其他人有更好的发挥。所有类型的领导者都有可能被公认为精英或优秀的个体。随着联盟的形成，它们的结构为精英和精英阶层的存在创造了条件。然而，居于领导和精英地位的每一代人都面临选择：如何传承资源和决策权？葬礼不仅纪念逝者的生命，也为传承制度提供了机会。在这种情况下，婚姻就不仅是两个年轻人选择成家，而有可能是两个现有家族之间的联盟，对将资源传递给后代具有重要意义。此外，由于财产分配不均，家庭内部和家庭之间发展出了等级制度。

联盟的形成需要一个社会档案来记录和复制这种新层次社会结构的制度，这些必要的制度包括法律编纂、财产分配、家庭传承和社群领导，以及联盟内部社群之间和与敌对联盟之间的争端的沟通。联盟还为临时性的动员建构了一个框架，以便应对灾害、防御、成人仪式，以及建设公共场所（如崇拜活动场所、引水工程）等任务。事实上，一个完整的复杂联盟，现在是一个社会系统，包含一套用以执行各项任务的子系统。[212]

这种更复杂层次的出现，将生活责任分为了个人、家庭、社群和联盟几个层次。[213]每个层次都做出了什么决策？正如我所说的，社群最初的形成是对语言兴起的一种自动反应。但随后联盟的合并就不太明显了，而且更具偶然性。一旦社群在自身的存在中加入了联盟的制度结构，人性和人的行为会发生怎样的变化？联盟内部的大多数人大概拥有了更广泛的身份认同。一个联盟是否会支持某些制度或某些类型的行为，这些制度或行为类型会鼓励社群成员的某些情感或行为吗？制度和责任的范围如此之广，以至于在一个小社群内，也鼓励广泛的情感和行为。然而，某些最高优先事项、意识形态和制度的发展，可能会促进一种时代精神的兴起，这是一种在整个社会中保持共识的思维方式。[214]

旧大陆迁移

末次冰盛期期间，社群缩小了它们的栖息地。在此后漫长的气候回暖时期，社群之间组成了更大型的联盟，并采取生产和定居的生活模式。然而一旦动植物开始在曾经荒芜寒冷的地区繁衍生息，人们也会将自己的栖息地迁移、扩大到那里。在几千年气候回暖的时间里，虽然人类总是会遇到气候波动和艰难时期，但全球各地人群的领地都在扩大，人类活动日益活跃。在这些迁移扩张中，某些扩张过程显得尤为重要，因为来自主要人口中心的移民能够占领大片土地，而这些地方在末次冰盛期时还未曾被人类踏足。

对于更新世晚期的亚欧大陆来说，总体迁移模式包含两大趋势。首先，东北亚地区，尤其是黑龙江流域和黄河流域，成为人类由一点向四面八方扩散的中心。另外，在东亚和西亚，同时存在由南向北和由北向南的迁移，即热带地区的居民向北迁移，而北方的居民则向南迁移到了亚热带地区。这些迁移的确切时间和相对顺序尚不清楚，但总体时间段为从更新世晚期到全新世早期。在研究这些迁移的过程中，我们必须牢记，在 2.5 万年前，人类已经在亚欧大陆温带地区定居了大约 1.5 万年，除了气候的短时升降外，人们在那里生活得很舒适。

东北亚应该被视为很多迁移的出发点。这里规模最大的人群操欧亚诸语。这些语言可能起源于北方温带地区的早期定居者：我认为他们的祖先既讲达罗毗荼诸语，也讲跨喜马拉雅诸语。今天的欧亚诸语包含有八个主要亚群，它们分布在以黑龙江流域为中心的亚洲北太平洋沿岸。[215] 向西迁移的是欧亚诸语的迁移亚群，它们后来成为北极地区的尤卡吉尔诸语和乌拉尔诸语、温带草原上的阿尔泰诸语，以及更偏西的印欧诸语和伊特拉斯坎诸语。沿着太平洋海岸向南迁移的诸语言成为日语和朝鲜语。向东北迁移的则是楚科奇诸语——以及定居在美洲的群体所操语言。

除了操欧亚诸语的人类外，来自另外三个语言群体的人类也成为东北亚人口的一部分：他们加入了从亚欧大陆创始根据地向各个方向扩散的迁移过程。东北亚人口中的第二类人群操叶尼塞诸语，他们长期生活在东北亚地区。他们的后代现在生活在贝加尔湖以西。[216] 他们的语言则可以追溯到跨喜马拉雅诸语。第三个群体是操印太诸语的水手们，他们似乎已经从印度尼西亚或菲律宾群岛逐岛航行到了东北亚，特别是基因数据证明了他们的旅程。[217] 此外，对于印太诸语水手们定居地区的欧亚诸语人群来说，前者掌握的航海技能可能对皮艇的发展起到了重要作用。欧亚诸语居民随后沿着西伯利亚的河流向西迁移，在先前的人群中定居下来，或占据主导地位。这种“西向运动”一直延伸到里海、黑海和欧洲。正如我们之前观察到的那样，皮艇的分布范围遍及亚欧大陆的温带地区和北极地区，并延伸到北美。[218]

东北亚地区的第四部分移民是今天汉语居民的祖先。他们祖先的语言主要集中在云贵高原，那里还存在许多其他跨喜马拉雅语言。尽管如此，也许是在全新世早期，有相当数量操汉语的居民居住在黄河流域。在身体特征方面，这些定居者与周围欧亚诸语居民更为相似，而不是与南方大多数操跨喜马拉雅诸语的人相似。从全新世中期开始，中国地区的主要迁移活动是汉人由北向南的迁移。

同一时期的西亚地区也出现了类似的迁移模式。来自热带地区，操亚非诸语的移民，在更新世晚期或全新世早期从尼罗河流域中部的创始根据地向北迁移。他们的语言在埃及、非洲西北部、黎凡特和阿拉伯半岛占据主导地位；一些来自 Y 染色体分析的基因数据证实了这些向北的移动。[219] 根据基因证据而不是语言证据，在同一时期或是更晚时期，似乎有人从安纳托利亚和高加索向南迁移。因此，埃及、马格里布和黎凡特的居民讲的是具有非洲血统的语言，但身体特征更接近欧亚诸语民族，而不是更南的操亚非诸语的人。

发生在更新世晚期的旧大陆热带地区的迁移虽然不如温带地区的迁移那样壮观，但仍具有重要意义。操亚非诸语的人除了向北迁移以外，还向西推进，乍得湖附近的热带稀树草原因此变得人口稠密。西非的尼日尔-科尔多凡诸语居民迁移到了兼有热带稀树草原和森林的新土地上。

美洲，2.5 万—1.2 万年前

将考古、气候、基因和语言联系起来的不懈努力，正帮助我们逐渐了解美洲的扩张情况。对现有数据进行结合——基因组学、考古学、语言学和气候学——使我们有可能构建出一个关于美洲定居情况的完整图景。我将这里的解释分为四个部分：第一，2.5 万年前的白令海峡定居；第二，1.9 万年前，操美洲语言的人在太平洋东岸，从劳伦泰德冰盖以南至南美洲的海岸地区实现快速定居；第三，从 1.7 万年前开始的第二次沿海定居，操纳–德内诸语的人扩张到了阿拉斯加和阿萨巴斯卡；第四，从 1.3 万年前开始在北美地区快速发生的一系列事件——克洛维斯矛尖的激增、新仙女木时期温度的骤然降低、北美巨型动物群灭绝，以及同一时期在格陵兰岛可能发生的彗星或陨石撞击事件。在方法方面，这一分析最重要的效果是基因组数据和语言数据的互补性增强，因此，即使是两种数据之间的不同点也有助于阐明总体情况。

美洲定居的故事始于白令地区的定居，因为末次冰盛期期间，海平面很低，这里出现了一座连接阿拉斯加和西伯利亚的“陆桥”。现代人普遍认为，在大约 2.5 万年前，来自东北亚的移民定居在了白令地区。[220] 他们向东的步伐为巨大的劳伦泰德冰盖所阻，这是一个覆盖整个加拿大、阿拉斯加大部分地区，以及今天五大湖区的障碍。大约 2.15 万年前，冰盖面积达到最大值，随后开始收缩，首先暴露出来的是北太平洋沿岸的岛屿。[221]

占领美洲过程的第二部分开始于大约 1.9 万年前，航海者们开始占领劳伦泰德冰盖以外的沿海土地，他们的后代则实现了内陆地区的快速定居。我将首先关注语言证据，然后再讨论有关这类迁移的基因证据。[222] 作为迁移技术中的关键问题，对在太平洋沿岸定居的航海者们的一个重要支撑就是“海带高速公路”（kelp highway），一片紧邻海岸的褐藻森林。海洋考古学家乔恩·厄兰森（Jon Erlandson）率先提出了“海带高速公路”的概念，这被认为是对长期以来学界所认可的通过“陆桥”定居美洲观点的明确挑战。[223] 海带生长在太平洋的各个角落，尤其是从日本到阿拉斯加再到墨西哥的凉爽海域。海带提供了一个生态系统，吸引了各种各样的物种——贝类、鱼类、海洋哺乳动物和海鸟。因为习惯于西太平洋沿岸地区生活的人们已经具备了开发阿留申群岛以北沿海地区的能力，其后则是沿着相似的海域前进至下加利福尼亚。（厄瓜多尔南部沿海也存在着相似的褐藻森林）

对于向南航行，经过东太平洋冰盖边缘的船只来说，第一个面积较大的无冰地区是萨利希海，这是从温哥华岛到普吉特湾一带的陆地和水域最近才得到的名称。在那里，来自亚洲或阿拉斯加的航海者定居下来，建立了讲美洲诸语的社群，并扩展到了今天的规模。这一过程的开始时间不会晚于 1.9 万年前。语言分类数据证实，萨利希海地区是新大陆所有美洲语言的创始根据地。[224] 更偏南的定居点为：加利福尼亚北部海岸，在这里定居者开始讲霍卡诸语和佩纽蒂诸语；墨西哥海岸，在马萨特兰地区，定居者讲的是中美洲语言；哥伦比亚海岸，即现在的乔科省，那里的人们操奇布查–帕埃斯诸语；秘鲁海岸，利马附近，那里的定居者发展出了安第斯诸语；第六个定居点，也是位于最南方的操美洲诸语的人类沿海定居地，得益于一座考古遗址，它的历史被记录了下来——位于智利南部海岸的蒙特维德，那里的一个定居地的历史可以追溯到 1.85 万年前。[225] 今天该地区使用的部分语言属于奇布查–帕埃斯诸语，研究者认为来到这里的航海者与奇布查–帕埃斯诸语创始根据地有着密切的联系。

美洲诸语居民的六个沿海定居点在大约 1.8 万年前建立后便立刻开始向内陆迁移。从萨利希海开始，操阿尔莫桑–克雷斯乌安诸语的移民向东和东南方向扩张。（居住在北美平原上的克雷斯乌安居民很可能是克洛维斯矛尖的创造者，时间大约是 1.3 万年前；这些矛尖在短时间内传遍北美各地。）在北美洲的其他地方，属于美洲诸语的霍卡诸语和佩纽蒂诸语居民都位于加利福尼亚北部和中部的海岸附近，人们各自向南和向东进行了迁移。操佩纽蒂诸语的居民很快到达了加勒比海北岸，而霍卡诸语居民则沿着墨西哥海岸向南移动。墨西哥中西部沿海地区的定居者很快就适应了附近的高原环境，并开始向东南和西北方向上马埃斯特拉山脉的高地区域扩张：这些中美洲语言最终向北延伸到了犹他州的大盆地。

类似的扩张也发生在南美洲。奇布查–帕埃斯诸语的创始根据地位于今天哥伦比亚的乔科省，那里在南美洲的地位相当于北美洲萨利希海的定居点。以此为起点，移民们向西北方向迁移至中美洲，向东北移动至加勒比海沿岸，向南到达今天厄瓜多尔的海岸，再向东南穿过安第斯山脉，进入亚马孙河流域。在亚马孙地区，赤道语系形成了。定居者们继续向南迁移至许多河流的上游地区，并最终向东到达了大西洋。沿着太平洋东岸继续向南，安第斯诸语在秘鲁海岸的定居者中间形成。他们的定居点向北延伸至哥伦比亚的山区，东南方向则扩展至玻利维亚的山区；他们的生态策略类似于居于北美、操中美洲诸语的居民。作为地理位置上最南方的定居点，蒙特维德在人口统计学上并不重要，但它所提供的信息十分有利于了解人类占领美洲的总体格局。发生在 1.85 万年前这一地区的早期定居活动证实了整个海洋移民模式。

克里斯蒂安娜·沙伊布（Christiana L. Scheib）等研究者进行了一项重要的遗传学研究，明确证实了这一模式。[226] 这项研究显示，冰川以南所有人类的祖先大致相似，但又分为两类——北方和南方——以及其他一些例外情况。北方的基因组与操 Almosan–Keresiouan 语系语言的居民非常相似，而南方的基因组则包含语言分类中几乎所有剩余的成员。基因组证据表明，一个单一祖先群体分裂为北方和南方两个群体，后来二者又通过混合过程重新结合。也就是说，大多数中美洲和南美洲的基因组都可以追溯至南方群体的祖先，但同时会显示出一些与北方群体的混合成分。[227] 沙伊布等研究者提出了两种不同的分裂和混合模式。语言证据最有力地支持第一种模式，在该模式下，分裂和随后的混合主要发生在太平洋西北沿岸。[228]

在第二部分中，关于美洲语言扩展的另外一个显著特点是，某些南美洲基因组显示出与巴布亚新几内亚（即操印太诸语的人）基因组值得关注的相似性。[229] 这种印太血统在南美洲的其他地方和北美洲部分地区也出现过。最明显的假设是，印太血统的社群和他们的后代在东北亚存活了下来，还参与了美洲远航，一直航行至南美洲。

美洲定居的第三部分是纳-德内诸语居民的到来。现在以阿拉斯加和加拿大西北部为中心的纳-德内诸语与西伯利亚中部的叶尼塞诸语有关。[230] 基于语言和气候数据，我相信，在大约 1.7 年前，操纳-德内诸语的人经海路到达了夏洛特皇后群岛中最大的岛海达瓜伊岛，当时岛上已经没有冰层覆盖了。[231] 海达人今天仍然住在那里。随着冰川进一步缩小，操纳-德内诸语的人群沿着邻近的大陆向北扩张，形成了特林吉特人，之后向西扩张形成了埃雅克人。随后，他们又继续向北方内陆地区拓展，到达了阿拉斯加中部的育空河谷。在那里，纳-德内诸语居民来到了早先白令人的定居地。在 1.29 万年前新仙女木事件发生前，随着内陆冰川融化，阿萨巴斯卡地区形成了一片重要的空地，操纳-德内诸语的人从西方和北方来到育空，占领了这片他们的后代现在仍然居住的土地。[232]

同时同地，研究人员提取并分析了一名女婴的基因组。这名婴儿在阿拉斯加中部的上阳河被发现，其历史可以追溯至 1.15 万年前。[233] 她很可能是白令社群的一员：她的基因组与其他北美人种有联系，还与更遥远的西伯利亚东北部的人群有相似之处，但有人认为她的基因组从其他北美人种的基因组处分离了大约 1 万年。我们没有，也不太可能找到任何关于白令人语言的信息。但是，纳-德内诸语与叶尼塞诸语有联系，后者明显不同于欧亚诸语，而似乎与美洲诸语的关系更为密切。进一步的研究最终有可能确定在更新世晚期的阿拉斯加是否存在两个或更多个人类群体。

北美洲定居的第四个主要部分是从太平洋东岸最初的定居点建立大约 6000 年后开始的：它将克洛维斯矛尖的产生、新仙女木事件或 1.29 万—1.15 万年前的骤然变冷时期，以及巨型动物群的灭绝联系在一起。早在 1.35 万年前，Keresiouan 语系的工匠们创造了一种精良的矛尖，人们以考古学家首次发现它的新墨西哥地区一个小镇的命字为其命名，称其为克洛维斯矛尖。[234] 这种矛尖长达 10 厘米，每一侧都有锋利的边刃。它们被固定在长杆上用以猎杀大型动物。这种矛尖非常受欢迎，并得到了迅速推广，特别是在今天的美国东部和南部。研究人员曾对一名男孩的遗骸进行过 DNA 研究，据信他与克洛维斯人有关。[235] 然而，克洛维斯矛尖的生产只持续了 400 余年，之后它们为其他数量较少的矛尖取代。一方面，有人认为克洛维斯时代的结束是因为巨型动物群被猎杀殆尽；另一方面，克洛维斯矛尖生产的结束与新仙女木事件的开始在时间点上几乎吻合。

新仙女木事件是在 19 世纪末被欧洲的地质学家们发现的，他们注意到植物和花粉的变化，证明气温发生了突然下降。[236] 这种影响在北美洲和欧洲尤为明显，而南美洲所受影响较小。目前，新仙女木事件可以追溯至 1.29 万年前的急剧降温和 1.15 万年前的迅速回暖，其后则是气温的缓慢回升。对这种降温的一种解释是，全球变暖的过程导致了突然而大幅的降温。也就是说，在前一个温暖时期，北美洲冰川的融化给北大西洋带来了大量冷水，阻断了来自温暖马尾藻海的北向洋流，从而导致所有海洋和陆地的温度较低。

另一种完全不同的解释是地外撞击——一颗石制流星或一颗冰冷的彗星撞击了北美洲，结果导致气温降低。这一解释于 2007 年被提出，人们一直为此争论不休。最极端的说法是，撞击使北美洲各地发生火灾，进而导致动物和人类的死亡，而 1.15 万年前彗星的再次到来则导致当时气温的突然回暖。[237]2018 年在格陵兰西北部发现的一个巨大陨石坑更增加了人们对撞击理论的兴趣。初步研究表明，该陨石坑形成于 100 万—1.2 万年前。[238] 如果进一步的研究能够证实 1.29 万年前为撞击发生的时间，那么该陨石坑将成为进一步研究的重点。[239]

撞击理论可以解释北美洲巨型动物群的灭绝，但却不适用于南美洲（同时）、亚欧大陆（几乎同时）或澳大利亚和新几内亚（更早）。也就是说，这是一个反复出现的现象：人类到达某个地区，遇到成群的巨型动物，几千年后，巨型动物灭绝。[240]许多学者认为，人类猎手能够杀死所有巨型动物的说法值得怀疑，然而似乎人类的存在在某种程度上与巨型动物的灭绝有关。关于这一问题的研究仍在继续。此外，现代人类与其他大型哺乳动物（即其他人群，如尼安德特人和丹尼索瓦人）的相遇被可以看作另一个例子。

我们可以将整个美洲移民史想象为一个具有跨社群迁移重要意义的非凡历史实践。一旦进入北美洲，探索和扩张的人类将面临不同于祖先的难题。此前，迁移的方向是从温暖的地区迁往凉爽的地区。相比之下，美洲的第一批定居者是在寒冷的土地上出生和成长的。他们，以及他们继续进行迁移的子孙，逐渐学会了在温暖地区生活的技巧。他们向南、向东迁移，最终到达南美洲的边缘，一路上他们面临一个又一个有关新生态环境的学习任务。然而，美洲定居者似乎以惊人的速度迁移到了这个半球的每一寸土地上。克洛维斯遗址的范围证明了北美洲的聚居密度，而考古遗址和岩石艺术在 1.2 万年前就于亚马孙河流域留下过痕迹。有三个因素可以解释定居的快速性。第一，在整个定居期间，尽管有波动，但温度和湿度都在上升，因此，人类实现如此迅速的扩张，通过迁移构建新的定居点也就不足为奇了。第二，人们也许会认为，美洲定居者拥有某种深刻的社会文化记忆，使他们能够找回许多代前生活在热带的祖先的经验，以此来解决在美洲热带地区的生活问题。第三，也是可能性更大的一点，即美洲移民运用了跨社群迁移的优点，也就是不同的人群据有不同的栖息地，但在解决新问题时，他们会与附近的群体交换信息。美洲定居实践并不依赖于个体探索道路，而是依靠迁移社群的广泛联合，在并行向前的同时交换信息。

早期人类的成就

如果我们将非洲东北部最初的人类系统与大约 5 万年后更新世末期扩张的人类系统进行比较，二者之间的差异似乎是巨大的。尽管如此，在最初，口语运用者的单个社群之于非口语运用者的家庭来说优势是巨大的：早期数量有限的社群间网络足以重构人类形态。至更新世末期，尽管部分社群有时会与其失去联系，但这些网络的组合已经像一张精密的网，延伸到六大洲广阔的土地上。

这种对更新世晚期历史的论述是否符合我的假设，即口语在大约 7 万年前突然兴起？作为一种评估假设的方法，我建议分析、评定基因组、人口、语言、社会秩序、技术和迁移模式的可用信息。在这里，我提供了一些研究结果：在所有学科中，可用的实验数据和理论公式与 7 万年前句法语言突然兴起这一假设完全吻合。基因组证明了从非洲东北部开始的快速扩张，但在 6.5 万年前并没有明确的类似证据。考古学证明了人类数量和生活范围（包括地理和生态方面）的急剧扩张。竞争激烈的原始人类社群的快速吸收能力尤为引人注目。在语言方面，有关原人类词汇的新研究与单一社群语言的发明是一致的。正如那些接受语群存在的人所理解的一样，语群的分布展现了一幅人类从非洲东北部向四面八方迁移的图景，这不仅与最近的基因组学和考古学研究相一致，而且还为迁移活动增添了更多可信的细节。[241] 在社会秩序方面，我们的印象是，人类群体在更新世晚期处于扩大阶段，但相关的记录较少，结果也因此较为模糊。然而，集体意向性和群体行为理论认为，一旦人类拥有了语言，就可以形成群我群体，并建立能够扩大人类能动性的社会制度。在技术上，我们拥有视觉表现、船只、武器、庇护所和服装变化的记录——这些都属于创新，但它们都是大规模扩张之前人类活动的发展。至于迁移，正在进行的研究表明，至 5 万年前，非洲和亚洲的热带地区都存在一个明确的定居模式，接着是大约4.5万年前的亚洲温带地区定居与1.5万年前的美洲广泛定居。所有这些发展都表明，在最迟7万年前，非洲东北部释放出了非凡的创造性能量，而这些发明创造之后也在稳步发展。不过，回到麦克布里亚蒂和布鲁克斯的观点，这些成就都可以在无须“概念革命”的前提下取得。人类的逻辑能力、习惯和倾向很有可能在比过去7万年更长的时间里都是连续的。总而言之，我认为，这一现有可用证据的集合极大地增强了一个观点的可信度，即句法口语始于大约7万年前，而且兴起得相当突然。在这种情况下，让人们得以进行具体交流的句法口语创造的单一步骤，使得一种新的、更有意识的群体行为的发展成为可能。随着对语言的掌握，人们得以致力于自己的梦想，并将之融入群体事业中。

智人言语族群的扩张可以明确地从生物、文化和社会进化的角度加以追溯。从生物学的角度来看，除了牙齿和头骨的适度调整以外，喉的位置和形状的变化使得我们能够完全清晰地发音。此外，从生物进化的角度可以追溯至由环境因素引起的身体特征的变化。特别是新大陆和旧大陆有关肤色证据的比较澄清了对人类“种族”和“种族区分”的解释。[242] 随着时间的推移，那些生活在美洲热带地区的人类肤色变深，而那些迁移至南美洲温带地区的人类肤色则逐渐变浅。[243] 生活在高海拔地区的人变矮了。在21世纪的语言中，“种族”一词很少被用来区分美洲原住民的样貌。尽管如此，北美洲、中美洲和南美洲各民族之间的表型差异显而易见，这和他们与来自旧大陆各个地方的人之间存在表型差异的道理相同。按照这一逻辑，来自新大陆不同地区的人之间的差异要大于他们与旧大陆居民之间的差异，这主要是因为新大陆居民没有足够的时间发展出更为显著的不同。

在文化进化中，尽管由于时隔已久，研究困难，但互惠模式和社会学习模式，包括自我网络的发展，必定对于促进人类群体之间的学习与合作具有重要意义。在跨社群的隐形网络或自我群体网络层面，考古研究证明，诸如黑曜石和狗的传播，以及弓（原文是 errors，但根据英文原文前文中所说这里应该属于 exchange of material items，因此怀疑应该是 arrows。——译者注）的普及等物质要素的交换，是这种非正式网络的证据。

在社会进化中，大量转变起源于受仪式制约的口语社群的建立。随着时间的推移，跨社群的迁移——无论是自愿的还是非自愿的——都需要学习语言和风俗习惯，并促进对当地经验更广泛的分享。[244]工作坊虽然是小型的临时机构，但其在高质量艺术创作和更新世物质文化遗产上都留下了自己的印记。在困难时期，我们所假设的联盟的建立导致社会组织有意识且有益的扩张。除了像工作坊和语言群体这样的群我群体，社会进化也导致了空间上的群我群体网络，如姓名的联系：不同社群、互相交换食物和礼物的人们共享姓氏。[245]

至更新世末期，人类系统将人类物种的各个成员都纳入了语言群我群体的联系之中，以及范围更大、相互交流的网络之中。非洲地区——非洲东北部的创始根据地和之后的定居地区——是否仍在全球体系内？毫无疑问，这个问题的答案是肯定的，因为直到更新世晚期，非洲人口都占世界总人口的大多数，而且非洲人通过被称为“非洲网”的自我群体网络保持着非正式联系。[246]每个地区的人类群体是否变得孤立，而他们的表型逐渐适应了他们所在的栖息地，随后衍生出了“种族”这一概念？是的，在很大程度上，这一前景已经为永久定居点的扩大所证实。与此同时，从南海到东北亚海岸，从东北亚到欧洲和美洲，从尼罗河中游到北非、黎凡特和阿拉伯半岛，语言和基因证据也告诉了我们许多有关人类的重要迁移和物质文化的故事。定居美洲的历史是否提供了有关人类扩张模式的更多信息？（狗来到了北美洲和南美洲，它们要么与最初的定居者同期抵达，要么是在第一批人类到达后不久抵达的。）虽然美洲和旧大陆之间的迁移无疑很少，但我们已经发现了大约 6 个这样的迁移路径，未来可能还会发现更多。[247]

美洲定居历史重述并扩展了旧大陆人类扩张的大部分故事，但有两个主要例外。语言和社群一旦创造完成，便无须进行再次创造。美洲的人类移民（和莎湖的人类移民一样）拥有自己的半球——这里没有先前到达或者可能与他们进行竞争的其他人类群体。然而物理意义上的迁移和适应每一个新栖息地的任务——植物群、动物群和地理位置——在每个阶段都会重演。在剧烈的气候变化中幸存，由此而来的经验增强了领导层在水旱灾害中做出艰难决策时的灵活性。因此，当东半球的人们在更新世晚期发展出了新的社会制度——联盟——时，那些来到美洲的人类要么携联盟理念而来，要么在到来时已经发展出了联盟。这群人类的人数必然很少，他们的生活方式在一开始必然主要是狩猎、觅食和捕鱼。然而，他们带来了联盟级别的协调机制和生产方法。或许，有关他们生产经验最明显的证明就是他们建造的船只，他们驾驶着船只在太平洋东岸进行长途航行，这使得他们的扩张速度大大快于之前人类在旧大陆的扩张速度。他们完成了一部海上三部曲：最初的迁移，从非洲出发，沿印度洋沿岸迁移至莎湖；从巽他出发，沿西太平洋大陆和岛屿的沿岸向北迁移至北极；通过东太平洋的海带高速公路迁移至南美洲。[248]

考虑到人类创新的数量，为什么社群之间没有出现更大的差异？至少存在两个因素缩小了社会进化中的优选范围。第一，自然世界的局限性：我们受到气候、植物、动物和我们自身生活环境的限制。第二，即使在出现重大人类创新的领域，新发明的制度也带来了自身固有的动力，产生了不可避免的现实。因此，火在制陶和冶金中的重要性、城市社群的固有结构，甚至人类装饰的可能性，虽然允许众多可能性的存在，但都受到其固有特性的限制。可以说，人类扩张的历程是一项积极的成就，一次非凡的成功，也许这是有史以来单一物种在全世界范围内最迅速、最广泛的传播——当然是之于哺乳动物来说。

人类扩张的成功不仅是天才个体的成功，更是一种集体行动，通过组成社会群体、建立社会制度，有意识的合作不断巩固、扩大，创新成果也得到交流。然而，这种人类系统的扩张必然是以社群中日益凸显的严重冲突、压迫和忽视为代价的。

全新世进化

第六章　社会：网络 vs 等级制度

本章将回溯 1.2 万年前至 1000 年前制度的创新发展历程。不断扩大的社会制度开始将早先的社群和联盟纳入其中。随着社会人口扩充至 1000 人以上，这一社会联合导致了群体人口数量的第二次大幅增加（第一次是社群的建立）。社会内部与社会之间的网络和等级制度不断发展：大规模移民与社会和技术方面的创新相互作用，共同提升了合作的层次，但暴力、压迫和叛乱也将在此后持续发展。因此，社会的建立提出了调整制度的社会适合度标准的需要，因为新制度在原有社会网络和新兴等级制度之间造成了紧张关系。与此同时，共同进化的过程在持续深化：文化进化继续伴随着社会进化，农业扩张影响了气候，人类广泛分散于三大大陆板块导致了具有重要意义的相似与区别。通过这些过程，社会创新的易变性、复杂性与多样性得到了发展；此外，对于全新世，历史遗存更加丰富，物质遗存、基因和语言证据以及书面记录都揭示了人类社会生活的复杂性。[249] 为了应对全新世社会变化的复杂性和多样性，我引入了一个简单模型，用以解构社会，包括其宗族和精英，这将帮助我描述在这一时代出现的平民与精英的区分。我还借鉴了肯特・弗兰纳里和乔伊斯・马库斯的研究，他们通过人类学资料，回溯了精英阶层的反复兴起，以及社会为限制精英阶层和等级组织而采取的精巧手段。[250] 本章最后分析了非洲–亚欧社会，以及公元前 1000 年至公元 1000 年的制度变迁。在这一时期，这些社会是人类系统中最精致的元素。

全新世的动力：环境与社会

如果说更新世变化无常的气候有助于增强人类物种的智慧和灵活性，那么全新世相对稳定的气候则使人类能够以前所未有的力度进行创新和扩张。全新世的社会变革显然源于社会进化的早期阶段，但这些变革促成了复杂多样的创新。人类系统和盖娅的互动仍在进行，但互动发生了新的转变。

向全新世转变。随着全新世的到来，上个时代气候的极端变化过程最终结束。更新世晚期包括末次冰盛期之后 8000 年的回暖过程，而后则是新仙女木时期的骤冷期。全新世始于为期 3000 年的回暖，直至 8000 年前，随后是持续至人类世的气温稳定期。地质学家将 1.15 万年前正式确定为全新世的开始（以及更新世的结束），这与新仙女木事件的结束时间相吻合。在全新世早期，盖娅很慷慨。随着更新世晚期凶猛而多变的风暴让位于稳定的气候，尽管经常更换栖息地，但不断上升的温度和湿度使得各种动植物都能够茁壮成长。人类找到了控制更多资源的方法：一些植物在育种过程中得到基因改造，改良品种的比重得到扩大，种植范围更加广泛，最后被制成食物，供给日益扩大的人类群体。人类起初出于食用和获取毛皮的目的饲养一些动物，它们之后又成为耕作、挖矿、抽水和运输货物的劳动力来源。各式各样的废物充斥在人类系统中，人类因此试图将这些废物排到盖娅中的其他地方，包括人类和动物的排泄物、浪费的食物、损坏的工具、破碎的衣物和旧住所的残留物。实际上，这些行为相当于人类对盖娅的殖民。当然，在气候稳定时期，自然生物圈本身也很繁荣，因此人类和盖娅之间尚未出现重大冲突。事实上，气候稳定的部分原因是农业扩张，后者产生了二氧化碳和甲烷等温室气体，抵消了8000年前气温降低的影响。

社会进化，扩张。我对社会一词的定义与其通常意义大致相同：这是之于从地方农业、牧业和渔业团体到大规模国家的社会秩序的宏观术语。具体来说，我将社会视为一种社会制度，它形成于全新世，并一直发展至今天的规模。随着社会群体生产任务和栖息地的分化，特定的联盟形式转变为更普遍的社会形式，它们中的一部分维持了原有的规模，而另一些则随着时间的推移逐渐扩大。许多发展中的社会强调权力下放，只有在需要做出重大决策时才召集领导团队。社会形态因制度的不同而存在很大差异：建立国家是一种可能性，但却不是每个群体的宿命。随着社会的发展，先前已经存在的社群和家庭结构得以维持，虽然它们与所在社会的互动无疑已经发生变化。[251]总而言之，社会成为一个由个人、社群和联盟组成的群我群体网络，旨在为群体成员提供共同身份，并促进成员间相互帮助。它的目标和动力与为它所吸收的前几个群体相似，但它也新促成了一种跨越多重利益的、更广泛的团结。

从宏观角度看，有些人可能认为，选择拓展商品和服务生产就是选择控制自然，即通过人类的努力创造自然界中不存在的资源。更进一步，有些人可能会说，人类群体已经间接宣布自己独立于盖娅：人类现在将以自己的方式，而非仅仅作为自然圈的一部分而存在。[252]这种论断也许过于夸张了，那些试图重塑自然的人，并没有拒绝通常被认为是支配地球、水、天空和动植物的自然精神。随着生产活动在一个又一个人类领域得到推进，控制自然的企图却发展缓慢。不过，人类越来越意识到人类系统的独特性，特别是在社会秩序和生产实践日益多样化的情况下。

社会群体的规模似乎是社会进化分析中的一个重要问题，但目前还不可能就这一问题整理出连贯的数据。艾洛和邓巴关于人类群体规模的宝贵见解提供了一个基准，但现在人们还是只能通过假设进行研究。到目前为止，我假设的人类家庭或家庭群体规模为 15 人或以上，社群成员至少为 150 人，最初的联盟约为 500 人，社会约为 1000 人。[253] 但就社会而言，群体规模的限制不再是一个生物学意义，而是取决于群体的社会功能，以及协调更多成员关系的能力。随着交流的改善，操一种语言的人可能远远超过 150 人，而社会的人口规模也可能远超 1000 人，社会的规模将因此变得更大。

集体意向性：网络与等级制度。正如我所强调的，社会网络是存在于空间关系中节点（或成员）的分组，其中的节点可以是个体、自我群体或群我群体。社会最初是一个群我群体制度，它由社群中的群我群体组合而成。在一个社会内部或外部，婚姻、姓氏群体或食物交换网络的网络连接既可以是非正式的自我群体网络，也可以是正式的群我群体网络。社会之间的联系主要是自我群体连接，但它们在整体上足以构成人类系统。

等级制度是网络的必然发展。等级观念虽然在全新世发展起来，但它并不是一个新鲜的概念。在家庭内部和工作坊的活动中都产生了等级区分。与网络平行的等级制度是由节点构成的网络，其中的节点是通过等级，而不仅仅是通过空间来进行区分。然而，从集体意向性的角度来阐释时，社会等级的性质会变得更加复杂，同时更加清晰。与网络相同，等级制度可以是通常情况下由等级不同的个人组成的自我群体等级制度；它也可以是群我群体等级制度，其内部的成员虽然等级不同，但他们都接受自己在等级制度内的地位和角色。举例来说，债务奴隶可能会发现自己身处一个由债权人控制的等级制度中。

从奴隶主的角度来看，这是一个群我群体等级制度。从债务奴隶的角度来看，这是一个自我群体等级制度——除非他们完全接受自己的地位，在这种情况下，该等级制度才可能是之于所有人的群我群体等级制度。与此相同，站在更宏观的角度，帝国精英们认为帝国是一个群我群体等级制度，然而被征服者却认为帝国是一个自我群体等级制度。作为对这种紧张态势的回应，罗马帝国的公民权身份得到了大规模拓展，从而大大提高了帝国内部属于群我群体的人数。在文化进化的分析中，不允许以明确的协定构建制度，因此部落领导阶层的等级制度是一个自我群体等级制度。

全新世社会的社会适合度问题。全新世社会在多样性和复杂性方面的发展令人印象深刻。群体规模已与之前大不相同的社群、联盟和社会，在居住模式，宗族和家族社会组织，手工业、农业、畜牧业和觅食作业，以及文化和宗教表现形式方面都带来了变化。持续不断的迁移开辟了新疆域，也带了生活方式方面的相互交流。此外，与早期相比，全新世时期人类经历的记录更为丰富可靠：来自考古学、遗传学和社会人类学的证据变得更加普遍，而且，早在5000年前，一些地区就已经存在书面记录。串联这些资料不但使我们能够站在一个亲近的、社会层面的角度观察全新世的人类社会，也让我们能够将视线拉远，站在大陆和行星级别的角度观察人类系统。[254]

社会的这种多样性和复杂性凸显了社会进化逻辑中的一种张力。对于社会中的制度来说，随着规模的扩大，社会适合度的选择和标准问题变得复杂而不确定。如何确保一项制度向其受益人提供预期的服务？受益人是否有办法监管或废除一项服务不力的制度？领导强大制度的精英们是否只关注自身利益，而不是这些制度服务对象的利益？[255]一方面，社会存在横向分化：觅食者和农民组成的利益群体，以及被联盟吸收的独立社群残余的宗族团体。另一方面，社会的纵向分化可能包括精英和平民之间的差异。如何满足这些不同的利益?

这是一个复杂的问题，很容易在细节之间迷失方向。为了便于讨论，我构建了一个全新世社会的简化模型，其目的在于帮助我们确定与社会制度有关的不同成员群体和利益，追踪评估和社会选择的过程，包括受益人对制度的管理，以及确定关于社会优先事项的争论。我的全新世社会模型假设:(1)社会是一项社会制度;(2)从不同社群而来的宗族身份结合起来形成了社会;(3)社会中存在拥有特权和特殊责任的精英阶层。对于社会中的大量制度，人们可能会说，它们是通过这种结构进行评估和复制的。一项制度的具体发展过程可能会给整个社会、某位精英或某些宗族带来好处。[256] 作为对关注某一受益群体的制度的回应，社会中的其他群体可能会提出抗议，并要求对其进行监管，甚至彻底取消该制度。对于那些感到没有受益的群体，在拒绝或要求监管一项现行制度之后，又会提出怎样的主张?对于一个由精英领导的宗教来说，若要修改制度，管理该制度的人将处于最易于推动变革的位置，但整个社会或宗教团体也能够推动宗教改革。社会显然处于一场平衡运动之中，其中，新制度的确立需要与现行制度的适合度评估取得平衡。对于社会上的众多制度来说，问题在于:预期受益者是谁?谁实际受益?解决利益与预期受益者不匹配的机制又是怎样的?

对于一项又一项制度，现在我将把目光放在它们于全新世社会变革中的创造，以及它们在复制和适合度方面反复表现出的张力上。每项制度都在固有动力的驱动下发展起来，更宏观地说，制度通过扩大社会中的网络和等级制度来实现互动，尽管等级制度的扩大往往没有得到很多社会成员的同意。我将时不时提及刚才介绍的全新世社会模型，但除此之外，我希望读者在探寻人类系统中流行和存在的众多制度时，要将该模型的逻辑牢记于心。

社会进化，1.2万—6000年前

农业制度最初起源于黎凡特地区，但后来多个地区的农业都显示出了明显的相似性，包括撒哈拉、非洲东北部、东南亚、新几内亚、西非、南美洲和中美洲。贾雷德·戴蒙德有关农业出现的著名论述强调了技术、作物的特殊性和疾病。[257] 除了这些因素以外，将农业视为一项社会制度，让人们关注到男人、女人和儿童在农业生产过程中承担的工作，包括储存、加工、消费和生产。农业动力包括日常耕作和准备食物，以及每年整地、种植、除草、收获、储存和分配。农业对从业者施加了严格的纪律，这一纪律必定延伸到农业人口生活的其他领域。耕田可以从一处移到另一处，尽管这种迁移是每年一次的。对收获的储存和分配导致征收、没收和战争。因此，农业虽然不可避免地受到纪律约束，但也可能成为一种等级制度生活方式。社会秩序规模的扩大，是随着生产的发展而进行的系统性扩大；这种秩序中的等级制度并非自然形成的。

畜牧业制度与农业产生于同一时代，有时早一些，有时晚一些。早期的驯养动物包括绵羊、山羊、牛、鸡、驴和猪，而水牛、马、骆驼、羊驼和大象此后也加入驯养动物的行列。让我们再次将视线聚焦于畜牧业者承担的工作：男人、女人和儿童日常对动物的喂养和驯化，一年一度的动物繁殖、季节性放牧、屠宰，将动物各部分加工成食物，他们还在手工业生产中发挥了自身的作用。畜牧业制定了一种社会纪律，但其与农业纪律相比有很大不同。例如，这种纪律包括动物与它们的人类管理者之间的私人关系。对于同时运行农业和畜牧业的社会来说，这两种逻辑必须结合起来。[258] 一些牧民成为专职照看动物的专家，但大多数人依然是农民，继续负责采集和狩猎。牧民的村庄常常比专职农民的村庄要小，他们有时还会用栅栏围出一片地用于饲养牲畜。在从夏季牧场到冬季牧场的季节性迁移时期，人们会聚在一起，利用这个时机举行仪式，讨论交流。旅行用的临时炉灶与家乡的完备炉灶交替出现。在6000年前的东地中海地区，随着挤奶行为的出现，母羊和母牛的存活时间变得更长。挤奶行为的传播范围很广，但并没有扩散到所有畜牧业人口。亚欧草原上的两个重要考古遗址，德雷夫卡（Dereivka）和克拉斯雅尔（Krasnyi Yar），让我们得以深入了解牧民们的社群生活。[259]它们之所以受到特别关注，是因为人们在这里发现了早期驯养马的证据。德雷夫卡位于乌克兰境内第聂伯河下游，这里有一个定居点遗迹，其中有马葬的痕迹。该遗址的历史可以追溯至6500—5500年前，此处的马是野马和驯化马的结合体。哈萨克斯坦的克拉斯雅尔年代稍晚，人们在这里发现了围栏或畜栏的遗存。据推测，马在栏内区域可能存在过。德雷夫卡的居民可能说印欧诸语，而克拉斯雅尔的居民也许操阿尔泰诸语。[260]

城镇形成了一项居住制度。最著名的早期城镇——同时也与农业和畜牧业有关——是恰塔霍裕克（Çatalhöyük），这是一处位于安纳托利亚高原草原和沼泽交界处的考古遗址。人们对这里的发掘和分析始于20世纪60年代。这个定居点可以追溯至9400年前，直至大约8400年前被外人占领。这里大约有6000人，有时还会更多，居民住在鳞次栉比的泥砖建筑中。定居点没有街道和院子，人们通过木梯从屋顶进出自己的房子。小镇没有围墙，废墟中也没有战争的迹象，不过很明显的是，火灾有时会失去控制。在小镇繁荣的几千年间，人们在破旧建筑之上建造新建筑，由此使得整座城镇变得越来越高。当考古学家在20世纪60年代开始发掘这座遗迹时，他们发现了多达18层的连续建筑层，底部才是最早的建筑层。[261]随着发掘工作的进行，研究人员建造了一个顶棚来保护遗址，如此既能防止侵蚀，也能避免盗贼觊觎。据目前了解的情况，恰塔霍裕克是一个农业、畜牧业和狩猎人口的密集聚集地。房屋中的食物残留表明，这里的居民生产和食用小麦、大麦、豌豆、杏仁、开心果、水果、牛和羊，以及其他数量较少的食物。遗址中的壁画和雕塑表现了此地居民对女性、男性以及野生和驯养动物的欣赏，或许还有崇敬。然而到目前为止，尚未有证据表明这里存在过政治或宗教等级制度，具体来说，就是没有崇拜或服从某一中央军事或政治领袖、某一居支配地位的宗教派别的迹象。相反，这个村庄的居民似乎把合作生活提升到了一个新高度。

农业城镇和社会为我们提供了有关全新世早期和中期社会的丰富知识。现阶段的考古研究成果让我们得以追溯城镇生活在过去 9000 年中的一步步扩张。尼罗河流域最终成为壮丽文明的所在地，众多农业村庄甚至大城镇兴起于此，尤其是尼罗河中游的努比亚地区，这里的崛起要先于埃及几千年。在红海的南端，考古学家得以证明，在也门的高地上，存在着最早可以追溯至 6000 年前的城镇遗址。在中美洲，村庄生活的证据可以追溯至 7000 年前玉米生产的开始。这些村庄的居民在大约 4400 年前开始制作陶器，他们的一些定居点在 3500 年前已经发展到了城镇的规模。

渔业作为一种制度得到拓展：这一时期的人们可能经历了最大限度的连续性。可以肯定的是，甚至在农业兴起之前，一些大型渔村已经存在于水路沿线和海岸附近了，那里的人们可以收获鱼类、贝类和其他海洋生物。然而，随着大冰期的结束，全球变暖，海平面上升了 100 余米，因此很难定位和调查海边的村庄和城镇。不过，调查全新世早期渔村的相关技术正在发展，加利福尼亚海岸是一个例子。在加利福尼亚州南部，靠近现在圣巴巴拉的位置，人们发现贝壳沉积在海岸上方的悬崖上，中间则夹杂着一堆鲍鱼、蛤蜊和其他贝类的壳，它们的肉均被食用一空。研究人员通过对这些贝壳进行放射性碳（年代测定）分析得以确定，这里的人类可以追溯至 9000 年前。[262] 这些居于沿海地区的渔民与内陆的觅食者交换食物，包括水果和坚果。与此相同，在秘鲁沿海地区，渔业人口也与种植葫芦和红薯的内陆农民交换渔获。至于内陆地区，考古记录显示，在 10 000—5000 年前，现在的撒哈拉南部和东部曾存在大量湖泊。那里的居民以捕鱼和狩猎为生。人们在尼日尔北部的一处遗迹中发现了 200 处墓葬，其中，一名年轻女子被葬在她两个孩子的旁边，孩子们做向她伸出手臂的姿势。在同一地点的另一处墓葬中，一位妇女带着由河马牙齿制作而成的手镯。[263] 然而，随着农业的发展，渔业和船舶相关作业在整个人类活动中所占的比例越来越小。在开发河流、湖泊和海洋资源方面，进展远远不如农业和畜牧业方面的进步。结果，居住在远离水域地区的人口比例增大了。农民和牧民同样依赖水资源，不过使用方式有所不同。

领导。这些全新世制度的扩张是通过形成跨空间网络而实现的——既包括非正式网络，如货物交换网络，也包括正式网络，如因婚姻而形成的家庭联系。虽然全新世时期的社会和技术变革扩大了社会内外的网络，但其也带来了要求扩大领导结构的持续压力，以此协调众多变革领域，最终使人们受益于变革。弗兰纳里和马库斯指出，要求领导变化的压力可能导致两个截然不同的方向：基于成就的社会组织和世袭领导。[264] 我将这种分类纳入了我的全新世社会进化模型中，将其视为社会领导的制度：成就基准（achievement-based）和等级基准（hierarchy-based）。这两个方向有着截然不同的动力和配套仪式。在成就基准社会中，人们被鼓励通过个人努力提升自己——以令人印象深刻的方式受益和做出贡献。在他们生命的最后，他们可能会得到一座纪念他们功绩的纪念设施，不过他们不能将自己的权力或影响力让渡给他人。相比之下，世袭领导的原则是，一个能够证明自己卓越能力的领袖，也应该能够将自己积累的权力和财富传给家族中的另外一个人，通常是儿子。

无论是成就基准模式还是等级基准模式，争议都会产生，人们都需要解决方案。司法制度逐渐形成，用以处理争端和冲突。人们往往会咨询资深人士，而后者会通过以往的经验解决争端；法律在多次决策的基础之上发展起来，成为不断丰富的原则集合。在等级基准模式下，领导者可能也负责做出审判，而在成就基准模式下，司法机关更有可能是由长者们组成的一个会议。社会中纪念设施的建设可以被视作成就基准模式的策略之一。其他促使人们认可成就的措施，包括通过学习神圣传说来提升美德的正式步骤，以及成功地进行远距离贸易。在进一步的举例中，弗兰纳里和马库斯探讨了美国西南部的特瓦人和霍皮人，以及密苏里河谷的曼丹人和希多特萨人的雄心壮志：他们都为才能出众者提供了获取更多声望的途径，避免了世袭的高贵。成就导向社会往往展现出卓越的稳定性。[265] 例如，在不列颠哥伦比亚省的弗雷泽河畔，一些野心勃勃的人寻求获取奢侈品，他们的家族因此逐渐壮大，房屋也逐渐增多。随着时间的推移，贫穷家庭加入富人的行列，并受到债务的奴役。南亚昂尕米–那加族的男人们可以通过成功清除对手来提升自己的地位，或者通过学习和一系列宴会成为具有神圣光环的人，由此最终获得一座纪念设施作为奖励。那加人的这两个例子可以被视为个人抱负与公共利益之间的社会平衡。[266]

农业的扩张是否导致了父权制的建立？这一理论得到了广泛传播。换言之，社会的出现——伴随着农业——是否带来了父权制和女性的从属地位？毫无疑问，随着联盟蜕变为社会，随着农业的日益繁荣，人们对性别关系进行了重新思考——性别关系会随着任何重大社会变革进行重新建构。世界历史上一个尚未解决的重大问题是，这个时代——农业革命的时代——是否使得女性从属于男性。对于拥有自己文化的社会来说，一个几乎一致的情况是，这些社会被整合为父权制体系，男性在很大程度上垄断了拥有权力的公共职位，以及家庭和联盟内部的影响力。即使在以母系为传承的社会中，男性也占有统治地位。问题在于，农业、畜牧业和手工业的发展，是否明确标志着女性处于从属地位的时期。显然，在生产时代，随着社会角色范围和社会责任范围的扩大，人类社会的整体等级制度也在发展。冲突、压迫和暴力的实质性进程必然伴随着这些新角色的产生和财产日益重要的过程。然而，我们并不知道这种进程推进到了怎样的地步。我们目前还无法确定，在历史上的某个时期，男性对女性的支配是否得到了扩大。男性和女性在衣着和行为上的区别在最早的人类表现中显而易见。然而，没有哪一种模式如此固定，以至于每种社会秩序都会重复这一模式——实际上，在人类事务中，有许多关于男女角色和关系的选择。[267]

然而，正如弗兰纳里和马库斯所说，“神圣的概念……总有一天会被用来缔造世袭制（社会）”。[268] 世袭精英稳步崛起，并在许多方面占据上风；有时，世袭结构与成就结构之间存在循环往复。通往世袭地位的关键途径之一就是接纳贫穷的邻居，向他们提供资源，之后通过债务奴役获得对他们的控制权。无论是基于战争俘虏还是债务奴役，奴隶制度逐渐形成了这样几个元素：奴隶、奴隶主，以及其他从奴役中获益的人。奴隶制度的动力包括俘虏、丧失抵押品赎回权、领养、改名和效力于等级制度，然后可能出现的自我赎买、逃跑或叛乱。

共同进化元素

凭借自身动力发展的社会进化也受到其他元素的影响。本节将讨论这三种影响，以考虑它们对社会进化产生的作用，这三者是文化进化、农业造成的全球变暖和各大洲人类生活的地理与生态差异。

文化进化。文化进化在句法语言出现之前的几千年中发展出了个体学习，文化进化的进程可以说延续到了口语时代。彼得·图尔钦阐述了文化进化的现代含义，他认为，这是全新世人类社会变革的主要元素。在此，我将简要总结他的观点，以便阐释这样一个问题，即文化进化进程与社会进化进程是互补的、互斥的，还是其他类型的关系？图尔钦认为，人类社会在更新世发展缓慢，之后，随着社会学习的逐步发展，个体之间的合作逐渐加强，充分发挥合作优势的社群因此能够取代合作程度不足的社群，从而提高了人类整体的合作水平，正如普莱斯公式所描述的具体情况。[269] 图尔钦主要的历史论述集中在全新世早期和中期的社会转型。他认为，农业扩张以及随之而来的人口增长，导致暴力事件增加，因为社群之间需要为争夺土地和其他资源进行斗争。为了建立一套新的规范和制度，尤其是财产观念，文化进化的逻辑要求整个社会必须同时接受农业。随着这一转变的发生——持续了大约 5000 年——社会之间的主要竞争以战争形式出现，“战争有助于消灭那些‘堕落’的社会”。尽管个体在战争中付出的健康和社会地位代价是沉重的，尽管农民的营养状况和健康状况均不如觅食者，但是不健康的但规模更大的农民群体可以战胜健康的但规模更小的觅食者群体。也就是说，农业在经过数千年过渡期后的兴起，扩大了为争夺资源而发生于社会之间的战争与暴力。因此，诸神与国王的兴起，得益于扩大的战争。[270]

在这一分析中，同等重要的是，据推测，一个复杂的转变将在此后一段时间内扭转这波不断扩大的暴力浪潮。4000 年前，使用马匹的战争逐渐扩大，暴力情况继续恶化。在该类型的战争中，来自亚欧大草原的弓箭手们先由马车运载，在战场上则会成为骑兵。这些亚欧大草原上的民族对南部的农业国家构成了致命威胁。作为应对，这些国家进行了有效的革新——大流士和阿契美尼德缔造了如此强大的帝国，以至于草原骑兵无法对其构成威胁；在这之后有规模同样庞大的孔雀帝国，它的统治者阿育王在经过多年征战后皈依佛教，创造了一个伟大而和平的帝国。图尔钦认为，虽然之后几个世纪出现过波动，但总体趋势是死于暴力的人口占总人口的比重在下降，因为这些庞大帝国在帝国核心区维持了和平，而战争和死亡被限制在了帝国的边缘。据推测，合作程度的稳定增长和暴力减少这种趋势一直持续到了今天。[271]

这项涉及广泛又颇具吸引力的分析，是在超社会性框架下进行全新研究的一个突出案例。[272]不过，从社会进化的角度来看，它与我对同一时期进行的分析在几个细节上有所不同，这两者是否可以结合起来？图尔钦将文化进化的逻辑应用到多层次选择的观点中，即社会群体变得相对趋同，但在群体之间，各群体中个体在利他主义和非利他主义上的比例却存在差异。这种分析一方面考虑到了文化进化理论所预测的趋向利他主义群体的缓慢发展，另一方面也包含对某些突发变化的考量，如农业的采用。[273]因此，在这一模型中呈现出一系列事件，包括利他主义的缓慢发展、农业的突然兴起以及由此导致的暴力扩张。虽然这个模型是明确的，而且暴力在人类历史上无疑是一个重要问题，但我想在此强调，不要把分析集中在暴力和利他主义这两个极端上，因为，对情感的持续分析，强调的是更多种情感体现出的多样性，以及情感之间的相互作用。

农业导致的气候变暖。对全新世生活的另一种分析侧重于人类在气候变化中发挥的作用，而鲜少涉及社会或文化进化。著名气候学家威廉·拉迪曼（William Ruddiman）指出，农业和畜牧业的扩张，导致人们开垦森林、放牧动物，从而提高了平均气温。[274]他将末次冰盛期与之前的 8 个大冰期进行比较，发现北半球的气温在 1 万年后将会下降，因为太阳辐射的减弱导致少量二氧化碳和甲烷的产生，这些温室气体会导致大气温度上升。他的分析表明，二氧化碳（尤其是出于农业目的而砍伐森林所导致的二氧化碳）水平相较 7000 年前的预期水平有所上升，甲烷（尤其是由不断扩大的家畜群所排放的甲烷）水平相较 5000 年前的预期水平有所提高。从这一观点来看，早在工业革命燃烧煤炭和石油前，人类在农业革命中开垦森林、耕种田野的行为，才是人类系统对盖娅的首次重大影响。换言之，全新世稳定的气温不仅有利于农民，而且在很大程度上也是由农民创造的。[275]

大陆之间的比较。关于全新世共同进化和区别的第三个元素，我将对公元前 4000 年至公元前 1000 年（6000—3000 年前）的大陆地理、人口密度和人类社会进行全球范围内的比较。让我们从大陆地理位置的比较开始。非洲是人类的故乡，总面积达 3000 万平方千米。亚欧大陆是旧世界的另一大部分，总面积为 5500 万平方千米。也就是说，非洲的面积是亚欧大陆的 55%。北美洲和南美洲加起来的总面积为 4200 万平方千米，介于非洲和亚欧大陆之间。重要的人类居住地还有大洋洲，它的总面积为 900 万平方千米。[276] 每个大陆都拥有不对称的景致，各地供给人口的能力因此不尽相同。亚欧大陆和北美洲都拥有面积广阔的北极地区，仅能维持很少的人口。大沙漠覆盖了非洲的撒哈拉地区，从阿拉伯地区到亚欧大陆的戈壁不适宜农业发展，澳大利亚大部为干旱地区，北美洲和南美洲也有沙漠地区。结果，三块大陆中的每一个都拥有大致相似的一些地区可以支持农业发展和稠密的人口。在热带地区方面，非洲拥有面积最大的非沙漠热带地区，亚欧大陆次之，而美洲的热带地区则大致与亚欧大陆相同类型的地区面积相当。在非沙漠温带地区方面，亚欧大陆的该类型地区面积最大，其次是美洲（尤其是北美洲），而非洲大陆只有在南北方的边缘存在面积相当小的温带地区。大洋洲的热带地区（包括澳大利亚的北部边缘）是可居住的，而澳大利亚的温带地区则基本是沙漠。

截至公元前 1000 年，我们都没有可靠的人口统计数据，更不用说更早的时间了。不过，我们可以从定性的角度对人口密度进行猜测——将人口密度区分为稀疏、中等和稠密。在非洲大陆，撒哈拉以南从大西洋绵延至印度洋的大草原地带，早在公元前 1000 年就有人耕种，那里的人口密度中等，部分地区则拥有更多人口。狭窄的非洲北部海岸和更宽的东非海岸也有中等的人口密度。沙漠地区和赤道非洲的森林地区虽然有人居住，但人口却很稀疏。在亚欧大陆，南亚和东亚已经拥有了稠密的人口，而欧洲、西亚、中亚和东南亚则拥有中等的人口密度。北极地区和沙漠地区人口稀少。在美洲大陆，由于人类刚刚在那里定居，因此人口密度不如旧大陆。尽管如此，美洲定居者却几乎没有天敌，也几乎没有疾病威胁他们的健康，他们还迅速培育了大量粮食作物。玉米是产量最高的作物，但它在公元前 3000 年左右才开始广泛传播。我推测，在美洲的东太平洋沿岸——最初的定居地区——以及附近山区，人口密度已经达到中等水平。北美洲和南美洲的东部地区人口较少。然而，美洲的人口增长率很高，具有赶超旧大陆的趋势。在大洋洲，最稠密的人口大概位于新几内亚，那里很早就发展出了农业。大洋洲的其他地区大多人口稀少，直到大约公元前 2000 年，种植水稻的南方诸语移民才开始在这些地区定居。虽然马来群岛通过种植水稻最终发展出了稠密的人口，但大部分地区在公元前 1000 年前都人口稀疏。

人类社群之间真的能够保持联系吗？在每一块大陆区域内，大多数人类都保持着联系线路，尽管他们常常彼此相距很远。喜马拉雅山脉和沙漠将东亚与南亚和西亚区隔开来，然而众所周知，这些障碍在早期和近代都曾被人类跨越。到这一部分为止，我假设了一条明确边界用以分隔非洲和亚欧大陆。但这种边界只是传统上的，人们完全可以以不同的方式来看待它。如此多的人类越过了它，以至于人们可以忽略它，将整个东半球设想成为一个地理和人口的巨大单位。或者，我们可以注意到阿拉伯半岛与非洲东北部地区在生态上的巨大相似性，由此画出一条北向界线，涉及伊比利亚半岛、地中海诸岛、安纳托利亚山区、波斯湾和阿拉伯半岛。同样，人们也可以像今天一样，在撒哈拉以南画一条线，将撒哈拉以南非洲作为一个整体，同时将撒哈拉和北非与亚欧大陆联系起来。这种观点直接导致了“非洲-亚欧大陆”这一术语的产生，它涉及整个亚欧大陆和北非地区——我偶尔会用到这个术语。[277] 最后，但却最重要的是，由于所有这些划分方案都在以某种方式处理非洲与亚欧大陆之间的漫长边界区域——地中海、红海、伊比利亚、北非、埃塞俄比亚、阿拉伯和黎凡特——我们可以将这一边界区域视为一个单独的地区，它既有自己的特点，也发挥区分非洲和亚欧大陆的边界区域作用。对于非洲、亚欧大陆及其共有边界的每一种解释，对研究过去来说都是很有价值的。

在其他比较方面，令人吃惊的是，每一块大陆——非洲大陆、亚欧大陆、非洲-亚欧大陆、美洲和大洋洲——都是全新世早期农业发展的重要地点。作物的进一步发展和传播在每个地区都有发生，而在东半球，已被驯化的农作物和动物早先就从一个大陆传播到了另一个大陆。各大陆区域内的网络和等级制度发展程度如何？早在公元前1000 年前，商品交换网络就在各大陆区域发展起来。等级制度，尤其是以拥有城市居民点的国家兴起为衡量标准，在亚欧大陆的发展最为充分，尽管亚欧大陆仍有许多社会不受国家统治。相比之下，除了靠近亚洲的东北非地区，非洲对正在发展中的等级制国家的抵触令人吃惊。非洲在农业、制陶、冶金和商业交换等技术层面的发展与亚欧大陆大致相当，但与亚欧大陆的大型政治制度不同，非洲人选择了小型政治制度，并选择更多地依赖网络，而不是等级制度。美洲是介于二者之间的例子，很多美洲社会持续强调网络，而不是等级制度，不过中美洲和安第斯山脉地区的社会是主要的例外。在大洋洲，南方诸语居民人口的扩张是等级制度发展的主要推动力。虽然我们无法对全新世早期和中期进行具体的人口估计，但我们可以这样表述这一问题：在什么时候，非洲人口占总人口的比例跌破了一半？

进一步的制度进化，6000—3000 年前

全新世中期的技术发展体现在使用犁耕种小麦和大麦、水稻的发展，以及玉米在美洲的推广等方面。在社会组织方面，国家制度自或大型或小型的社会中发展起来，这时正式的政治架构是君主领导体制，而君主一般是世袭的。一些君主受到长老会议的严厉约束，而另一些君主则获得了巨大的个人权力。[278] 当从社会制度的宏观视角观察国家，如这里的情况，我们不仅应该考虑国家结构和自上而下的治理，而且还要考察国家在社会背景下的社会适合度问题，包括那些对现行制度感到不满的群体，他们往往呼吁改革、监管，甚至试图颠覆国家。此外，国家并不是唯一的发展路径，因为许多全新世社会都开启了属于那个时代的创新——农业、冶金、商业——而且没有通过国家体制进行治理。当帝国于公元前 1000 年开始崛起时，可能仍然有一半以上的人类生活在不受君主统治的社会中。

工作坊。工作坊的基本形式并未改变，不过其本身在这一时代得到了广泛传播，并在火的使用方面取得了令人印象深刻的成就。火的应用最后变得足够精巧，以至于可以大规模生产陶器——这种生产通常需要工作坊形式的组织。制陶需要适当类型的黏土，置于恰当的位置加以塑形，然后将其放入窑内烧制——窑是一个达到烧制黏土所需温度的烤箱。[279] 更多的工人负责收集木柴、整理陶器、照看炉火，并为烧制下一套陶器做好准备。早在 6000 年前，黑海北岸和西岸的居民开始制造四轮货车和两轮手推车，这是另一项需要工作坊的任务。理查德 · 布利特（Richard Bulliet）证实，在今天罗马尼亚的喀尔巴阡山脉，早期的铜矿开采催生了带有固定轴车轮的小型货车，这些货车被用于将矿石从地下开采地运送至冶炼场所。后来发展出更大型的货车，让人们在更换住所时能够搬运家当，布利特称这种现象为

“车辆游牧”。[280] 至 4000 年前，大部分四轮货车为两轮手推车取代，实心橡木车轮则为辐条取代，车轮因此更轻便，也更加坚固。[281]

工作坊这种组织形式对于手工生产、创造性工作、抽象知识的拓展，以及最终的公共工程建设来说仍然具有价值。工作坊的领导者通常负责创建、指导工作坊，并承担需要最高技术要求的工作，但他也需要依靠同事来完成任务。工作坊的工人一般来自家庭和社群，不过，根据工人的兴趣、技能或工作效率，工作坊也可以招募来自不同家庭的工人，而且保证自身运作良好。其他类型的手工劳动还包括房屋建造、纺织和食物准备。在这个时代，建造房屋变得越来越普遍，但尚未普及。在末次冰盛期前，人们尽可能地居住在能够提供庇护的岩石旁边，不过也有人类居住在洞穴，或者在开阔地带用灌木搭建的庇护所里。随着时间的推移，房屋建造技术改进和建筑专家们一道发展起来。房屋既有圆形的，也有方形的。有些房屋由木板或竹子搭建而成，而另一些则是土坯房。帐篷的制作材料通常是兽皮或纺织品、编条，以及灰泥（先将细木条绑在柱子上，然后用灰泥覆盖）。有建在桩子上的木屋，最后发展出砖房。屋顶通常由茅草制成。在这个时代，纺织业取得了长足进步，虽然留存到今天的实物非常稀少。纺纱工和织布工创造了棉布、麻布和丝绸，服装质地因此多种多样。此外，一旦烧窑得到发展，陶制容器得以普及，烹饪就可以发展出新样式，如烤和炖。

随着人类对火和烧窑掌控得愈加熟练，再加上炉火温度的提高，金属的提炼和提纯成为可能。矿石中含有的金属物质一旦温度足够高，就会熔化，人类因此可以提取、提纯这些金属，并将它们加工成工具或装饰品。银的熔点约为 960℃，金的熔点约为 1060℃，世界上很多地方早在 7000 年前就能够用火提纯这些金属。在东欧、中亚、中国的几个地区，以及尼罗河沿岸，那个时代的社群遗迹中均出现过金银饰品。后来，金银饰品制造在美洲发展起来：加勒比海地区、墨西哥、安第斯山区和美国西南部。当火能够维持在1080℃的水平，即铜可以从矿石中熔化出来的温度时，冶金制度的清晰框架就形成了。铜矿比金矿和银矿更加丰富，但铜的缺点是容易氧化，不过中非的金属相关业者还是一直使用纯铜。与之不同的是，亚欧大陆的金属从业者将铜和锡加以混合，创造出了一种合金——青铜。这种合金的熔点是900℃，操作性更佳。此外，青铜比之前任何金属的硬度都要大，而且还具有很强的耐腐蚀性。大约从5000年前开始，青铜冶炼出现于亚欧大陆大部分地区，并开始更多地应用于工具，而不是装饰品。青铜冶炼中心包括美索不达米亚、希腊、印度河流域、华北、长江流域的高地和西非。因此，考古学家用“青铜时代”这一术语来指代亚欧大陆和非洲地中海沿岸5000—1000年前的这段时间。铁的熔化和锻造是一个更加困难的问题：它的熔点约为1538℃。换言之，铁的生产必须等到熔炉达到这一温度，因此铁器时代是之后的事情。

工作坊反过来又推动了公共工程项目的建设。随着社群规模在这个扩大生产的时代变得越来越大，工作坊承担起了物质和社会建设方面的新任务。那时，各大洲不断扩大的社群在组织和领导方面都面临新问题。也许，利用权力进行领导和剥削的行为在人类历史早期就已出现，但在这个时代，领导行为催生了新的机遇。这种对于领导的需求源于家庭之间的纠纷、大型工程的决策、建设与维护的协调，以及抵御入侵。为了回应上天，或是出于一些更加基本的动机，全新世中期的社群建造了具有仪式意义的纪念设施——祭坛和金字塔。其中规模最大的是大约建造于4100年前，位于美索不达米亚的乌尔金字形神塔，以及先于乌尔观象台几个世纪，建造于尼罗河沿岸的胡夫大金字塔。不过，其他祭坛和金字塔位于北美洲和南美洲（秘鲁海岸附近的帕蒂维尔卡河谷，4900—3200年前），以及中国北方地区。

宗教与精神的信仰和实践的转变也借鉴了工作坊的形式。即使是最早期的人类，也拥有精神信仰，这点可以为早期墓葬中发现的祭品所印证。然而在这个生产扩大的时代，生活更加复杂，知识更专业，社会组织出现的问题也更危险。因此，宗教信仰和实践也变得更加复杂：其反映了人类生活中的新角色、紧张关系和日益发展的等级制度。宗教主要包括对主要神明的承认，居住并控制着河流、山川和森林等地方的自然精灵，以及为祖先举办的仪式——无论是自己家族的祖先还是社会精英的祖先。宗教还包括通过精神疗法和药物治疗来治愈疾病，以及试图了解未来的占卜，有时还有试图改变未来的魔法或巫术。

有关时间的知识。观象台提供了有关人类进取心的例证，这种进取心既见诸集体劳动的任务，也可在精英所掌握的专业知识中发现痕迹。在近代以前的黑夜里，人们仰望天空，去探索天空的奥秘。太阳和月球是无法回避的观察对象，恒星和行星对于研究者来说则十分熟悉。早在公元前 4000 年，世界上许多地方的社会都试图通过天文观测来精准记录时间。太阳和月球都需要观测。月球的相位反映月球的运动周期，而从夏至高点到冬至低点的太阳运动，则体现出一年之内最为精准的时间测量，尽管许多历法是建立在太阳和月球混合观测结果的基础之上的。除了文明社会详细的历法外，还存在许多其他社会建造的石制纪念设施，它们都清晰标明了太阳在夏至或冬至时的位置，从而能够帮助人们准确计算出每年的天数。英国的巨石阵可以追溯至公元前 2800—公元前 800 年，它被公认为一个观象台。巨石阵石头的布局使得光线能够在至点时照向特定的方向。在日本的众多环状石阵中，最著名的是野中堂，它直径 42 米，建于公元前 2000 年左右。在爱尔兰、布列塔尼、尼罗河流域和秘鲁发现的诸多类似石头遗迹表明，世界各地从事农业的人都在寻求准确地理解天体运动。在美国西南部普韦布洛人的领地上，未经雕琢的石头在夏至时也会引导出一束光线。尽管如此，成就基准社会与等级基准社会对待时间的方式可能有所不同，因为书面历法是后者创造的。

在本书对人类历史的叙述中，现在我将从一种时间记法转换到另一种时间记法：从“× 年前”到“公元前 × 年”和“公元 × 年”。在前几章和本章的前半部分中，我使用的时间表示方法是“× 年前”或“距今 × 年前”。这是一种表示很久以前时间的方法，尤其应用于地质学、考古学和遗传学，但我认为，这种方法也适用于早期的世界历史。现在我将切换至格列高利历（公历）的表示方法。这一历法创于 1582 年，在 20 世纪被认定为国际通用历法，并在 21 世纪被重新命名，改用世俗称谓，而非宗教用语。耶稣诞生的大致年份被确定为“公共纪元”（Common Era，简称 CE、公元）的第一年，由此开始直至现在；更早的年份则被标记为“前公共纪元”（Before the Common Era，简称 BCE、公元前）。

我选择的时间记法转换时间点为公元前 4000 年（6000 年前），因为在那之后，历法很快得到了广泛使用，包括苏美尔历法、巴比伦历法、埃及历法、中国历法和中美洲历法——还有其他早期历法。这些早期历法更注重以天为单位计算一年的长度——并将一年划分为长度不等的月或周——而不是从一个时间点开始计算年数。玛雅历法和其他中美洲历法可以追溯至公元前 14 世纪。中国历法似乎始于公元前 28 世纪。苏美尔历法和埃及历法的历史则更为悠久。这些历法的进步源于读写能力的提升和一种独特思维方式的形成：不仅是人们对每年所发生变化的细节有鲜活记忆，而且还保存了每一年的标识，可能是所有时间的标识。

城市。全新世中期存在两种主要类型的人口流动：世界上个别地区的城市化，以及很多地区的移民。城市的崛起——拥有 5000 人以上的城市群——将农村人口纳入拥挤的城市，人们要么步行迁到远方，要么接受城市生活。从某种意义上说，这是继全新世早期世界上许多地区出现城镇后合乎逻辑的下一个步骤。然而，城市主要是在由农业导致人口密集的地区发展起来的，有时但不总是处于君主政体的领导下。[282] 乌鲁克是有文献记载的最古老的城市，始建于公元前4000 年之后。苏美尔人还拥有乌尔和埃利都等其他城市，而法尤姆几乎同时于埃及尼罗河以西崛起。君主制城市中的统治家族经常相互取代，直至阿卡德人的领袖萨尔贡（公元前 2334—公元前 2279 年）征服了美索不达米亚的大部分城市，开创了一个新时期。另一阶段始于公元前 1800 年左右，汉谟拉比在巴比伦周围修建城墙。比布鲁斯、阿勒颇和大马士革形成于公元前 2000 年之前。印度河流域的哈拉帕和摩亨佐-达罗与以上这些城市截然不同，在公元前 2500—公元前 1800 年的存在时间内，它们不曾拥有过中央集权。中国城市安阳和郑州大约在公元前 1800 年出现在黄河下游地区；迦太基则在公元前 1200 年出现于北非海岸。显然，更多地区发展出了城市：恒河河畔的瓦拉尼和最早的玛雅城市出现在公元前 1000 年后不久。

农业移民。在同一时代，还有农村地区的长距离移民，不过这种移民的社会进程与同时代的城市发展过程截然不同。在大多数情况下，农耕民族以一波又一波的移民潮向邻近地区扩散。新技术发端于移民进程的数百或上千年间，不同的社会结构兴起于不同的离散移民。然而在这些移民潮中，共同遗产的元素依然存在：相关的语言遗产（有助于重塑移民路径），以及共同的社会结构、仪式和宗教实践。

全新世中晚期，至少存在四次大规模移民活动。最著名的是南方诸语居民的海上移民活动，他们最终控制了东南亚沿海地区以及南太平洋诸岛。[283] 这些从公元前 4000 年开始定居在长江下游地区的移民——他们拥有独特的浮架独木舟，居住在高脚屋中，并依靠水牛耕种水稻——也在台湾岛开辟了定居点，并在那里分化成了几个亚群。大约在公元前 3000 年，部分操南方诸语的人南迁到了菲律宾。虽然遭遇了当地原住民（据信他们操印太诸语），南方诸语移民还是稳步占据了大片土地。[284] 至公元前 1500 年，一群南方诸语居民向西南迁移，定居在了包括爪哇岛和苏门答腊岛在内的较大岛屿上，并继续种植水稻。另外一群人定居在东南方的岛屿上，包括最大的新几内亚岛，在那里他们遭遇了种植芋头的印太诸语农民。这些社群进行了结合，之后世代操南方诸语，使用浮架独木舟，种植芋头而不是水稻。公元前 1000 年后，他们的后代开始在太平洋的无人岛上定居。[285]

操班图诸语者起先是农民，主要种植山药，他们生活在热带草原与森林交界处，现在尼日利亚与喀麦隆两国的边界。大约在公元前 4000 年以后，他们开始整理森林南部的土地，有时还会驾独木舟沿水道移动更远的距离。他们遭遇并吸纳了大量原始居民，包括特瓦人，其后代能够继续留下来充当猎人。在实现中非森林地区的扩张后，班图诸语农民抵达东非高原。在那里，他们遭遇了操亚非诸语和尼罗–撒哈拉诸语的居民。操班图诸语者采纳了当地的经济方式，包括种植黍类作物和饲养牛群。从公元前 1000 年开始，他们扩张到了印度洋沿岸，占领了南非的大部分地区。辛蒙尼·福尔希（Cymone Fourshey）及其同事编写的《班图非洲》（*Bantu Africa*）一书带领读者进行了一次非常全面而又引人入胜的旅行，介绍了全新世中期这个不断扩大的移民群体的社会及社会变化。[286] 农村地区的农业移民大多以成就为导向，但也有可能转变为等级导向形式。[287]

被称为原始印度雅利安人的族群使用的语言是从属于印欧诸语的一个亚级语言群体，他们生活在中亚大草原，种植小麦，养牛牧马。他们发展出了配备有辐条式车轮的马拉战车。这些战车在一段时间内促进了他们的英勇战争文化。最终，这些战车走出他们的草原家乡，开始挑战诸大国。大约从公元前 2000 年开始，草原民族驾着战车成群结队地向几个方向迁移，并在迁移途中形成亚群：西至安纳托利亚和黎凡特，南抵伊朗和印度，东达中国。向南迁移的群体分成了定居在伊朗的印度-伊朗人，以及定居在印度河流域和印度北部的印度-雅利安人。在伊朗和印度，移民的语言和宗教占据主导地位。印度河流域先前存在的哈拉帕和摩亨佐-达罗在公元前1700年衰落消亡。

值得注意的是，在印度-雅利安人定居南亚后不久，一批后来的南方诸语移民跨越印度洋向西迁移。毫无疑问，他们在南亚海岸做了停留（他们遇到了达罗毗荼诸语人群和印度-雅利安诸语人群），之后继续向西，抵达了非洲东海岸。他们在埃塞俄比亚留下了定居的痕迹，在那里，他们的香蕉和亚洲山药被当地居民接受。随着时间的推移，他们向南迁移至斯瓦希里海岸，在那里他们遇到了之前从西方而来的操班图诸语者，操南方诸语者为非洲贡献了香蕉、木琴和浮架独木舟。大约在公元1世纪，这些南方诸语移民定居在马达加斯加和科摩罗群岛：他们的南方诸语语言（可以追溯至婆罗洲）和水稻种植，以及从非洲大陆带来的人口和传统，植根在马达加斯加的土地上。

另一个属于这一类型的群体没有得到充分的记录，他们是操佩纽蒂诸语者，他们的家园在加利福尼亚北部的橡树林和草原之间。这一群体与刚刚讨论到的群体不同，他们维持着觅食经济，而没有选择农业。尽管如此，他们的语言分布模式表明，操佩纽蒂诸语者向南和向东迁移，进入了现在的亚利桑那州和新墨西哥州。[288] 这些移民可能从当地居民那里学习了农业，以及玉米种植。向东迁移的操佩纽蒂诸语者成为加勒比海沿岸人口的主要组成部分。在进一步的迁移过程中，他们沿着海湾迁移，最终定居在尤卡坦和附近的低地。今天种类繁多的玛雅语言是佩纽蒂诸语的一个亚级语言群体。我们不知道操佩纽蒂诸语者是何时到达尤卡坦的，不过有关玛雅城市建设的信息早在公元前1000年就有记载。[289]

正如以上有关移民的叙述，特别是有充分记载的操南方诸语者、操班图诸语者和操印度-雅利安诸语者的迁移所表明的，语言证据有很大潜力来阐明全新世，甚至更早时期的迁移和文化交流模式。[290]

语言分类可以区分出语言的群体和亚群体，反映出单一语言衍生出亚级语言的历史过程。语言遗传遵循一种异于基因遗传的模式，这一点更具价值：之于语言，每种语言拥有一个亲本，而之于基因，每个生物拥有一对亲本。因此，将语言分析与基因分析相结合，可以提供两种类型的人类遗传观察视角。

以上对全新世中期城市化和移民活动的回顾，是为回答这样一个问题打下基础：在这一时期的世界历史上，何种因素具有全球性？在全新世中期，人类广泛分布在各地，但至少存在四种方式维持人类的共同传统。第一，他们的共同特点和共同本能建构了一个可传承的遗产——每块大陆上都存在类似的祖传家庭生活模式行为。第二，环境变化同时影响所有人类，因此，全新世中期稳定的气候使全球各地的社群受益。第三，社群之间的互动广泛传播思想和实践：虽然全球联系不是即时的，但通过交流和移民逐渐实现的相互联系，最终得以让相隔很远的人类保持沟通。第四，人类社会遵循社会进化的共同逻辑：富有创新性地创造制度，了解其动态，建设网络和领导机构，并开发复制和规范制度的手段。

非洲-亚欧大陆时代，公元前 1000—公元 1000 年

在公元前 2000 年后期，世界发生了两大变化：一是人类的崩溃，二是人类的创新。这次崩溃发生在公元前 12 世纪和公元前 11 世纪，从地中海东部到太平洋的所有大国几乎同时毁灭。自然原因是大型社会崩溃的核心原因，不过这一时期并不存在像公元 17 世纪那样的气温骤降，地震与干旱的结合才是主因，而其又因为铜和锡的短缺加剧。在一系列至今仍扑朔迷离的事件中，一场“超级风暴”引发了海上民族，即由海上袭击者组成的联合体，对地中海沿岸城镇的大肆劫掠，大约公元前 1276—公元前 1178 年，他们开始集中力量进攻埃及；

此后不久，商朝在黄河流域灭亡，被崛起的周朝取代。[291] 人类创新指的是在非洲和亚欧大陆一些地区兴起的冶铁业。在第二次重大变革中，熔炉的温度达到了 1538℃。一旦有关铁的复杂技术为人类所掌握，人类就可以提炼铁矿，生产铁器。安纳托利亚的居民大约在公元前 1200 年取得了这一进展，不过，在非洲和亚欧大陆的几个地区，无论是农村还是大型聚集地，这一进展都是同时发生的。由于铁矿要比铜矿和锡矿更多，金属的应用范围因此可能扩大。在亚欧大陆，铁被广泛应用于武器和农具；在非洲，铁似乎被用于制造农具，鲜少被用于制造武器。因此，严格说来，铁器时代应该开始于公元前 1000 年，首先兴起于它的发明中心，之后扩散至其他地方。到公元 1 世纪开始时，从南非到波罗的海，从大西洋到太平洋，非洲和亚欧大陆的大多数居民都已知道铁器的生产。[292] 青铜生产仍然存在于亚欧大陆，不过此时青铜主要用作装饰材料。

大约在公元前 1000 年，非洲-亚欧大陆许多地区的社会都经历了一个引人注目的社会创新与扩张时代。撒哈拉以南非洲拥有与之类似的冶金和农业技术，但家畜数量较少，因为舌蝇限制了家畜的活动范围，尤其是马。非洲-亚欧大陆与撒哈拉以南非洲在社会秩序上出现了更大的差异，前者将世袭等级制度放在首位，而后者主要强调弗兰纳里和马库斯所说的成就社会。[293] 公元前 1000—公元 1000 年，亚欧大陆社会在全球秩序中占据了显要地位：从地中海到日本，非洲-亚欧大陆的居民因在许多领域取得领先地位而在这个时代脱颖而出，而这些成就均建立在等级制度传统之上。

自公元前 1000 年以来，商业制度网络不断扩大，将整个非洲-亚欧大陆联系起来，对自古以来一直运行的商品交换进行补充。原有的运输制度得到加强，包括船运、车辆运输、畜力运输和人力运输。[294] 作为商人目的地或中途休息站的港口和商队客店也得到改善。商人们自己创建了商业聚集地。作为一项制度，它使得商人们能够在远方的市场拥有可以信赖的合作者。[295] 直到公元前 6 世纪，铸币制度才发展起来，首批货币是吕底亚银币；其他国家，尤其是罗马，随后铸造了用于贸易的硬币。宝贝贝壳是印度洋地区的一种小巧优雅、产量最丰的贝壳，它流传到了意大利北部的伊特鲁里亚地区和中国北方。公元 4 世纪，这种贝壳已经成为印度大部分地区的货币，后来也成为云南和西非地区的货币。[296] 巴斯・范・巴维尔（Bas van Bavel）强调吕底亚人为商品构建的商业市场与生产要素（尤其是土地、劳动力和资本）分配系统之间的区别。他认为，与生产市场相比，生产要素市场出现的时间较晚，范围也不大，而生产要素市场制度是资本主义的核心。[297]

文字制度最初形成于公元前 4000 年的美索不达米亚和埃及，那时，等级制度正在这些地方形成。与文字相伴而生的关联制度是学校制度，这是一个提供专业学习机会，又会令人精疲力竭的系统，但却是书写者学习复杂的楔形文字和象形文字所必需的。然而，公元前 1000 年，发生了一次突破性进展，几套与黎凡特地区闪米特诸语密切相关的辅音音素文字系统或字母系统被创造出来。这些系统只有大约 25 个字符，每个字符与语言中的一个发音相关联，因此适于快速学习和广泛应用。这套文字以腓尼基文字的形式开始为地中海地区各地所接受，而另一套与之类似的阿拉姆文字则在印度地区传播。随着时间的推移，这些文字被应用于宗教、文学和科学文本以及商业目的。腓尼基文字刺激了希腊文字、拉丁文字和伊特鲁里亚文字的产生；阿拉姆文字则导致达罗毗荼文字，以及南亚、中亚和埃塞俄比亚的许多其他文字诞生。与此同时，在中国，一种基于数千字符的标准文字在公元前 1000 年出现。这套文字此后一直为中国人使用，并进行定期的改革。因此，文字制度包含所有能够通过给定文字进行交流的人。学校制度则包括老师和学习每种语言的学生。

军事制度早在这之前的 1000 多年前就已经形成，而在公元前 1000 年曾得到大幅增强。最初，军队在战时被召集起来；后来，职业军队成为常设机构，我们可以在阿卡德人的征服中观察到这一点。公元前 2000 年以前，用于战争目的的马匹和战车在中亚诞生，在公元前 2000 年，它们传播到非洲-亚欧大陆的许多地区。最初，由弓箭手驾驶马拉战车——他们的机动性曾一度能够击败任何对手。公元前 2 世纪后期，装备弓箭、剑或矛的骑兵组成了一系列强大的军事单位，几个世纪以来，各种骑兵一直在相互取代。战马的饲养和训练成为各国关注的核心问题，而通过在战争中使用战马，各国的力量也在不断增强。公元前的最后一个千年，铁器的大量使用使得步兵得以武装起来，以便应对骑兵的挑战。

在供水制度方面，古代尼罗河流域和美索不达米亚地区复杂的灌溉系统是这一时期水渠修建的代表。公元前 7 世纪，亚述人建造了一条较原始但却令人印象深刻的水渠，以此将水引入尼尼微城。然而，将水渠建造和设计推向巅峰的，是罗马帝国对于城市的系统性建造和支持。建造和维护水渠是出于多种因素的共同作用：大量城市人口需要饮用水、烹饪用水、洗涤用水和洗澡用水；人们已经掌握在缓坡上通过建设水渠来进行长距离输水的技术知识；国家已经具备招募、指导工人，并为工人、建筑材料和建筑设计提供资金的能力。罗马城拥有 11 条主要水渠，其中 9 条建于公元前 312—公元前 52 年，最长的水渠长达 80 千米。根据一项计算，在罗马城鼎盛时期，供水系统能够为 100 多万居民提供每人每天超过 1 立方米的水，以今天的标准看，这是一个很大的数字。与向城市供水的大型水渠工程不同，小型坎儿井供水系统的目的是向农田和社区供水。这一系统最初起源于干燥多山的伊朗高原，它通过砖砌隧道将水从较高地区的地下蓄水层送到较低地区的农田和水库。这一系统向西一直传播到西班牙和北非。与水渠相同，坎儿井依靠重力来实现水的转移，而它们的隧道能将水分蒸发降到最低。

知识创造、交流的规模在全新世晚期的文字社会中扩大了。虽然文字知识的积累尚未有正式的社会制度的支持，但大量的个人图书馆和以交流为目的的手稿复制有助于保存书面知识。以这种方式保存下来的各种知识还包括旅行者的著述，如希罗多德、玄奘和尚，以及波斯外交官伊本·法德兰的游记。[298] 除了哲学的好奇心外，一个与之完全不同的因素最终导致了文字文化更大规模的发展——为应对社会上广泛不满情绪而生的大型宗教和哲学的兴起。商业和国家的扩张，再加上频繁的战争，给很多人造成了物质损失和精神创伤。富人们似乎控制着与神明沟通的渠道，因此宗教给那些贫困和不幸的人带不来多少慰藉。让普通人受害的情况持续存在，一系列思想体系因此被反复鼓吹，承诺给世界带来秩序，认可普通民众及理解世界。

接下来，我将对几十个宗教观点的出现与互动，以及它们改变彼此和改变世界的方式做非常简要的叙述。宗教早已存在，而且已经经历了数千年的演变，我将提及的是那些活跃于公元前 600—公元 700 年的先知和哲学家，他们的言论令人印象深刻，他们本人则是大型宗教制度和重要哲学流派的创始人。几乎在所有情况下，新的宗教秩序都依赖传达其核心信息的宗教经典。[299] 耆那教的创始人筏驮摩那和佛教的创始人乔达摩·悉达多都生活在公元前 6 世纪的恒河流域。他们都感受到了世界的不平等和痛苦，因此各自提出了解决问题的方法：耆那教的禁欲主义和佛教祈祷与冥想的“中间道路”。他们都组建了庞大的信徒团体，而孔雀帝国的皇帝最终皈依佛门，并在整个帝国境内宣告和平。经过多年发展，创始者的口头传授最终形成了书面文本，而对于文本含义的争论由此产生。在南亚社会精英的统治下，吠陀体现出相互竞争的宗教传统。通过采取耆那教和佛教的思想与措施，精英们试图在普通民众中间赢得追随者。印度教由此产生，这是一种实践中的新宗教，不过它宣称自己从一开始就以这种形式存在。

哲学传统在希腊和中国兴起，不过各自的目的不尽相同。在中国，孔子的著作告诉人们如何最好地侍奉君主，以及如何像侍奉君主一样侍奉一家之主。与此相反，被认为属于老子的著作则强调了人们适应当下社会的方式，尽管这可能令人不快。几个世纪后，佛教传入中国，其与当地哲学传统发生了相互作用。一方面，儒家和道家因此采取了宗教式的做法，而另一方面，佛教将儒家思想（重视有序的等级制度）和道家思想（强调耐心处世）纳入了自己的宗教传统。融合的结果之一就是禅宗，这种在日本广为人知的宗教流派是一种严重依赖道教思想的佛教形式。让我们将目光转向西方，那里的罗马帝国拥有自己的官方神祇，不过帝国也容纳了许多其他的宗教传统，包括希伯来人的民族宗教；一种以伊西斯（一位专司治疗的女神）崇拜为基础的宗教；还有密特拉教，这是一种在罗马士兵中间流行的宗教，其宗教仪式是通过献祭公牛来更新世界。这些宗教也借鉴了希腊学者的哲学著作。[300]

希伯来宗教拥有悠久的先知传统，耶稣即属于这一范畴，但他为穷人布道，并批评希伯来宗教领袖的做法。耶稣被罗马人支持的犹太国王希律处死，他的追随者将他当作上帝之子来崇拜，认为所有人都可以通过他得到救赎。尽管与密特拉教、伊西斯教和后来的摩尼教陷入争斗，但基督教还是在罗马帝国境内广泛传播。在短短 3 个世纪后，基督教就成为罗马帝国的官方宗教。几个世纪后，先知穆罕默德于公元 7 世纪在麦加传教。他宣称自己的信息是真主通过天使加百列直接传达给他的。信息中明确提到了早期先知，包括耶稣、琐罗亚斯德和希伯来的先知，但也声明，这条信息才是上帝传达给人类的最终、最完善的信息。通过战争或和平的方式，伊斯兰教向西传播至西班牙，向东则扩散至中亚，直抵拜占庭帝国的边境。

至穆罕默德的时代，这些有关救赎和伦理的宗教实践已经在非洲-亚欧大陆传播了 1000 余年。各宗教争相传道、互相争斗，彼此借用机制和文本，直到每个宗教的体系都得到完善，而每个宗教又拥有各自不同的特点，并保持着每种信仰具体、原始的元素。在某些情况下，一个宗教成为一个或多个国家的官方宗教，而在另外一些时候，一些国家会允许国内存在多种宗教。

随着伊斯兰教的兴起，从耆那教和佛教兴起开始的各宗教之间延续了千年的辩论与交流，后被持续 10 个世纪的新阶段所取代。在这一时期，每个存活下来的宗教都拥有自己的主要地盘。宗教之间的关系可能是和平的，也可能是敌对的。现存的所有主要宗教都拥有宗教文本，大多数宗教有教士，许多宗教有僧侣，所有宗教都拥有与上帝直接接触的方式。有些宗教只有一个至高神；所有宗教都有天使，或者其他的超自然存在。宗教现在是一种普遍现象，它既面向普通民众，也面向社会领袖。每个宗教都有一套官方理论，但这也意味着存在争议的可能，宗教改革和宗教革命因此周期性地由宗教内部发生。关于这一时期可能发生的变革，一个例子是中国的唐朝，在 9 世纪 40 年代财政紧缩时期，唐帝国政府对境内所有佛教寺院进行了大规模抄没，夺取了寺院积累的大部分财富。[301] 关于这一转变的复杂性，一个例子是阿拔斯哈里发王朝，在公元 750 年夺取权力后，阿拔斯统治者通过组织翻译东西方不同语言的著作，迅速建立了繁荣的经济和发达的学术界——由此还丰富了伊斯兰教逊尼派的理论。逊尼派传统中性别和社会结构方面的等级制度在很大程度上取代了早期伊斯兰教的平等主义价值观——在这方面，它与其他宗教大致相同。[302]

帝国的兴起与大型宗教几乎处于同一时代——这两项伟大的制度以高度复杂的方式相互作用。征服已经持续了很长时间，不过，对拥有同一语言和文化的人进行军事征服，与通过军事征服建立对拥有迥异语言和文化的人的统治之间还存在差异。我将把美索不达米亚萨尔贡的阿卡德帝国作为第一个例子，继其之后的是汉谟拉比的巴比伦帝国和后来的亚述帝国。公元前 10 世纪，亚述帝国从美索不达米亚扩张到了黎凡特，并一度统治埃及。

当我们谈及帝国制度的扩张时，由于社会群体的日益复杂，应该对社会进化理论做进一步的调整。当一个社会进行扩张以期征服其他社会时，我们必须将本土与殖民地区分开来：精英和种族的规模随着殖民地的扩张而扩大。[303] 因此，帝国的受益人群为本土居民或本土精英，而不是全部帝国臣民。也就是说，帝国制度始终处于压力之下，因为它很难满足所有相互竞争的利益集团。帝国政治变成了一场竞争，在竞争中，各集团或群体能够制定帝国制度的政策，甚至是帝国内部的地方政策。对于大规模的宗教和经济制度来说，等级制度和多样性的现实对制度的社会适合度施加了类似的压力。

表 6.1 是 18 个世纪内世界上 11 个地区各个帝国的概览。表中区分了每个时期和地区最强大的帝国（加粗字体）、每个时期和地区的次强帝国（常规字体）、较小但重要的帝国（字号较小）和入侵势力（斜体）。（请注意，罗马从公元前 200 年起是地中海和西亚的一级帝国，但同时期在北欧是二级帝国。）正是随着大流士和阿契美尼德帝国的崛起，帝国时代全面拉开帷幕。公元前 550 年，大流士征服了亚述、黎凡特、埃及和伊朗高原，将这些地区整合为迄今为止面积最大的国家。维持一个帝国需要一支能战斗的军队和一套用于管理的行政系统，二者的规模都是空前的。两个世纪后，马其顿的亚历山大率领希腊军队击败并控制了阿契美尼德帝国。同等大小的孔雀帝国在阿契美尼德帝国衰亡后随即于印度兴起。从那时起，规模大致相同的帝国兴衰更迭，王朝统治通常能持续约 3 个世纪的时间。这些帝国大多位于亚欧大陆，但随着时间的推移，其他地区也开始出现类似的帝国，其中有一些独特的帝国。罗马花费了 200 年时间进行征服，直到公元前 100 年，它开始统治地中海，随后维持了 400 年的统治。拜占庭帝国，一个规模相对较小的罗马继承者，存活了 1000 年。[304] 阿拔斯帝国于公元 750 年建国，然而它的强盛只持续到了大约公元 850 年。不过，在这段时间里，这个政权成就了学术和翻译的巨大繁荣，为后来几个世纪知识的进一步发展奠定了基础。[305]

表 6.1　帝国，公元前 500—公元 1200 年。主要帝国-重要国家-较小国家-侵略集团

	公元前 500—公元前 200 年	公元前 200—公元 300 年	公元 300—600 年	公元 600—900 年	公元 900—1200 年
北欧		罗马（公元前 300—公元 300 年）	*日耳曼人侵者*	**加洛林**	维京人（公元 800—1100 年）
地中海地区	迦太基（公元前 800—公元前 164 年） **阿契美尼德王朝**（公元前 550—公元前 330 年） 古希腊（公元前 312—公元前 63 年）	**罗马**（公元前 300—公元 476 年）	*匈人* **拜占庭**（公元 300—1450 年）	拜占庭（公元 300—1450 年） **倭马亚王朝**（公元 634—750 年） **阿拔斯王朝**（公元 750—900 年）	拜占庭（公元 300—1450 年） **法蒂玛王朝**（公元 909—1171 年） 穆拉比特王朝（公元 1061—公元 1147 年） 穆瓦希德王朝（公元 1149—1269 年） 阿尤布王朝（公元 1169—1260 年）
西亚	**阿契美尼德王朝**（公元前 550—公元前 330 年） **古希腊**（公元前 312—公元前 63 年）	**罗马**（公元前 300—公元 476 年） **帕提亚王朝**（公元前 247—公元 228 年）	**萨珊王朝**（公元 224—642 年）	**倭马亚王朝**（公元 634—750 年） **阿拔斯王朝**（公元 750—900 年）	塞尔柱王朝（公元 1087—1194 年）
南亚	**孔雀王朝**（公元前 322—公元前 185 年）		**笈多王朝**（公元 320—550 年）		朱罗王朝（公元 850—1267 年）
中亚	希腊—巴克特里亚（公元前 225—公元前 130 年）	贵霜	*匈人* *匈奴* 古突厥（公元 550—750 年）	阿拔斯王朝（公元 750—900 年）	加兹尼王朝（公元 975—1187 年）
东亚		**汉朝**（公元前 206—公元 220 年）	*匈奴* 魏		**北宋**（公元 960—1127 年） **南宋**（公元 1127—1279 年） 金（公元 1127—1220 年）

续表

	公元前 500—公元前 200 年	公元前 200—公元 300 年	公元 300—600 年	公元 600—900 年	公元 900—1200 年
东南亚			扶南（公元 100—800 年）	三佛齐（公元 650—1250 年）高棉（公元 800—1200 年）	三佛齐（公元 650—1250 年）高棉（公元 800—1200 年）
东非		麦罗埃（公元前 4 世纪—公元 325 年）	阿克苏姆（公元 50—550 年）	努比亚（公元 4 世纪—13 世纪）	努比亚（公元 4 世纪—13 世纪）埃塞俄比亚（自公元 1270 年）
西非				加纳（公元 600—公元 1076 年）	加纳（公元 600—1076 年）*穆拉比特王朝*（公元 1050—1150 年）
中美洲	奥尔梅克文明（至公元前 400 年）	阿尔班山（公元 1—500 年）特奥蒂瓦坎（公元 1—500 年）	玛雅（公元 200—900 年）	玛雅（公元 200—900 年）	
南美洲					奇穆 蒂亚瓦纳科

当帝国王朝交相更替之时，与帝国相关的文人群体有时持续的时间更长，其所使用的语言的传播范围也更广。语文学家谢尔顿·波洛克（Sheldon Pollock）提出了“大都会”（cosmopolis）这一术语，该词尤指公元前 400—公元 1400 年书写和阅读梵语的集体。[306] 使用梵语的人不仅限于印度教徒，地理范围也不仅限于印度，而是延伸到了东南亚。与之相似，汉语大约从公元前 300 年开始传播到亚洲多地。公元前 500 年，一个希腊语大都会形成了。它在罗马征服后持续存在，并一直以较小的规模延续到拜占庭时代。罗马征服之后形成了一个拉丁语大都会，它的存在尤其得到了来自天主教会的支持，直到公元 16 世纪才为当地语言所取代。阿拉伯语和波斯语在公元 8 世纪和 9 世纪成为学术用语，它们创造了两个彼此重叠的大都会。

纵观全新世，社会制度及其支持的社会，二者的灵活性足以应对巨大的社会和技术变革。最初，在气候的压力下，个体和集体的创新缔造了新的生产、统治和文化表现制度，并通过网络将各要素连接起来。然而，制度适合度和监管的固有问题——这决定谁将得到服务，制度又该如何得到更新——随着社会本身的发展而加重，由此使得不平等和压迫现象逐渐扩大。

在《人类之网》这一著名的全球概览型著作中，约翰·麦克尼尔和威廉·麦克尼尔极大地拓展了关于网络及世界历史中的网络的探讨。[307]在书中，他们确证了通过一个不断扩大、丰富的网络来解释历史联系的可行性。他们追溯了宗教仪式促进远距离贸易的方式，从印度洋到中国的季风航运的重要性，丝绸之路在跨半球贸易中的作用，以及帝国官僚机构的深远影响。[308]各层次的网络随着时间的推移而发展，他们对于各层次网络的认识将历史叙事串联到一起。然而，虽然他们在隐含层面上对网络进行了描述，却没有详细说明它们如何运作。我的方法是，以网络的形象为基础，具体说明社会网络的特定形式——社会制度、社会网络和等级制度——探寻它们之间，以及它们与文化和社会进化过程之间联系的方式。然而，这种对社会制度的关注往往会淡化世界历史上对技术的共同重视。作为另一种研究路径，埃德蒙·伯克三世重点研究了伊斯兰世界中“技术复合体”的性质、重要性及其广泛影响。他指出，人类社会共有 9 个技术复合体，而这在公元 650—1700 年已经成为标准化模式。他详细介绍了伊斯兰世界如何使用其中的三种标准化模式：书写 / 信息复合体、水资源管理复合体和数学 / 宇宙学复合体。[309]这种研究方法确实证明了技术复合体及其社会联系的重要性。如果在社会制度的框架内重新阐释这些复合体，除了每种技术的细节之外，研究者或许会更加关注从业者的社会协议和每种工作的社会动态。

虽然商业网络、大型宗教和帝国在非洲-亚欧大陆的主要中心同时出现，但这三种人类活动在内部动力上各不相同。商业网络通常超越帝国边界。由于商业网络是由非正式的市场而不是官方的管理机构管理（尽管单独的港口和市场拥有管理者），因此很难确定它们的起止时间。另一方面，经济史学家通过研究定性和定量数据来展现商业交易的涨跌周期、商业路线的开通和关闭、商人身份的转变和主要商品的特征。大型宗教一旦被创造出来，往往会存在很长时间——也许会永远存在。它们可能在一段时间内与某些国家存在联系，但它们通常比国家的存在时间更长。在其漫长的历史中，宗教经历着周期性改革、管理变革，甚至是宗教指导原则的变化。此外，通过信徒的迁移和皈依，宗教成员的身份也在发生变化。信徒数量可能会减少到一个相对较小的数字，但宗教通常会找到一个方法存活下去。相较之下，帝国有明确的起止时间。它们与政治人物、军队和某些地区存在关联，其行政体系的存活时间可能要长于帝国的存在时间，因为后来的帝国可能会采纳之前帝国的经验。行政语言也可能会比将其确立为行政语言的帝国存在时间更长。一个不同寻常的例子是，中国虽然经历了漫长的王朝更迭，但依然被视为一个没有间断的中央帝国。

第七章　冲突与收缩

自然的、社会的冲击扰乱了公元1000—1600年人类系统的进化。盖娅的自然界和人类系统各自经历了独立的变化，这些变化交互影响，干扰更为严重。从人类系统的角度看，这些变化结合起来，带来了混乱和实质性转变。盖娅形式的转变始于全球变暖，随后是更严重的降温。在生物方面，盖娅内部生物物种的交换发生在各个层面。在微观层面上，肉眼不可见的微生物转移到新地方，给人类和动植物带来疾病。在更宏观的层面上，动植物从一个地区扩散至另一个地区，尤其是通过人类的船舶实现这种转移。总而言之，地球的生物地图在这一时期发生了显著变化。在人类系统内，最初为全球变暖所推动的雄心勃勃的军事行动带来了军队和难民的迁移，导致了一个又一个政权的衰落、毁灭和更替。在这一时期野心与理想的感召下，商人们在更远的距离上，跨越陆地和海洋交易商品，由此发生了和平或敌对的互动交流。第三种野心在于扩大对世界的了解，这促进了一些中心的学术发展，以及将这些中心联系起来的旅行和翻译。

盖娅和人类系统——前者波动，后者进化——沿着多个轴线发生冲突。在每个地区，每种移民的规模都在扩大。微生物的移动和突变带来了一波又一波疾病。传染病在移动的人类群体之间传播病原体，在免疫力生成之前带来疾病和死亡。快速的海上联系使得病原体和其他生物群体能够在航行中存活，并在遥远的新大陆上生根发芽。动植物的迁移改变了每个大陆和海洋的食物链。因此，尽管海上航行是技术和社会组织的胜利，但在几个世纪的时间里，它却带来了严重的死亡、混乱和压迫。这一人类和自然资源的全球性重组在一段时间内终止了人类的发展：它带来的衰退和破坏多于进步和建设，特别是在1300年后，区域人口和总人口均在下降。

这些冲突虽然让人类付出了沉重代价，但却为建立更加协调统一、等级分明的人口、经济、社会和文化体系奠定了基础。这一体系从1600年开始加速发展，直至今日。人类的才智——之于某些人来说，是纯粹的幸运——赋予了重新分配的植物和家畜以新用途；拓展了奴隶制和殖民统治之下的社会组织体系；发展了战争、船舶、采矿、农业和商业方面的新技术；开发了宗教领域的新思维。1000—1600年，世界政治版图不断变化，不仅是在亚欧大陆，也包括非洲和美洲。怀揣勃勃野心的精英们通过对抗、征服、奴役和意识形态纷争，努力让普通人臣服于自己。非洲-亚欧大陆的帝国大规模使用的骑兵和火药，通过伊比利亚的船舶传到世界其他地方。也就是说，即使在艰难时期，社会文化进化的势头依然能够持续下去。

与盖娅的冲突

北半球的气温在900—1250年一路走高，年平均气温上升了0.4℃。世界各地的情况虽然各不相同，但较高水平的平均温度和湿度导致了农业产量的增加和人口的增长。这种波动是由太阳辐射的改变对盖娅的影响造成的，是人类社会一系列重大变化的诱因。1250年后，气温进一步变化，北半球平均气温到1650年下降了0.8℃（存在波动），该年为小冰期的最低点，随后气温再次上升。持续几个世纪的温暖时期在英国得到了完备记载，在那里，这个时期被称为中世纪温暖期（Medieval Warm Period）。对于自然界的细致观察记录，再加上有关英国村级社会的详细文献，证实了人口和社会福利的发展。当然，不能通过英国的经历来简单推测世界其他地区的情况，但最近气候观测精度的提高表明，我们对各地区的气候变化了解越多，就越能够发现它们之间的紧密联系。因此，我将继续假设这样一个现象，即900—1250年，全球温度和湿度大体呈上升趋势，不过也存在波动。[310]

在漫长的温暖期后，气温自1250年开始下降。布鲁斯·坎贝尔（Bruce Campbell）将这一时期（13世纪末至15世纪末）称为大转型（Great Transition）。坎贝尔的这本著作以文献记载丰富的中世纪欧洲为中心，但同时也包含了对全球数据的汇编。坎贝尔认为，系统框架揭示了那个时代变化的普遍模式。[311] 在气温有升有降的公元第二个千年早期，人类的迁移促进了其他生物群的迁徙。疾病载体、其他微生物、昆虫和节肢动物、家养和野生植物、家养和野生哺乳动物，以及爬行动物——所有一切都通过陆地和海洋进行扩散。虽然黑死病是人类社会转变中被称为负面自然影响的最知名因素，但它并不是第一个因素。例如，在12世纪末期，牛瘟和羊螨病从东方传入英国，并在本地流行，使得英国的牛羊饱受折磨。正如坎贝尔所说，从11世纪至13世纪末，中世纪的欧洲社会或多或少并不重视他们的环境和遭遇的流行病。但在14世纪中期，这些变化累积成一个临界点，这个临界点标志着不可逆转的变化和一种新型互动机制的出现，尤其反映在1250—1470年的气温下降中，与其同时发生的是坎贝尔所说的“旧大陆人口大爆炸”。[312] 至半个世纪后的1520年，气温适度上升，此后气温继续下降，直至17世纪末，也就是小冰期的最低点。盖娅的冲击震动了人类系统。

黑死病，或者说寄生在一系列昆虫和哺乳动物身上的鼠疫耶尔森菌（*Yersinia pestis*），在东亚和中亚蔓延，蹂躏了欧洲。在此后数百年间，它在东半球的每个地区，包括非洲大部，收割生命。14 世纪中叶的鼠疫大暴发可能始于中亚，一份记载详细的文献显示时间为 1339 年，当时中亚东部的殡葬记录显示有许多人死于黑死病。[313] 至 1345 年，黑死病已经蔓延到伏尔加河下游的大都市萨莱，以及黑海。1347 年，它抵达君士坦丁堡、亚历山大和热那亚。又过了一年，它已经席卷了整个地中海沿岸，之后通过海路登陆北欧。黑死病还从开罗沿尼罗河向努比亚方向和沿红海两岸向南方移动，最终抵达了麦加和埃塞俄比亚。至 1349 年，黑死病疫区已经覆盖了整个巴勒斯坦和叙利亚。虽然尚无详细证据，但更为重要的传播路径无疑是 1346 年抵达伊朗。

这一流行病在最糟糕的时刻到达欧洲，加速恶化了那里的环境状况：它对女性的伤害尤为严重，即使在人口稀少的农村地区，它的死亡率也很高，在 1347 年的 11 月和 12 月达到峰值。巴黎和伦敦 1/3 的人口死于黑死病，斯堪的纳维亚半岛的死亡率也差不多。德意志的死亡率较低，瘟疫对波希米亚和俄罗斯的影响不大。社会运动偶尔出现，反映出人们恐惧和绝望的情绪，以及寻找灾难原因的诉求。早期欧洲的鞭笞传统在莱茵河流域，以及伊比利亚、法国和匈牙利卷土重来：男人们脱光衣服，用鞭子抽打后背，同时吟唱宗教忏悔歌曲。

在另一种人与自然的互动中，较高的人类死亡率很可能导致气候变化：黑死病造成的死亡率意味着农业产量的下降和畜牧业的萎缩。威廉·拉迪曼认为，由于森林取代了原来的农田，牧群也没有繁衍，农业生产产生的二氧化碳和甲烷变少了。随着温室气体排放量的减少，地球及大气中的太阳辐射量也在减少，因此，大概在 1400—1600 年，气温下降了。[314] 拉迪曼回溯了早期可能影响人类的流行病导致全球气温下降的一个例子，相关时间段为 200—600 年。5 世纪的查士丁尼瘟疫就是此次疫情死亡率的峰值。7 世纪以后，随着人口的恢复和家畜数量的增加，二氧化碳和甲烷的排放量随之增加，由此导致了 900—1300 年的中世纪温暖期。[315]

在黑死病时代，人口变化对温度产生的影响可能比拉迪曼估计的还要大。具体而言，虽然他的计算假设欧洲、中国和印度的人口在减少，但我们现在发现有迹象表明，黑死病在撒哈拉以南非洲造成了额外的死亡。尽管研究人员尚未在撒哈拉以南非洲发现 1900 年以前的鼠疫耶尔森菌样本，但越来越多的证据支持这样一种假设，即黑死病在这段时间内传播到了该地区，并造成了大量人口死亡。热拉尔·舒安（Gérard Chouin）在现代加纳中心地区的考古工作揭示了 14 世纪被突然废弃的土木工程。进一步的研究表明，尼日尔中部著名的商业城市杰内-杰诺几乎同时被废弃；位于现代尼日利亚境内的土方工程和精美的伊费青铜头像似乎也在此时被废弃。一个大规模多学科项目正在研究这些问题。[316] 与此同时，历史学家莫妮卡·格林（Monica Green）通过许多现有菌株对鼠疫耶尔森菌的全基因组进行了创新性分析，这使得她能够重塑从查士丁尼瘟疫到今日鼠疫的遗传变化。[317] 格林研究的一项突出成果是，感染中亚、西亚和欧洲的菌株分化出了一种新菌株，它可能在大约 1500 年出现于高加索地区。她还能追溯这一菌株在传播至东非的途中在印度的活动情况，在那里它显然存在过。人们越来越深刻的印象是，在 14 和 15 世纪，特别是在最初的传播过程中，瘟疫在整个非洲-亚欧大陆造成了惊人数量的人口死亡，而在之后的 3 个世纪中，依然有很多人丧生于瘟疫丧钟的回响之中。

死亡率的另一高峰出现于欧洲和非洲以及最终和亚洲建立固定联系之后的几年中，美洲有数百万人口丧生。人口迁移是诱发战争、征服、新家庭形成，以及其他社会转变的始作俑者。同样重要的是，进行迁移的人类体内携带有微生物，而人类的船上则有各种动植物。事实上，16 世纪的生物群运动——阿尔弗雷德·克罗斯比称其为“哥伦布大交换”（Columbian Exchange）——在各种生物学尺度上均超越了之前的任何一次交换。[318] 西班牙领导的对加勒比海、墨西哥和秘鲁的社会征服，在 1490—1550 年造成了大面积的死亡和混乱，而疾病在整个半球的美洲印第安人口中继续进行毁灭性扩张。墨西哥关于人口下降的书面文献最为详细，根据文献，疾病和死亡的主要来源包括天花、斑疹伤寒、麻疹、流感、腮腺炎、百日咳以及腺鼠疫。[319] 这些疾病早已流行于欧洲和非洲，它们随着移民来到美洲，并在没有免疫力的人群中传播开来。类似的过程也在东半球传播疾病和其他生物群。有证据表明，梅毒在 1512 年到达日本：1511 年，在美洲直接或间接感染的葡萄牙水手将梅毒带到了马六甲。在葡萄牙征服马六甲时，一艘琉球商船恰好停泊在港口中。当这艘船抵达日本时，一些已经感染的水手将梅毒带上了岸。[320] 通过这样的过程，迁移冲突可能导致旧大陆部分地区人口减少。举一个时间上稍晚的例子，西伯利亚在 16 和 17 世纪经历了流行病和人口下降，因为俄罗斯商人、传教士、士兵和行政人员遍布这个地区。出于相同的原因，太平洋许多地区在 18 世纪也经历了人口下降。

16 和 17 世纪，从旧大陆传来的多重疾病（亚非和欧洲）在导致美洲人口急剧减少的同时，也使得美洲农业发展萎缩，直至美洲印第安人人口恢复和移民陆续到来共同作用，才使得总人口回升。美洲印第安人人口减少通过基因组数据从另一种渠道得以证实，证据表明，相关人口在 16 和 17 世纪下降了 50%。[321] 同样的逻辑本应延伸到旧大陆，换言之，研究人员倾向于认为只有新大陆的人口因疾病的全球传播而减少。对旧大陆部分地区进行与美洲初步研究相同的基因组测试，可以让我们了解旧大陆人口是否在哥伦布大交换时期也发生了下降。正如拉迪曼所说，在大致从 14 世纪持续至 18 世纪的小冰期中，位于 1650 年的人口最低点是由黑死病和哥伦布大交换共同造成的人口损失的结果。[322]

人类历史上的这些大流行病意味着什么？每个时代，人类的思想都分为适应现实世界和试图掌控世界走向两个方面。黑死病和美洲流行病向每个半球的人都强有力地证明了一点：人类并没有能力完全掌控自己的命运。这一信息不仅与试图控制整个世界的蒙古统治者有关，也与许多企图控制世界一小部分的统治者有关。致命病菌的灾难性传播可能由蒙古人在整个旧大陆扩大人类接触所导致，但生与死的细节要复杂得多。我们也许更为清晰地见证了人类系统和盖娅之间的互动与波动——这表明，人类改造自然界的计划将面临意想不到的限制。

陆地冲突：野心与战争

11—16 世纪，战争在这个冲突的时代有多严重？我们缺乏对人类社会暴力和战争程度的一致性衡量标准——至少在 20 世纪以前，在此之后，国家和国家统计数字更为具体，但真实性仍然令人怀疑。然而，对暴力和战争的分析依然是人类历史的一个重要课题，研究人员对记载与解释暴力和战争的各种方法进行了讨论。

我加入这场讨论主要是因为我意图探寻战争在社会进化过程中的地位——战争如何利用个体动机、群体动机，以及社会、商业制度之间及它们所处环境之间的相互作用。我将第二个千年早期视为饱受战争蹂躏的时代，并试图确认大屠杀的程度、后果和原因。不过，相互争斗的政权有时属于等级制度，而在网络之外，我称之为个别政权。在政权内部，我关注的是战士、商人和求知的学者（以及下级平民的反应）的野心，探寻个人情感如何与制度化的意识形态和社会结构的时代精神产生共鸣。为此，我发现有必要研究杰里米·布莱克（Jeremy Black）提出的“好战”（bellicosity）概念，这源于“跨文化变化的范式”，它以“每个国家都有一种独具特色的战略文化”为中心。[323] 我现在无法证实这样一种假设，即军队和君主制这样的社会制度能够引导生物情感之间的互动，或军事纪律制度的动力，或群体情感的宣泄，如好战。然而，我至少可以通过叙述中世纪冲突来说明，战争具有定位于多层次社会关系关键时刻的逻辑。由此可见，它在社会变革的过程中既是前因，又是后果。[324]

公元第二个千年早期是饱受战争蹂躏的时代。正如我所说，在这个气候变暖的年代，日益繁茂的植被为野心勃勃的战士提供了资源。他们的行动互相鼓励，又互相对抗。即使是中国，在这一时期也处于毁灭浪潮之中。960 年，新建立的宋朝征服了中国大部分地区，并建都于华北黄河河畔的汴京（今开封）。经过在北方边境地区一个多世纪的战争，宋被金驱逐出华北；1127 年，宋朝将其都城和档案南迁至杭州。后来，在蒙古军队灭金之后，蒙古人开始挑战南宋。他们从四面八方进攻，直至 1279 年南宋灭亡。再一次，都城和档案被转移到新首都北京。蒙古人建立的元朝统治了不到一个世纪，中国国内的一场农民起义使得明朝统治者于 1368 年掌权。战争结束后，胜利者将都城及重新整理的档案迁移到了南京。[325]

同样的征服浪潮也发生在北非——当时伊斯兰世界的中心地区。信奉不同伊斯兰教派的法蒂玛王朝（909—1187 年）、穆拉比特王朝（1062—1147 年）和穆瓦希德王朝（1147—1269 年）在北非和伊比利亚相互征伐。[326] 同一时期，塞尔柱突厥人建立了一个从伊朗到安纳托利亚的帝国（1037—1194 年）。欧洲的十字军开始了自己的征途，他们旨在收复基督教的圣地，并不时挑战塞尔柱突厥人。进一步的战争包括 1202—1204 年十字军攻占君士坦丁堡，以及 1229—1244 年欧洲人重新占领耶路撒冷。被逐出黎凡特的欧洲基督徒在伊比利亚和其他地中海地区与穆斯林陷入战争。尼罗河流域的基督徒在战斗中失利，随着阿拉伯移民从埃及进入尼罗河中部地区，他们遭遇了更大的失败，然而在埃塞俄比亚，阿比西尼亚政权在也门穆斯林的威胁下幸存下来，而且实力不断增强。[327]

罗希尔·巴伦兹（R. J. Barendse）对这一时期的情况进行了总结，提出了10—13世纪封建主义的“欧亚进程”这一理论。在这一进程中，战马的规模和力量得到了空前加强，而战争则是由地主主导的。在农民内部的“阶级斗争”中，地主们稳步地将独立的农民变为依附于自己的粮食生产者。巴伦兹认为，如此结果就是战争的扩大，以及从中亚、南亚到西欧广阔土地上的平民成为附属阶级（果真如此，还应该加上北非）。斯蒂芬·莫里略（Stephen Morillo）认为，地方多样性“没有战马革命，没有社会层面上战士统治扩张这种模式，也没有在900—1200年改变非洲-亚欧大陆农民的生产模式”，而且，这个时代不存在封建主义。[328] 这场发生于2003年的辩论并没有结果，但最近的数据往往倾向于支持巴伦兹关于非洲-亚欧大陆整体趋势，尤其是中世纪温暖期整体趋势的观点。对平民征收更多的税赋、圈占更多平民的土地，尤其发生在战争时期的奴役，以及可能发生的强迫性宗教皈依——这些措施很可能立即将大片地区的民众置于附属地位，继而引发民众暴动。因此，我在此重申一个观点，即存在帝国竞争和相互毁灭的持续性过程，它加速了上一个千年的相关进程。帝国从来都不稳定，他们几代人都没能发展出一个社会档案，以“繁殖”（复制）自己的统治。

13世纪早期的战争造就了三个主要的帝国——德里苏丹国、西非的马里以及蒙古帝国。印度北部的德里苏丹国源于1206年操波斯语的突厥战士的入侵，这是一个建立在加兹尼王朝废墟之上的国家。新的苏丹国迅速在印度河和恒河流域建立起伊斯兰国家统治。德里苏丹国在1223年击退了成吉思汗本人的入侵，后来遭受蒙古军队的多次进攻，但这些入侵都没有成功。与此同时，马里帝国崛起于西非大草原：大约在1230年，年轻的松迪亚塔·凯塔召集盟友挑战索索这一地区霸主。凭借骑兵，辅以弓箭手和持剑步兵，松迪亚塔的军队在一年内战胜了索索。王朝的疆域横跨尼日尔河流域1500千米的草原，这是一个广阔的商业网络，同时也是旧大陆主要的黄金来源。

成吉思汗的崛起和他对草原民族的统一，导致了直至其 1227 年去世的大规模征服行动。在西方，成吉思汗攻击并摧毁了新近建立的花剌子模帝国；在南方，他击败了女真人的金。在这个统治着大约 2 亿臣民的帝国里，蒙古人的人口从未超过 70 万。皇室，以及高级官员和将军——早期以成吉思汗四个最年长的儿子为中心分为四个派系——都是来自蒙古人的精英，他们首先在相互争斗的部落之间建立起了统一的军事机器。狄宇宙（Nicola di Cosmo）最近的研究证明了环境因素在蒙古人崛起过程中的重要性：长期寒冷干燥的天气限制了蒙古的扩张，而随后出现了一段快速升温时期，牧场得以扩大，马匹得以繁衍，蒙古骑兵因此更加强大，能够进行远距离作战。四个相互竞争的蒙古国家以新做法代替旧做法：他们把成吉思汗的领土扩大了一倍，而且在西至立陶宛和美索不达米亚、东达爪哇和朝鲜的广阔土地上掀起了宗教、行政和文化方面的洲际接触。[329]

战争不仅有其自身的内在动力，而且与商业也有积极和消极两种互动。军队（制度化军事力量中相互分离的群我群体）和商业网络（非官方商业联系中重叠的自我群体）并不完全契合。珍妮特·阿布-卢格霍德（Janet Abu-Lughod）在她对于亚欧商业的经典研究中，展示了商业如何在战争间歇期重开，又如何在战火重燃时关闭。她将 13 世纪末看作整个非洲-亚欧大陆繁荣和商业连接的时期，这得益于温暖的气候和专制的和平。[330] 她针对的时间段是 1250—1350 年，特别是 1300 年，这很好地描述了中世纪温暖期末期乐观而又野心勃勃的扩张行动。她追踪了丝绸、胡椒、香料、白银、黄金、钻石、珍珠、翡翠、毛皮、纺织品、瓷器、茶叶、糖、小麦、马和牛的半球内流动；贝壳可能与白银一道承担了货币职能。然而，在她为期一个世纪的研究时段内，前 30 年却被蒙古人发动的毁灭宋朝的残酷战争占据了。在西方，法蒂玛王朝和奥斯曼帝国限制了以威尼斯和热那亚为起点的东向贸易航程，因此，地中海与东方的联系只剩下从威尼斯经亚历山大的几条贸易路线。[331] 阿布-卢格霍德强调，她所描述的13世纪世界体系不同于伊曼纽尔·沃勒斯坦（Immanuel Wallerstein）提出的17世纪世界体系。她展示了在敌对行动结束后相对较短的时间里，非洲-亚欧大陆通过陆路和海路重新开放商业网络的迅速程度。[332] 然而，种种混乱——蒙古征服、蒙古帝国继承战争、帝国边缘的战争和大流行病——表明，13世纪世界体系的成功是偶发的，相对来说是短暂的。战士们利用他们的战利品和税收扰乱了商人的市场。

结合其他对战争、商业和社会变化的解释来看，没有一种解释能够满足冲突时代的需要。有关平民生活，布鲁斯·坎贝尔对于欧洲疾病和气候的分析显示出长期存在、有时是突然加剧的波动。但是，由于这个复杂课题中主题、范围和时间框架的多变性，多重分析视角是不可避免的。在三大洲中城镇居民方面——积极参与治理、商业、慈善和军事——马尔滕·普拉克（Maarten Prak）强调这些制度即使在困难时期也能保持稳定。对于意大利城镇，巴斯·范·巴维尔认为，民众暴动的成功带来了平等，让经济和制度得以发展，虽然后来也导致了不平等和社会僵化等后果。[333] 所有这些例子表明，虽然有大量证据证明在公元第二个千年早期发生了激烈的战争，但要将战争与平民的社会福利联系起来并不容易。[334]

随着社会规模进一步扩大，学者和官僚——有可能从征服后的繁荣中获益的精英——可能会在下一场战争中失去一切。公元第一个千年，佛教神学制度中已经形成了大学制度，虽然其没能在伊斯兰征服中幸存下来。后来的伊斯兰教大学,如非斯（Fez）的卡鲁因大学（al-Qayrawiyin），侧重于神学和法律；从博洛尼亚大学开始的基督教大学后来在神学和法律之后增加了医学。在这些脆弱的机构中，最常见的情况是学者通过个人学习和私人交流探索了许多相互重叠的问题。偶尔也会有人试图将知识制度化，尤其是天文学。蒙古首领旭烈兀摧毁了以巴格达为中心的阿拔斯帝国，于1258年建立了伊儿汗国。此后他立即采取行动，任用著名天文学家图西，让他在伊朗西北部的马拉盖领导建造一座天文台。天文台聚集了大量工作人员，收集了大量书籍，它的观测记录得到了广泛传播——这座天文台大约存在了一个世纪。[335]

在随后的战争中，四个蒙古人国家中的两个——元朝和伊儿汗国——在1350年左右灭亡。另外两个蒙古政权——察合台汗国和金帐汗国（分别位于中亚和西北亚），幸存下来，因为二者发生了实质上的重组。是当时的黑死病导致了人口最多的两个蒙古政权垮台吗？或者，蒙古人是否已经制造了足够多的敌人和冲突来颠覆自己的帝国？1350年后，蒙古时代的文化交流结束了吗？近期的研究对最后一个问题给出了明确答案：虽然亚欧大陆再也没有这样的国家，但蒙古的治理模式、商业模式和知识交流模式在其后几个世纪的时间里为亚欧大陆上的后继者所再现。蒙古人自己在较原来规模更大的社会中仍然是精英，他们还在东方的大草原上掌控着自己的家园。位于伊朗以及从伏尔加河流域到黑海的金帐汗国领地，特别是中亚的察合台汗国领地，与蒙古政权有着密切联系的突厥人都占有重要地位。蒙古政权边缘地区的领土都通过朝贡关系进行了重组，就像立陶宛、莫斯科和朝鲜一样。马匹和马背生活仍然是政府和战争的核心：所有地区的马匹数量都在增加，如此可以满足战争和皇室展示之用。[336]

两个主要继承者大约出现于1370年。在中国，一场农民起义的领袖宣布建立明朝，他发誓要废除一切蒙古的做法。然而，后来的统治者采用了前朝的许多行政结构设计和做法。有一段时间，这个王朝鼓励海上贸易和航海，但后来又撤回北方修建长城，与草原民族作战。[337] 在西边的察合台汗国，帖木儿埃米尔夺取了军队的控制权，建立了一个定都于撒马尔罕，领土包含整个波斯和西方大片土地的新国家。他熟练地运用由炮兵、骑兵、步兵和弓箭手组成的混编军队，更专注于摧毁敌人，而不是夺取他们的土地。他占领了波斯，控制了莫斯科，在1396年通过占领著名的商业中心萨莱，使得金帐汗国分崩离析。后来，他又摧毁了阿勒颇、大马士革、巴格达、德里和安卡拉。帖木儿于1405年去世，他的继任者们统治着越来越小的土地，直至1550年。

在这里，让我们停下来思考一下11—14世纪非洲-亚欧大陆社会中更加广泛的战争问题。在本书中，我试图找到生物学与社会结构之间缺失的一环的具体细节。也就是说，我认为，由生物学意义上祖先而来的个人情感，可以在制度和网络的群体氛围中得到加强和转化。我意图探究，第二个千年初期的温暖条件是否加强了个体的雄心，继而助长了战士及其领袖的雄心和好战性，从而使更广泛的、以控制为野心的时代精神蔓延到全世界的社会制度中，鼓励战争和等级制政府，此外还伴随着个体和群体的野心、贪婪和统治欲。杰里米·布莱克有关不同社会“好战”文化的认识，对于研究群体参战和战斗的积极性是有价值的。[338]也就是说，好战可以被看作这个时期非洲-亚欧大陆的时代精神。因此，这个概念可能有助于理解生物学和社会进化层面的战争。正如我在第六章中所说的，时代精神在历史上的作用是，领导制度的性质与动力——例如，早期的农业和手工业劳动——有利于某些动机。[339]在所有得到生物学意义上支持的情感和动机中，某些观点得到了社会制度的强化。反馈将制度行为与个人动机和观点联系起来，由此可能会导致一种流行的观点或意识形态——一种时代精神。然而，这种普遍的观点肯定会在某些方面导致分歧，也可能导致损害社会利益的结果。[340]1000—1600年，随着人类社会的大规模扩张，大陆内部和大陆之间陆地和海洋移民的规模也在不断扩大。[341]简而言之，全球互动带来了对于权力、财富和知识的梦想，但也导致了社会内部的冲突和灾难，以及与盖娅之间的艰难互动。

此外，我认为，在公元第二个千年早期，群体层面的野心不仅旨在取代敌对王朝，而且还试图让普通民众服从精英的意愿。征收重税、征兵参战、授予贵族土地、奴役、性别剥削和压迫一些少数民族都是施加附属关系的手段。在某种程度上，平民适应了不断加重的压力。他们也以各种方式进行反击，如农民起义、奴隶暴动和诉诸法律等。[342] 早期的大型宗教制度有时有足够的权力约束精英，并为平民提供支持。但在公元第二个千年，宗教已经与国家和统治精英的权柄紧密联系在一起。因此，在这个冲突的时代，宗教更多的是鼓励战争，而不是限制战争。

有关第二个千年早期的野心、战争和时代精神等问题的更多观察，我们可以参考伊本·赫勒敦（Ibn Khaldun，1332—1406 年）的著作，他也许是那个时代最杰出的观察家，同时也是一位深受苏菲派教法影响的穆斯林。[343] 在他的故乡北非，帝国在 4 个世纪里接连崛起、衰落、相互毁灭。这些帝国虽然在当时很强大，但几乎都没有留下什么遗产。伊本·赫勒敦挑战世袭制度，推崇早期君主的周期循环，后者体现出对纪律和法律的依赖，而摒弃了会导致亡国的奢侈贪婪统治。他论述的是制度结构，而不仅仅是统治者的性格。[344] 在他人生的最后几年，伊本·赫勒敦亲身经历了帝国危机。他居住在马穆鲁克统治下的开罗，1400—1401 年帖木儿围攻该城时，他被派往大马士革。帖木儿知道这位学者的名声，于是与伊本·赫勒敦进行交谈——后者的回忆录显示，他们的交谈涉及范围很广，但伊本·赫勒敦在表达他对于帝国政治的看法时很谨慎，他赞扬了帖木儿，最后获准返回开罗。[345] 帖木儿毁灭了大马士革，就像他摧毁德里、巴格达、萨莱和安卡拉一样。然而，在他去世后不到一个世纪的时间里，他的帝国衰落了，随后被萨菲帝国征服。同时，伊本·赫勒敦的分析以及他对于自己和帖木儿交谈的叙述，却作为对有缺陷的政治秩序的批判而流传至今。

约翰·达尔文（John Darwin）回溯了蒙古帝国和帖木儿帝国灭亡后的帝国历史，证明了好战这一特性的持续。帝国进行了大规模扩张——奥斯曼、明朝、伊比利亚、萨菲、莫卧儿和桑海——在15世纪和16世纪新取得了大片领土，但却未能建立起持久的统治。[346]经过一个世纪的整合，德里苏丹国短暂地将统治拓展至印度南部，然而最终却被穆斯林和印度教徒的军队赶回了北方。在这一时期，突厥和非洲人，以奴隶或自由人的身份被带到南亚，作为战士参与各种战争。与此同时，在遥远的西方，欧洲的国家和宗教制度扩大，国家君主政体兴起，然而，自然灾害持续不断，即使是16世纪文艺复兴时期的意大利，也不得不面对这一时期反复出现的困难。[347]亚欧帝国无法触及的非洲，却与地中海和印度洋的商业联系在一起，在大湖地区、马拉维、津巴布韦、刚果，以及从约鲁巴到阿坎的西非沿海地区出现了国家。在美洲，虽然原住民们远离蒙古人，但他们在14—15世纪也经历了国家的大幅扩张。[348]

海洋冲突：七海相遇

当军队行进于荒原，当平民被困墙后，当农民耕种土地，当工匠制造物品，船上的水手们（大部分是男性）也在驾船航行。海洋生活的传统可以追溯至人类最早从事运输的时期，其在第二个千年早期迅速发展，发生了翻天覆地的变化。为了研究海洋变化，我特别借鉴了林肯·佩恩（Lincoln Paine）的最新著作，他对于人类历史上的海洋生活进行了全面而持续的描述。[349]佩恩强调海洋之间的联系和共同点，在克服传统海洋历史书写孤立区域和分割时间段等缺点方面取得了长足进步。水手们既不是作为军队，也不是作为个人行动，他们作为船只（通常很小）的一部分，接受船长的领导。船长通常会得到水手们的支持——这是一种忠诚与恐惧的混合产物——因此，当航海者与其他船只或港口的人相遇时，实际上是小群体的相遇，而不是个体的相遇。[350]

人类的生存要求陆地和海洋保持持续的平衡。人类最初对非洲以外大陆的占领在很大程度上依赖航运，而人类的捕鱼技能起步也很早，尽管后来农业和家畜给陆地带来了优势。在公元前的最后三个千年发生了几次彼此独立的船舶改进，岛屿和水边地区因此再次变得人口稠密。地中海和印度洋成为最适合航行、最国际化的海域，远近船只纵横交错的悠久传统也开始扩展到日益兴旺的贸易领域。如果说陆地历史体现出政治和贸易的循环，那么海洋历史则着重强调技术和交流的长期发展。[351] 事实上，在人类历史的发展过程中，海陆两方实质上是相连的。

虽然伊比利亚人的航海壮举是这一海洋历史的中心，不过，要重点关注他们 11—15 世纪的这段海洋前史。印度洋连接着东西水域，维系着一个巨大的商业网络。三佛齐和朱罗在 11 世纪开始对抗和交战，而至 13 世纪，两者都衰落了。[352] 同样兴旺的贸易也发生在中国、日本、朝鲜和琉球群岛之间，以及东印度群岛和南太平洋海域，特别是香料群岛，其可能与波利尼西亚人的航海有关。1283—1305 年，阿拉贡海军上将劳里亚的罗杰因在地中海桨帆船海战中的战绩而扬名天下。在同一世纪，蒙古人发动了大规模的海上侵略，其中包括两次对日本不成功的入侵、击败宋朝海军，以及占领安南和占婆，他们还曾短暂地占领过爪哇。此后，满者伯夷崛起于东爪哇岛，并主导东南亚贸易直至 15 世纪。威尼斯和热那亚一直是地中海和黑海水域的海上强国，它们的势力偶尔也会延伸至大西洋和红海；1277 年，第一支来自热那亚的商船队到达了北海的布鲁日。汉萨同盟在 13—14 世纪的波罗的海贸易中占据优势地位；捕鱼航线从西欧海岸延伸至冰岛和格陵兰，之后则抵达大浅滩。商业行会也兴起于这一时期，这些机构代表着欧洲商业中心的长途贸易经营者群体——直至商业行会自身于 17 和 18 世纪衰落。[353]

白银和其他货币的广泛流通，使海上远航进一步发展，扩大了商品贸易。与此同时，远航也扩大了生产要素交换：建立一个劳动力市场，尤其是通过奴役和雇佣劳动；通过购买和征用获得土地，以及通过集资为航行提供资金。[354] 在长途海运贸易中，最具价值的商品是纺织品、奴隶、贵金属和香料。纺织品是推动世界经济发展的核心商品。每个地区都有自己特产的纺织品，而最负盛名的纺织品则可以从一个地区流向另一个地区：棉花，特别是来自印度的；丝绸，特别是来自中国的；亚麻布，特别是来自西亚的；羊毛，特别是来自欧洲和南亚的。[355] 这些纺织品——手工纺纱和编织、染色和彩绘，以及其他装饰——是最有价值的贸易商品。新形成的全球经济的下一个关键因素是奴隶制，它从 14 世纪开始稳步发展。长期以来，地中海和西亚拥有发展最为成熟的奴隶制度，随着不断扩张的奥斯曼帝国在黑海以北和以西地区俘虏了大量人口，奴隶制度也在其本土逐步深化。[356] 奴役也在印度洋地区、东北亚和后来的大西洋世界发展起来。全球经济的第三个关键因素是贵金属——黄金和白银。可获得的白银产量往往是黄金产量的 10 倍左右，而黄金价格长期以来是同等重量白银价格的 16 倍。然而 10—16 世纪，旧大陆的贵金属供应尤其依赖撒哈拉以南非洲的黄金。商人们还从亚洲和非洲热带地区寻找香料，并从亚洲各地的生产者那里购买瓷器。

15 世纪第一位伟大的航海领袖是明朝的郑和，他奉永乐皇帝之命，率领船队进入印度洋。1403—1433 年，郑和领导了 7 次远航：他指挥船队远赴印度、阿拉伯和东非。有多达 350 艘船和数万船员参加这一系列独一无二的海上巡游。郑和远航遵循的是几个世纪前商人们所绘制的地图，这些航线在很大程度上体现出伊斯兰教的元素。然而，明帝国的航海活动在 1435 年戛然而止，新皇帝将中国的亚洲腹地放在更为优先的地位。尽管如此，中国的私商仍然游行于海上。

那个时代阿拉伯半岛最著名的航海家是出生在阿曼的艾哈迈德·伊本·马吉德（Ahmad Ibn Majid，约 1432—约 1500 年）。他不仅是一位船长，更是一位航海家：他撰写了 40 部长短不一的著作，包括一首关于海上生活的长诗，感叹身为航海家不得不远离家人。15 世纪 90 年代，他完成了著作《航海原则和规则实用信息手册》，这是一本关于在印度洋和红海航行的原则和知识汇编——如何以及何时利用季风、其他风、补给港和避风港。[357]

在非洲–亚欧大陆西端，出于显然不同的原因，葡萄牙王室在 15 世纪中期开始支持远洋航行。伊比利亚半岛上的基督教王国在对抗伊斯兰国家的战争中越来越成功，它们还将领土和商业活动推进到半岛边界之外。在一项令人瞩目的技术进步中，葡萄牙水手和犹太数学家合作开发了在海上测量经纬度的优化方法：将三角函数计算表格与水手们用星盘观测太阳和月亮联系起来。葡萄牙和热那亚水手们驾船航行在艰险的南大西洋，绘制了巴西、非洲沿岸和印度洋的精确海图。[358] 有了这种在海洋航行方面的合作，我们可以认为，海洋网络的第一项制度已经确立。[359]

克里斯托弗·哥伦布出生于热那亚，他的航海经验来自北向航行至爱尔兰，以及驾驶葡萄牙船只南向航行到达新开放的西非黄金贸易中心埃尔米纳的经历。他广泛阅读了地理和航海方面的书籍，得出结论，认为向西航行、横渡大西洋到达亚洲是可行的。航海家们都认为地球是球形的，但每个人对地球大小的估计各不相同。哥伦布把地球估计得太小了，因此认为从欧洲向西航行很容易到达亚洲。这究竟是一厢情愿、故意歪曲，还是简单的错误，目前尚不清楚。无论如何，在第一次向西航行时，哥伦布先向南到达了加那利群岛，之后径直向西，在西边，他遇到并调查了几个加勒比岛屿。[360] 巴托洛缪·迪亚士沿着非洲海岸一路航行至非洲的最南端，并于 1487 年到达印度洋，之后他便返航回到家乡。在之后的 1497—1498 年，瓦斯科·达·伽马驾船前往印度：他先航行至大西洋西部深处（为了获得更有利的风），之后向南，再向东沿着纬线驶向好望角，进入印度洋；他之后从肯尼亚海岸的马林迪向东北航行至卡利卡特。[361]

海洋航行的相关记录表明，每一片海洋都有自己的特点：它的风和洋流，它的航行条件，它的暴雨节气，它的群岛，它的良港和令人生畏的海岸。1519 年，当费迪南德·麦哲伦的船队驶入东南太平洋时，他宣称这是一篇平和的广阔海域。然而事实上，这片覆盖了地球表面积 1/3 的大洋远非平和，其赤道附近海域的天气和风暴往往变化无常。不过，这一区域的确有人居住：几乎所有岛屿在公元 1000 年前就被人类开拓定居了。在波涛汹涌的海面上，水手们发明了两种方法来保证船只的稳固性：南太平洋群岛三角帆船的浮架或舷外浮体，以及中国帆船的水密舱室。中国南海通过苏门答腊南北海域直接与印度洋相连。除了季风之间的暴风雨外，印度洋相对平静。大西洋总是波涛汹涌：作为唯一需要从大西洋海岸起航前往公海的人群，欧洲人必须学会建造坚固的船只。

新航线以海洋为“基石”，将旧大陆已有航线组成的宏大网络进行了整合连接。截至 1580 年，世界上大多数陆上和海上贸易路线已经存在了一段时间。[362] 原有航线将继续负担大部分货物的运输任务，但由伊比利亚船只首次开拓的新航线完善了全球海上贸易网络，使每个地区都能与其他地区联系起来。海上航行的拓展使得原来彼此不曾知晓的人们开始相遇，而这种相遇的经历在每一代都会得到更新。在印度洋和东印度群岛，欧洲船只到访了大多数港口，并与当地船主展开竞争；同时，很少有欧洲船只敢于进入中国南海。欧洲人垄断了大西洋和横跨太平洋的长途航运，并从这些航线中获利颇丰。

进行与海洋有关的劳动的人基本上是水手、造船工人和负责装卸货物的工人。然而，扣押、贩运和剥削受奴役工人日益成为海上贸易的核心元素。在需要完成繁重工作的主要贸易路线上——或者为满足一夜暴富者炫耀性消费的需求——年轻男女们被冒险者抓获，卖给商人，而商人则会把他们送到劳动力短缺的地区。15 世纪和 16 世纪，有较高劳动力需求的地区包括大西洋和加勒比群岛、伊比利亚半岛、意大利、也门、古吉拉特、孟加拉、马六甲海峡地区和爪哇岛。被带到这些地区的俘虏来自西非、中非、北非、东非、印度南部、孟加拉和印度尼西亚群岛。购买虏获者的商人和种植园主让这些男女从事农业和手工劳动，但他们也通过让儿童或成年人充任家仆，或择选女性做小妾来炫耀自己的财富。例如，16 世纪埃塞俄比亚基督教王国与阿达尔伊斯兰苏丹国的战争产生了大量俘虏，他们中的大部分被送到了南亚的旁遮普邦和古吉拉特邦地区。随着战争的结束，运往南亚的俘虏数量减少了。[363]

与全球贸易的联系打开了西非和整个美洲的海岸。与中国和印度的联系扩大了，欧洲、西非和美洲之间也有了新的接触。太平洋西岸的大型船只和赤道群岛的小型船只继续繁忙地来往于太平洋上，西班牙细长的船只和重要航线则把美洲也纳入了太平洋地区的关系网中。参与这些航行的人会组织船队，他们的规模很少超过几百人，然而 3 个世纪以来海上迁移的累积效应对世界产生了深刻影响。两三个世纪后，全球海上联系带来的冲击逐渐平息，新的洲际联系体系进入了扩张期。

世纪更替，帝国的缔造者们都在寻求创立新的世界秩序。在这种秩序中，他们将利用现有技术和社会创新来追求达成扩张主义目标。大多数情况下，皇帝们很快就会遭遇令人懊恼的挫折，他们的政权也会被取代。技术确实改变了所有人：至 16 世纪，火药的广泛使用使得步兵数量增加而骑兵数量减少，火炮的发展让城墙几乎过时；海军的发展，尤其是船载炮兵的进步，使得海上力量越来越重要。尽管如此，马匹和大象在战争和帝国统治中仍然占有重要地位。[364]

社会秩序的变化集中于殖民地的扩张，尤其是海外殖民地。在蒙古帝国，几乎所有边远地区都可以被视为政府直接管辖下的殖民地，直到忽必烈尝试把帝国的重心转移至中国的汉族聚居区。14 世纪，帖木儿帝国、金帐汗国、明朝和桑海帝国，这些蒙古帝国的“继承者们”为贸易的扩大奠定了基础。16 世纪崛起的帝国——奥斯曼帝国、萨菲帝国、莫卧儿帝国、俄国、西班牙和葡萄牙——可以被认为在陆地和海洋两个方向拓展了蒙古模式，控制了比 3 个世纪前蒙古人征服领土更广阔的疆域。也就是说，以前从未有如此多的人口被来自遥远首都的政府控制，政府会从这些地区赚取税收和商业利润。

世界的再现

我认为，新兴全球互联给人类社会所带来的创伤，与它所带来的兴奋与机遇一样多。因此，我们必须探究全球冲突所带来的精神与时代影响。从多个角度看，人们对人与神、人与命运、个人意志与全球结构、权威知识与自身经验之间关系的既定认识遭遇了挑战。美洲和旧大陆的联系带来了一场壮观的世界再现的重组，然而我认为，哥伦布远航以及随之而来的哥伦布大交换并不是全部。它们应该被视为理解世界的更广泛的一系列转变的隐喻。[365] 许多其他因素扰乱了旧认识，包括：无情的战争；商业的扩张；文字文化和精英权力的扩张；平民的从属地位；流行病；不熟悉的动植物的传播；精神上的新视角；地理、宇宙学、人口和实践的新认知。

这些都是自然秩序、社会秩序和知识体系偏离中心与迷失方向的变化。冲突时代的许多事件和思想可以被解释为对这些变化的反应。通过叛乱行动和适应过程，平民对他们通常感到不满的境况做出反应。宗教改革者注意到，宗教等级制度在运作中忽视了普通人，他们由此发展出其他方法来帮助穷人。亚西西的方济各（Francis of Assisi，1182—1226 年）和道明 · 古斯曼（Dominic Guzman，约

1170—1221 年）立誓贫穷，并制定了与穷人合作的天主教宗教秩序。在每一个主要宗教中，神秘主义实践在这个时代都得到了长足发展，因为平民希望获得更多与上帝进行私人沟通的机会，或是希望绕过牧师和乌理玛寻求救赎与涅槃。佛教中的禅宗在 12 世纪传入日本，该派别重视个人冥想。犹太教神秘主义起源于 12 世纪的卡巴拉运动。苏菲派在伊斯兰教中获得了巨大的影响力，尤其是学者安萨里（al-Ghazali，1058—1111 年）写了一篇为苏菲派辩护的文章，使得这种日益流行的做法在神学上更具可信性。

强大的宗教势力在这一时期崛起，但大多数主要宗教内部都存在着教义和社会分裂。拜占庭帝国维持了东正教信仰；神圣罗马帝国和天主教教廷建立起了复杂的联盟；奥斯曼帝国宣称在伊斯兰教逊尼派中居领导地位；毗阇耶那伽罗帝国在 14 世纪崛起为一个强大的印度教帝国，并与印度的伊斯兰教势力展开对抗。然而，酝酿数个世纪的分裂是激烈的，往往具有毁灭性。随着萨菲帝国在 1500 年突然崛起，什叶派中的十二伊玛目派在波斯建立起了国家政权。这是一个吸收了苏菲派和什叶派异见者的复杂组合，确立了新一代的什叶派精英。这一崛起的结果包括数百年来与逊尼派奥斯曼人的对抗，以及对印度、中亚、西亚，乃至非洲日益壮大的什叶派社区网络的支持。1517 年，马丁·路德对天主教贩卖赎罪券的批判，导致人们放弃神职身份、对识字能力给予极大关注、欧洲一个多世纪的宗教战争，以及富有竞争力的福音派运动。此外，随着东南亚大陆上三个主要君主国家在 13 世纪崩溃，上座部佛教取代了原来印度教与大乘佛教的混合体。在所有有文字的宗教传统中，这个时代的学者都调查了自己这一信仰的创始文献，以此确定它们的意义在随后几个世纪中是否已经丧失或扭曲。

在邻近社区生活的居民持有不同信仰，宗教宽容问题再次显现。简单的礼貌和宽容是一种方法。另一方面，这种宽容时常导致对自身宗教原则的违反。结果，每一块大陆上的宗教宽容问题几乎都没有通过简单的缔造和平的方式加以解决。相反，这激起了每个宗教为了维护自身最珍贵的原则而进行的狂热斗争。莫卧儿皇帝阿克巴（1542—1605 年）以另一种方式寻求和解。在统治早期，他成功推行积极的征服政策，随后他从战争转向和平与虔诚，这与 18 个世纪前的阿育王如出一辙。然而，在阿育王弘扬佛法的地方，阿克巴主持了几大宗教代表之间的对话，强调一个宽容的伊斯兰教可以协调各方，最终引领国家走向胜利。宽容政策在阿克巴身后并没有持续多久。在半球范围内，人们可以通过这样一个角度对东西方进行对比，即东方宗教具有多样性与重叠性，而西方更趋向单一宗教在每一地区的主导地位。

或许令人感到惊讶的是，在这个冲突的时代，几乎没有谁努力去开发新的宗教。主要的例外是锡克教，它在约 1500 年兴起于印度北部，创始者是古鲁那纳克，他最初以综合伊斯兰教和印度教的混合教义而获得追随者。尽管受到迫害，但锡克教还是存活下来，不过其规模并没有达到 13 个世纪前摩尼教（其教义借鉴了佛陀、琐罗亚斯德和耶稣的思想）的那种程度。在另外一些情况下，社区从一种宗教信仰皈依到另一种宗教信仰之下，因为人们希望在宗教实践与世俗经验变化之间获得更大的一致性。对于每个大陆的流行宗教而言，我们几乎没有直接的资料。然而，我们通过促使人们皈依的努力了解社区，例如伊斯兰教在非洲和东南亚的传播、东正教在西伯利亚的传播，以及天主教在美洲和非洲的传播。

世界作为一个球体的概念逐渐牢固地确立起来。麦哲伦设想的航行计划将确定地球的尺寸。他于 1519 年出发，而且确实环游了世界：虽然他死于菲律宾宿务的冲突，但他在 1511 年曾从那里向东航行至马鲁古群岛。[366] 在另一个确定地球为球体的实践中，北京的耶稣会士制造了一个直径 70 厘米、标有中文的地球仪：他们于 1623 年将其呈献给明朝皇帝，明确指出地球是一个球体。[367] 这件礼物与约 350

年前波斯学者札马鲁丁进献给蒙古皇帝蒙哥的地球仪有相似之处。一个很大的区别是，耶稣会士的地球仪包括美洲，而波斯地球仪必定没有这块大陆，否则其在很大程度上只能是猜测。[368] 马基雅维利和历史学家圭恰迪尼这两位佛罗伦萨知识分子，在是回到古典时期，还是将目光投向更广阔的世界，以此去获得理解世界的灵感这一问题上分道扬镳。[369]

至于这个时代出现的新知识，我们现在称之为自然科学，以前的解释正在发生一些变化。长期以来，欧洲学者认为自然科学是在一场“科学革命”中突然出现的，这场革命从 16 世纪的哥白尼一直持续到 17 世纪的牛顿。然而，科学史学者最近正在以更广泛和互动的方式来研究 1000—1600 年的科学知识。[370] 长期来看，学习的周期性波动可能导致科学知识的数量、质量和地域传播在长时段上增长趋缓，但在变革速率上加速。[371] 也就是说，17 世纪并不存在这样一个知识积累的剧烈拐点，知识开始发展可能没有一个拐点，因为知识积累在之前和之后的世纪都持续存在。另一方面，提出这种连续性假设，可以让我们把注意力集中在这样一个相关问题上：科学知识的中心，伴随着翻译活动，是如何以及为什么随着时间而发生地理上的转移。因此，9 世纪阿拔斯时期的阿拉伯语翻译活动——著作来源于希腊语、拉丁语、梵语和叙利亚语地区——使得阿拉伯语一度成为学术界的主要语言。[372] 蒙古时代带来了 13—14 世纪的波斯语翻译和从波斯语到汉语的翻译，之后则扩大到从阿拉伯语到希伯来语的翻译。随后，13—15 世纪，地中海西部蓬勃的运动促进了阿拉伯语、拉丁语和希伯来语的翻译工作，随着拜占庭帝国的衰落，从希腊语到拉丁语的翻译也随之跟进。在这一时期，方言作为科学分析的工具在欧洲发展起来，在奥斯曼、波斯、中国和日本也是如此。在今天，科学出版物是全球性的，尤其是英语出版物；它们遍布全球各地，但在少数几个学术中心最为强力。如何解释科学话语从一个中心到另一个中心，从一个国家或科学群体到另一个中心的周期性改变？这种改变与科学知识的总体增长有什么联系？

我把 16 世纪作为 1000—1600 年这 6 个世纪时间段的结束，而不是将其视作 1500—2000 年这 5 个世纪时间段的开始。从公元 1000 年起，人类凭借如此力量发挥了自身的能动作用，从而开启了新事业，这些事业不仅改变了人类秩序，而且在同等程度上动摇了自然环境。从 9 世纪开始，气候变暖和社会繁荣鼓励人们展现自己的雄心壮志，尤其是那些处于精英地位的人。对帝国统治的渴望导致了进攻和征服。大多数新生帝国都是在前代帝国的废墟上建立起来的。所有这一切都带来了破坏，还有积累。欧洲是独特的，也是幸运的，因为没有一个政权能够控制整个次大陆。社会上的人们被征募或奴役，在战争中效力，他们失去了田地和城镇。逃避战争的行为带来了更多移民和新的破坏周期，分散了这个星球上的家庭和文化习俗，给一些人带来财富，同时给大多数人带来不幸，以及总体人口的下降。

同样，人类能量的爆发也引发了盖娅的变化。人类往来于陆地和海洋——比如寻找黄金、白银、玉石和珍珠——激发了人类的雄心壮志，带来了生物群和矿物的交换。植物、动物和微生物来到遥远的大陆。肆虐的疾病不仅攻击人类，也袭击畜群和农作物；新来物种则排挤原有物种。随着人口的减少，无论是由于战争还是疾病，农田和畜群的规模都在缩小，温室气体的排放量因此下降，继而拉低了气温。负面反馈从 1250 年一直持续到 17 世纪；直到 17 世纪 60 年代，北半球的平均气温才越过低点开始回升。然而，随着战争和疾病的发展而波动的商业网络，却从新技术和更大的投资中获益。商人们继续拓展纺织品和奴隶贸易，同时扩大对贵金属和钱币的搜罗。随着政治秩序和气候规律的变化，贸易路线在人口下降的情况下得到拓展，并在 1500 年后很快成为一个完全全球化的商业体系。新旧知识形式以最不平等的方式发展，但规模比以前更大。战争、疾病、移民、商业和知识的激烈碰撞，促使人类重新认识世界。虽然宗教和哲学的冲突早就出现了，决裂却开始于这个时代。宽容不及敌视，独立的信仰掩藏在权力之下。总而言之，1600 年的世界似乎比 1000 年的世界要小——更易通航，但更危险。

不过，我强调 16 世纪与之前几个世纪之间的连续性，也只能到这个程度了：这个世纪和其他任何一个世纪一样，带来了独特而非凡的变化。三个变化同时开始，同时到达顶峰。全球海上贸易的扩张是其中之一。其二是火药和火炮在战争中的大规模运用，尤其是在“火药帝国”崛起的过程中，奥斯曼人、萨菲人和莫卧儿人通过火枪和火炮建立了伟大的帝国，结束了城墙时代，降低了骑兵的重要性。其三，也可能是最重要的一点，即宗教信仰的重大变革浪潮——基督教内部天主教和新教的分裂，伊斯兰教内部什叶派崛起，对抗逊尼派，还有东正教内部的分裂，上座部佛教和大乘佛教之间的分歧，此外还有天主教和伊斯兰教中苏菲派的传教扩张——大部分都发生在 16 世纪。

第八章　从全球网络到资本主义

至 17 世纪，冲突与收缩的时代已经过去，因此，人类系统——现在被更紧地束缚着——又回到了人口和经济产出的增长阶段。在本章中，我们将探讨 1600—1800 年世界各地的经济、社会和文化变革，重点则是两波连续的经济变革。第一波变革由 17 世纪世界各地的经济进取和创新所引领，建立在 13—16 世纪形成的全球经济网络之上。每一个从上个时代各种冲突中恢复过来的地区，都在利用自身资源和区域间联系提高其在全球贸易中的地位。第二波变革是资本主义的兴起，这是一套由财富拥有者主导的制度，他们会设法对主要国家产生重要影响。他们通过战争与和平维系富人之间和国家政府之间的联盟，使得西北欧的经济领导者们能够在全球经济中获得不断扩大的影响力。有关这两步假设的论证尚未完成，不过，新数据的稳定组合也许很快就会对其进行明确检验。本章最后指出了这两波经济变革的文化和政治含义。

17 世纪的区域变化

商业和生产组织开展了全球经济网络的交流。分散于世界各地的贸易长期存在，并且继续蓬勃发展：家庭和家族群体在不同的商业中心派驻成员，以便促进它们之间的贸易。[373] 国家掌控的商业贸易——包括非洲君主以奴隶换取纺织品和印度各国售卖纺织品——在本国市场与规模较小的私营商人展开竞争。[374] 中国的海外商行在巴达维亚和太平洋地区的商业中心马尼拉进行了大量商业活动。在印度，一些大型工坊从事棉花纺纱、织布和印染，而奴隶种植园，特别是在美洲，以及东南亚、印度和非洲，则需要大规模经营管理，并留意可能发生的奴隶暴动和逃跑。每种形式的事业都需要训练有素的劳动力参与其中。[375] 毫无疑问，农民的人数最多，他们从事农业和驯养牲畜的工作。从工人们的不同工种可以看出经济活动的范围。[376] 在经历了几个世纪的战争和气候波动后，17 世纪的经济区域与珍妮特·阿布-卢格霍德所定义的 13 世纪区域类似——除了西非、美洲和西伯利亚的森林地区，它们是全球网络的新参与者。

不过，有一个自然危机仍然存在：17 世纪 50 年代到 60 年代的小冰期气温最低点。这场寒流结束了持续几个世纪的凉爽，比之前 3000 年时间里的任何一场寒流都要强大。[377] 杰弗里·帕克（Geoffrey Parker）在一项令人印象深刻、涉及范围极其广泛的研究中，记述了欧洲和世界范围内，尤其是 17 世纪中叶的破坏、疾病和人口下降。帕克认为，为应对这场危机而制定的政治和商业政策使欧洲新兴资本主义体系走上了繁荣之路，并最终成就全球霸权。[378] 然而，我认为，从更长远的观点来看，应将小冰期置于先前冲突的背景之下，意即 17 世纪的危机是改变世界各地社会经济秩序的众多相互叠加的因素之一。[379]

福建的港口城市福州、泉州和厦门在明末繁荣起来，并在清朝巩固政权后加强了自己的地位。高贵典雅的瓷器从内陆景德镇——伟大的瓷器制造中心生产出来，其中就包括萨菲和奥斯曼统治者大量购买和拥有的青花瓷。[380] 英国东印度公司也将类似的瓷器运往欧洲和日本。17 世纪初，日本德川幕府的将军向邻近的琉球王国、香料群岛、东南亚大陆和马尼拉进行贸易的船只提供朱印状，但只与中国港口进行间接贸易。从福州到马尼拉的舢板促进了丝绸纺织品和白银的交换。

在这一商业体系中，波托西或许是独一无二的。这是一座位于安第斯山脉中的银矿城市，1600 年时拥有 15 万人口。矿工与其他工人从美洲、欧洲和非洲远道而来，在波托西，以及逐渐发展起来的新西班牙的萨卡特卡斯提炼、提纯白银。16 世纪中叶，秘鲁和墨西哥的西班牙征服者认识到，波托西和萨卡特卡斯的银矿蕴藏着惊人的财富，于是开始组织力量对其进行开采。这一过程需要劳动力和提炼白银的技术，将其转化为银锭后还要组织海上运输。[381] 西班牙人除了通过哈瓦那向塞维利亚运送大量白银外，还建成了阿卡普尔科和马尼拉的港口，并于 1571 年启动了西班牙大帆船年度横跨太平洋的机制。这些船只携带白银前往菲律宾，用白银向中国商人购买丝绸和其他商品，随后再次跨越太平洋回到墨西哥。[382] 于是，秘鲁和墨西哥的白银向东横渡大西洋、向西横渡太平洋，最后均抵达印度和中国，由此完成了一个真正的世界贸易循环。

不断扩大的白银供给似乎在全球经济体系中分布得相对广泛，尽管尚未有研究说明区域流动的具体细节。日本白银产量高峰期（1570—1640 年）产出的白银几乎全部流向中国，那时中国对白银的需求也最为旺盛。[383] 与此同时，葡萄牙商人成为另一种货币交换的中心，因为他们开始从印度洋向西非输送宝贝贝壳，由此为奴隶贸易打下了基础——不过，珍珠和布匹在区域间贸易中也承担着货币职能。[384]

世界各地开采和分销的白银逐步累积，最终形成了货币供应量的规模——尤其是在中国，也包括印度、欧洲和美洲。曼宁、弗林（Dennis O. Flynn）和王（Qiyao Wang）给出了从 15 世纪到 19 世纪世界白银累积储备量的估计值。从这些数字可以看出，1700 年到 1800 年（以及再到 1900 年），全球白银持有量以每年 0.7% 的速度增长，几乎是世界人口增长率的两倍：这与稳定的货币化和贸易扩张相一致，表明这一时期全球市场经济在人均层面上是增长的。[385]

君士坦丁堡与北京一样，是一座规模宏大的城市和一个伟大帝国的首都。它还是黑海和东地中海的商业中心，凭借从北方贩运而来的奴隶来扩大劳动力。[386] 每年春天，这座城市都装点着郁金香——它们是在 16 世纪苏莱曼苏丹统治时期从哈萨克运来的。连接波罗的海和地中海的荷兰商人在君士坦丁堡见到了郁金香，并在 1593 年将郁金香球茎带回了阿姆斯特丹，从此，阿姆斯特丹的郁金香花园与奥斯曼首都的郁金香花园便同样闻名于世了。咖啡，过去埃塞俄比亚生产的令人保持兴奋的饮料，现在则被从也门运送到了君士坦丁堡的咖啡馆。[387] 位于北方的莫斯科公国是奥斯曼帝国的潜在竞争对手。随着伊凡四世大公于 1547 年采用俄罗斯沙皇头衔，并在此后完成了对伏尔加河流域和乌拉尔至叶尼塞地区的征服，莫斯科这座都城的重要性与日俱增。从 1600 年开始，俄国政府要求西伯利亚人为毛皮缴税，从而使日益增长的毛皮贸易正式化。军刀和其他毛皮经莫斯科销往莱比锡，进行欧洲贸易，或者向南到布哈拉，以期销往波斯和中国。为了在这种区域间贸易中寻求进口替代品，丝绸不仅在中国生产，还在印度、伊朗、奥斯曼帝国和意大利生产。例如，在印度，英国和荷兰商人雇用孟加拉劳力作为缫丝工。[388]

远离帝国首都的地区越来越成为帝国经济和政治体系的中心。它们接受了怎样的治理——它们如何参与到经济、文化和法律之中——现在无疑至关重要。[389] 殖民地千差万别，不过，我们可以把延续了几个世纪的它们归为四类。第一类是由大量被征服人口组成的殖民地，它由少量帝国军队管理，如奥斯曼帝国在欧洲和阿拉伯的领地。在印度，随着莫卧儿帝国向东和向南扩张，它必须想出方法来吸收和安抚被征服人口；肥沃的美索不达米亚平原被奥斯曼帝国和萨菲帝国的军队交替控制，也就是说，该地区一直处于外国统治之下；西班牙对人口稠密但总人口趋于下降的新西班牙和安第斯地区维持着殖民统治。第二类是定居殖民地，即来自帝国本土的移民来到该地，最初与本地人结成同盟，之后再通过持续移民驱逐或压制住本地人。西班牙人和葡萄牙人的定居始于16世纪。第三类，贸易站和补给站对于远距离贸易，尤其是远距离海上贸易来说至关重要：葡萄牙位于马六甲的贸易站和位于莫桑比克的补给站是早期第三类殖民地的良好范例；俄罗斯毛皮商人在西伯利亚森林中的各个节点上都建立了贸易站；华裔商人则主导着东南亚的各个贸易站。第四类，即种植园殖民地在人口结构上以奴隶劳动力为主，它们的面积通常不大，但在生产和集中财富方面往往很有价值：法国的瓜德罗普和马提尼克，以及后来在留尼汪的种植园殖民地属于此类，它们都通过糖的生产创造了大量财富。

位于西非黄金海岸的埃尔米纳于1482年成为葡萄牙人的黄金采购中心；1637年，一支荷兰探险队占领了埃尔米纳城堡，并维持了两个多世纪的荷兰统治。17世纪，通过埃尔米纳出口的黄金价值超过了整个非洲奴隶出口的价值。邻近的黄金海岸地区经历了以村级手工业生产和交换为基础的经济繁荣，但在一次重大转变中，崛起的阿夸姆王国在战争中凭借武器在17世纪末推动了一波奴役浪潮。至1700年，奴隶出口的价格和规模已经增长到令黄金海岸停止出口黄金的程度——取而代之的是黄金海岸从巴西金矿进口黄金，以换取奴隶。[390]正是在17世纪末这个节点上，“种族”这一概念有了新的含义和力量，通过奴隶制立法（如法国的《黑人法典》），“种族”在基督教欧洲得到了更全面的法律化。[391]这种将奴隶制度种族化和对非洲人进行种族歧视的观点，通过大西洋奴隶贸易互动传播到伊斯兰世界。尤其是在摩洛哥，自由黑人在17世纪末成为奴隶，组成了一支精锐的奴隶军队。自由穆斯林的奴隶化打破了基本的宗教原则。这场运动的成功——具有讽刺意味的是，推行这场运动的穆莱·伊斯梅尔国王的母亲是一位精明的侍从，她之前则长期是一名奴隶——使得一种种族意识形态传播到伊斯兰世界的其他地区，由此使得对黑人的实际奴役合法化。[392]

众所周知，欧洲的长途航运在16和17世纪扩展到大西洋、地中海、印度洋和太平洋。现在我们清楚的是，非欧洲商人，尤其是在印度洋和西太平洋活动的商人，在同样的过程中发展了他们的航运和商业。[393] 欧洲船只抵达东部海域并不是一场零和博弈。虽然欧洲的武装商人摧毁了亚洲人的船只，但这并不妨碍商业的全面发展。记述亚洲和东非商人航运的资料虽然远少于欧洲航运相关记载，但现有资料确实清楚地表明，至18世纪末，印度洋和西太平洋的贸易仍主要掌控在当地商人手中。[394] 此外，我们现在可以对17世纪和18世纪大西洋和印度洋的贸易量进行比较，特别是通过汇总商船吨位或运力的估计值这一方法比较二者。在表8.1中，我将马蒂亚斯·范·罗苏姆对东部海洋航运的最新估计值，与理查德·昂格尔在1992年对大西洋航运的估计值进行了比较。[395] 范·罗苏姆的研究主要基于荷兰文献，他做出估计的对象包括欧洲船主在东部海域所拥有的船只的吨位，以及中国海域、东南亚海域、孟加拉湾和阿拉伯海的亚洲船只的吨位。昂格尔利用大量文献得出结论：地中海、北海和大西洋在1600年的航运总吨位是100万吨，17世纪70年代是150万吨，而根据1786年法国对欧洲航运所做的调查，18世纪80年代的总吨位是350万吨。每一项有关估计的研究都是初步的。学者们认为，现有的印度洋数据大大低估了沿海航运。[396]

表 8.1　大西洋和印度洋大致航运吨位

年代	大西洋航运主体	大西洋航运吨位	印度洋航运主体	印度洋航运吨位
17 世纪第一个十年	荷兰 英国 法国 其他 **总计**	240 000 80 000 80 000 100 000 500 000	亚洲印度洋航运 欧洲印度洋航运 去往 / 来自大西洋的航运 **总计**	325 000 25 000 9 000 359 000
18 世纪第二个十年	荷兰 英国 法国 其他 **总计**	500 000 300 000 100 000 100 000 1 000 000	亚洲印度洋航运 欧洲印度洋航运 去往 / 来自大西洋的航运 **总计**	400 000 70 000 40 000 510 000
18 世纪 90 年代	荷兰 英国 法国 其他 **总计**	398 000 880 000 730 000 400 000 2 408 000	亚洲印度洋航运 欧洲印度洋航运 去往 / 来自大西洋的航运 **总计**	300 000 290 000 70 000 660 000

随着更完整数据的出现，这些估计值肯定会发生变化。昂格尔认为，大西洋航运在 15 世纪和 16 世纪高速发展，至 1600 年恢复到了早期中世纪的高峰。比较 17 世纪和 18 世纪的两大洋，人们可能会认为，亚洲在印度洋的航运量与 1600 年欧洲在大西洋的航运量相比大致相等，可能还会有所超越（当时印度洋地区的人口远远超过大西洋地区的人口）。亚洲内部的运输量远远超过了印度洋和欧洲之间的运输量。随着时间的推移，欧洲在大西洋的航运量和去往印度洋的航运量都在增长，而亚洲船只的航运量则相对稳定，甚至可能有所下降。总而言之，在 17 世纪的全球贸易中，没有任何一个国家获得主导地位。在商业交换和竞争中，欧洲和亚洲的商业大国都形成了改良的殖民制度，并严重依赖奴隶、纺织品和奢侈品。欧洲列强控制了大西洋

和跨太平洋航线；亚洲船主们主宰了印度洋；非洲和亚洲大国也进行陆地贸易——例如，通过陆海两路运输俘虏。

资本主义与积累

资本主义通常被理解为在过去几个世纪兴起的一种经济制度。资本主义这一术语本身直到19世纪末才被创造出来。当时，工业化从西欧和北美蔓延到其他地区，工人和资本家之间的社会冲突占据了舞台中央。随后的争论使得资本主义的适用范围扩大到18世纪和17世纪，甚至更远。但是，无论资本主义何时开始，它都会借鉴已有制度。也就是说，资本主义的许多基本要素，甚至在几千年前就已经存在了：这些要素包括商品和服务市场、地方和长途商业网络、货币流通、银行机构、国家经济监管，以及包括雇佣劳动和奴役在内的劳动力制度。[397]

如果资本主义是在过去几个世纪中开始的，那么其创新的本质必然基于一种不同的变革。它必然是一套创新的制度，将一个现有的、成熟的商业网络转变为另外一种网络。

在本书中，我通过关注社会制度的创新与变革来探索社会进化。从这个角度来看，我试图将资本主义定义为一套互动的社会制度。为了确定一种制度，我强调群体的形成、把人们联合起来的目的、该制度在具体活动中所产生的动力，以及制度随着时间推移而进行的再造。资本主义制度与其他任何制度一样，需要面对适合度的进化考察：满足相应受益人群的需求。

我为资本主义的崛起整理了一个四步走模式，其中关键一步是在18世纪初发展到跨国层面。（1）最基本的资本主义制度是企业或公司——一种私人营利企业。正如我在前一节中所说，这种企业在全球经济网络中随处可见，但其在欧洲却获得了相对的优势。（2）随着全球经济网络的形成，商会应运而生：它们促进了 11—18 世纪欧洲、非洲和亚洲商业城镇之间的长途贸易。[398]（3）资本主义扩张的一个重要步骤就是全国性业主联合组织——在这种组织中，个体企业主为了互惠互利而集中起来，其最初发生在 17 世纪的荷兰和英国，组织的目的是影响国家遵循亲资本主义政策。[399]（4）从 1689 年起，随着奥兰治的威廉同时领导荷兰和英国，建立一个由英荷跨国业主联合组成的跨国资本主义联盟成为可能，并努力确保两国施行亲资本主义政策。在这一基础上，资本主义进一步蔓延发展。在本节余下的部分中，我将回溯资本主义具象化过程中的这四个步骤及其在 18 世纪的成果。在第九章中，我将表达这样的论点，即全球资本主义体系是在 19 世纪中叶通过一些国家的联盟而形成的，这些国家有着亲资本主义政策和强大的全国性业主联合组织。

尽管存在一些夸大欧洲企业特殊性的倾向，但历史文献中有着对公元第二个千年企业的清晰记载。于尔根·科卡（Jürgen Kocka）在其撰写的资本主义简明历史中，高效地回溯了几个世纪以来亚洲和欧洲的企业，以及它们的发展状况，其中大部分是商业企业，但也包括银行。[400]企业的核心是一群握有资本的所有者或管理者，同时企业中还有为了企业目标而工作的员工，但是他们没有管理权。重要的企业需要满足额外的标准。企业家需要精通各种类型的管理，如盈亏核算、资本管理、商品和服务的生产管理、产品的分销和营销，以及安全系统的管理（以此应对盗窃者、不守规矩的客户和难以驾驭的工人）。企业需要处理投入的问题，包括劳动力（来自家庭、雇佣劳动力和奴隶等等）、原材料（农业和矿产），以及建筑、机械设备和航运服务等中间产品。另外两个标准变得越来越重要：在多个市场中（国内和国际）的盈利需要，以及在国内外获得国家层面影响力的需要。与国家的互动包括税收、规章、法律、公共工程、财政和战争。

商会在商业中心联合到来的商人，并与地方当局进行交涉和谈判。刚刚列出的企业成功的两条标准——多市场参与和在国内外与国家的关系中获得影响力——使得商会呼之欲出。商会与地方当局谈判，逐步改善了客商的交易、安全和公平条件：至17世纪和18世纪，它们已经没必要进行地方层面的干预了。[401]

然而，与多个市场、多个国家进行商业联系的老问题在另一个层面再次出现——新兴民族国家层面。全国性业主联合组织有责任筹集财政资源为企业家的利益而战，并向国家施压，使政府在各方面高度优先考虑企业家的经济和军事利益。此外，不同企业的不同利益也需要协调，业主联合组织往往会提供这种调解服务。例如，商人可能会和几个国家的官员进行谈判，而其他业主（地主、制造商和银行家）则更有可能局限于一个国家的范围之内。在综合不同业主的利益后，商人联合其他人并集中精力游说一个国家将是有意义的。如此一来，国家利益在业主中间将具有特殊地位，尽管业主中的商人还拥有跨国利益。资本家和他们的组织必须更广泛地理解他们的制度和全球经济这二者的动态：商业周期、货币波动、劳动力动荡、消费者偏好变化，以及不断变动的法律法规。个体企业需要在业主联合组织上投入精力；业主联合组织则需要在发展共同市场上投入精力，并设法将这些立场强加给国家。根据这一逻辑，随着17世纪荷兰和英国两国资本主义阵营之间敌对的结束，资本主义制度扩张的下一步应该是在法国内部成立业主联合组织，并使这些组织能够说服法兰西国家成为一个亲资本主义的国家。

在对这一制度分析中，人们还必须清楚地了解术语的定义。一项制度的决定性要素是什么：是制度所维系的规范，还是该制度所属的成员和组织？诺斯及其同事的观点是，将制度与组织区分开来：他将制度定义为“游戏规则”和“支配和约束个人关系的互动模式”。与之相比，组织是“通过部分协调的行为，追求混合了共同和个人目标的目标的特定群体”。[402] 我对制度的定义主要是基于图奥梅拉的观点，并结合诺斯有关制度和组织的思想，增加了部分内容。在我看来，制度是通过由个人所组成之群体的集体意向性促成的，群体成员所做出的集体决策无法被简化为个体决定。制度不仅阐明了行为的规范和规则，还展现出由其内部本质衍生出的固有动力。[403]诺斯虽然将制度规范视为社会变革的核心，但他将制度规范的变化作为外生因素——变化通过精英的选择而产生，而非通过制度的社会进化而出现。在我的分析中，通过制度成员的共同选择，以及制度动力的影响，两者相结合，可以对制度的规则和规范予以内源性的解释。[404]在制度分析理论的最近一次革新中，埃里克·奥尔斯顿（Eric Alston）及其同事提供了一些新见解。[405]实际上，诺斯对于财产和合同的关注更符合商会的关切，而与荷兰和英国全国性业主联合组织所关注的战争和国家金融政策有偏差。[406]

我坚信，荷兰和英国16—18世纪的历史证实了这里所提出的制度变革。因北欧贸易而繁荣的荷兰，在16世纪20年代为西班牙所统治，但这一地区在帝国政治和宗教限制之下变得焦躁不安。[407]在1568年的一次起义中，荷兰各省普遍遭遇失败。1581年，荷兰北部各省再次起义反抗西班牙，并建立了联合省：这个共和国在1600年获得实际独立，并在1648年获得正式承认。正如佩平·布兰登的犀利观点所言，在这个时代，"私有化战争是资本主义幼年时期的标志"。[408]1602年，荷兰商人领袖们成立了荷兰东印度公司（VOC），这是一家股份制贸易公司：其在印度洋上的贸易活动重点是对葡萄牙贸易站进行武力攻击，因为当时葡萄牙正在西班牙的统治之下。荷兰东印度公司占领了印度洋上的胡格利、马六甲等港口，并在香料群岛的望加锡成功摧毁了一支葡萄牙舰队。1621年，一家与东印度公司十分相似的荷兰西印度公司（WIC）宣告成立，它攻击了葡萄牙和西班牙在大西洋地区的领地，成功占领了西非的埃尔米纳和格雷岛，还一度控制了伯南布哥。在西印度公司未能控制葡属安哥拉后，东印度公司于 1652 年在更南方的好望角建立了一个据点。与此同时，一些小型殖民地在国家的支持下建立起来：法国殖民者于 1604 年和 1608 年分别在阿卡迪亚（新斯科舍）和新法兰西（魁北克）建立殖民地。英国殖民者的殖民地形成于 1607 年（弗吉尼亚）和 1620 年（马萨诸塞湾）。[409]1614 年，荷兰殖民者在北美洲特拉华和哈德孙河谷建立了繁荣的新荷兰殖民地。

在荷兰，全国性业主联合组织成立，它对于国家的实质性影响，形成于脱离西班牙统治、谋求独立的漫长战争时期。1588 年，《乌德勒支条约》再次确认，各省政府在地方享有自治权，但在战争中需要接受国家统一领导。商人和城镇拥有总体领导权，不过根据小型利益集团和大商人这一“历史联盟”，资产规模较小的业主依然具有重要影响力。用佩平・布兰登的话说，这个国家总体上是一个“联邦经纪国家”——这并不是参与者的首选，但潜在的君主拒绝承担责任或未能接受责任，因而才被采纳。[410] 阿姆斯特丹的商人虽然在共和国中很重要，但他们从未统治过国家——他们不得不与其他省份的商人讨价还价，并与贵族、制造业、农业和金融利益集团进行合作。联邦经纪国家最显著的优势在于集中资金和人力对抗那些更大的欧洲国家。这一荷兰制度更多的是寡头政治，而不是民主，它贯穿了 18 世纪。正如布兰登所说，荷兰的分权制度在集权制可能更好的时候仍然存在。[411]

相比之下，英国商人要想在国内获得实质性的影响力，需要等待更长时间。他们发现自己受到 17 世纪早期斯图亚特王朝专制统治的限制。结果，商人、土地贵族和君主制政府在 17 世纪 40 年代和 1688 年爆发了内战。在这一时代，荷兰人对英格兰国内市场的统治地位导致了 1652—1674 年的三次英荷战争。（正是在这一时期，奥利弗・克伦威尔于 1651 年向荷兰议会派遣大使，提议英格兰和荷兰之间建立“更紧密的同盟”；荷兰人对此持否定的态度。）[412] 荷兰人赢得了两场对英格兰的战争，但在 1674 年的第三次英荷战争中，他们将新荷兰输给了英国人。战争期间，英格兰的商业实力和海军力量日益壮大。英国人一直致力于建造专业化的战舰，以及在战场上对舰船的定位系统进行创新；双方关注提升海军炮兵技能，炮兵需要在起伏的海面上精心部署大炮和火药，以及核算时间。[413]

一个显著的转变随着 1688—1689 年英国的光荣革命一同发生，即出现了一个跨国业主联合组织，以及一个支持资本主义的国家联盟。随着詹姆士二世及其亲天主教派系被推翻，英国构建了一个新的国内联盟。1689 年登基的新君主包括玛丽——詹姆士二世的新教女儿，以及她的丈夫奥兰治的威廉，荷兰数个省份的执政。直到 1702 年去世，威廉一直是两国的主导人物。在英国，贵族和商人结成同盟，与君主平起平坐，对外贸易蓬勃发展。在荷兰，执政最多只能算是各省领导者中排名第一的那个人。荷兰人仍然需要抵抗法国在 1680—1714 年的多次入侵，他们依靠自己的金钱和征募的军队，以及英国等其他强国的支持击退了法国人。[414] 然而，尽管英国和荷兰舰队都有了很大改进，但这两个国家都还没有在印度洋建立起统治地位。17 世纪和 18 世纪早期，马拉塔联盟和西印度地区独立的希狄水手对英国东印度公司（EIC）维持着海军优势。在 1686—1690 年蔡尔德战争时期的一次重要战斗中，马拉塔联盟及其所属的希狄海军成功迫使孟买的英国人屈服。[415]

总而言之，资本主义企业于荷兰和英国发展起来，在法国和欧洲其他地区的发展速度则较为缓慢，而且各国的支持力度并不均衡。[416] 资本主义企业若要扩大经营范围、增加利润，就必须得到强大国家的支持。因此，关键在于业主联合组织本身，以及他们在国家内部能否保证稳定的权力。在 1689 年的关键转折点上，英国和荷兰在商业、海军力量，以及业主对国家的影响等方面大致相当。威廉和玛丽时代英荷的短暂结盟不仅有利于两国各自的民族资本主义体系，而且有利于跨国资本主义的兴起。此后，由于英国和荷兰资本家的经济扩张，以及其他国家的资本家逐渐能够将他们的国家拉入同一体系之中，这一体系得以持续扩张。荷兰商人虽然在 18 世纪时财富要次于他们的英国同行，但他们却从资本主义联盟中获益。根据这一逻辑，资本主义制度扩张的下一步，从理论上讲可能是在法国以及丹麦、德意志诸国或其他国家内部形成业主联合组织，并最终利用这些联合组织使各自的国家成为准资本主义国家。

其他学者也认可了与之相似的时间表，不过每个人的侧重点有所不同。沃勒斯坦在 1974 年为重新定义资本主义做出了重要贡献，他提出了“现代世界体系”这一术语。[417] 我认为沃勒斯坦最有价值的观点是有关帝国的认识。正如他所说，16 世纪的奥斯曼、哈布斯堡和法国这一系列帝国未能统治欧洲，这就造成了这样一种局面，即商人利益群体有着相当大的自由来设计自己的制度。商人能够建立强调利润最大化的投资和法律体系，提高税收以支持贸易战争，以及扩大奴役和其他形式的劳动控制。这些导致的结果就是商业、盈利、战争的胜利，以及对殖民地的控制。有时，君主制、贵族和业主之间能够达成休战或联盟，这或许可以降低普通民众之间的疏离感。在这种情况下，联合政府带来的共同信任允许政府制定足够高的税率，国家可以以此建立强大的军队、支持公共工程建设，从而使立足于本国的商人得以扩大外部市场。[418] 在欧洲许多地区，商业阶层可以从强大而又分裂的国家之间的竞争中获益，获得重要的政治和社会权力。世界上其他地区的商人未能获得欧洲商业阶层的政治影响力。然而，沃勒斯坦的世界体系是含蓄的，并没有涉及整个世界。在一个关键的例子中，世界体系框架将荷兰东印度公司和其他贸易范围超越大西洋的欧洲企业排除在外。沃勒斯坦认为，通过在亚洲收购高价值商品，荷兰东印度公司与亚洲之外的地区进行着奢侈品贸易，但这之于现代世界体系来说并无贡献可言。[419] 在我看来，这种模块化的分析方法将荷兰东印度公司及其所获利益排除在阿姆斯特丹和大西洋地区经济分析之外，忽略了它们之间的相互作用，从而破坏了对每个区域的分析。[420] 沃勒斯坦提出了这样一个观点：业主之间的合作对于资本主义在欧洲的兴起至关重要，而且在没有一个大陆帝国的情况下，这种合作是可能的。但他的分析局限于欧洲和大西洋地区，而不是整个世界，因此他将欧洲资本主义视为独一无二的。在我看来，这场争论并没有因为将世界其他地区排除在外而变得简单。

于尔根·科卡在他最近出版的有关资本主义的重要著作中总结了一些主要学者对资本主义的定义，这些学者包括马克思、韦伯、熊彼特、凯恩斯、波兰尼、布罗代尔、兰德斯和沃勒斯坦。[421] 科卡随后确定了他个人定义的资本主义关键要素：分权、商业、积累、产权、用于分配的市场、用于投资于未来收益的资本。这些因素传达出对资本主义规范的关注，而不是其制度的社会结构。尽管如此，科卡简要提到了“在荷兰和英格兰拥有政治权力与强大经济实力的群体的代表”，以及他们在巩固公共债务方面所发挥的作用。[422] 在空间上，科卡似乎保留了沃勒斯坦的方法，淡化欧洲以外的企业，将欧洲资本主义视为单一实例，而不是将欧洲与全球经济网络中的其他节点进行比较或联系。科卡那部著作后面章节的细节中潜藏有全球背景——包括商业资本侵入欧洲大陆的原始工业制造业，但他的理论具有浓重的西欧色彩。[423]

努瓦拉·扎赫戴尔（Nuala Zahedieh）对伦敦商人的分析着重强调了商人协会、信托网络和政治网络的性质与功能，以及商人们的财富积累。[424] 正如她所展示的，这些业主联合组织规模相对较小，种类繁多，但它们能够表达出企业家们的集体利益。在英国 17 世纪动荡的政治和经济生活中，它们的影响力不断扩大，至 17 世纪末，英国已经可以被公正地描述为准资本主义国家了。扎赫戴尔还以 1686 年伦敦的商业进口数据为基础，发现了有关资本积累的实用细节。在 1686 年记录的大约 1500 名进口殖民地商品的商人名单中，她抽取了

159 名当年进口额超过 1000 英镑的商人作为样本。对其中 59 名进口额最大的商人，她尽可能多地追踪了他们去世时的财富数额，最后得到了 25 名商人的相关信息。她发现，其中的 9 人去世时留下了超过 3 万英镑的遗产，8 人的遗产在 1 万至 3 万英镑，其他人的遗产数额较少，还有 3 人因为债务而破产。[425] 这项研究确实提供了了解 17 世纪末和 18 世纪初伦敦商人大量积累财富的思路。

佩平 · 布兰登进行了有关荷兰商人协会和政治网络的同类研究。他的研究侧重于国家和战争，而不是像扎赫戴尔那样具体分析业主联合组织的细节。尽管如此，通过详细讨论荷兰东印度公司和西印度公司，以及它们与荷兰政府之间的关系，布兰登对荷兰业主如何进行谈判有了清晰的认识。[426] 布兰登在批评乔瓦尼 · 阿里吉（Giovanni Arrighi）的分析时，接受了阿里吉的宏观解释，但他认为，阿里吉犯了一个常见的错误，即简单地通过阿姆斯特丹来解释整个荷兰的状况，而不是将荷兰视为一个复杂的省份和地区网络；与之相反，布兰登将荷兰政府视为"一个由相互冲突的社会力量组成的复杂的中介机构"。[427] 乔纳森 · 伊斯雷尔（Jonathan Israel）的研究为这种分析奠定了重要基础。[428]

因此，在我看来，资本主义的兴起不仅仅是因为资本主义企业的发展。它还取决于亲资本主义社会机构业主联合组织的出现。这些组织成功地为君主制和共和制国家灌输了亲资本主义政策，最终建立了优先考虑资本主义目标的跨国网络，以及迫使有关劳工和社区的争论让位于这种经济积累。这些都是错综复杂的多方关系，区分了制造业、航运业、金融业、阶级和社区。更加完整的研究还应该充分关注那些被招募（通常是强迫的）进系统内的劳工，以及试图保留土地和传统的大都市和殖民地社区的人们。马歇尔 · 范 · 德 · 林登（Marcel van der Linden）从劳动力的视角做了全球分析，满足了这一需求。[429]

从欧洲和海洋的角度来看，这些相互冲突的趋势揭示了整体秩序的转变。至1700年，至少在两个国家单位之间，联盟意味着资本主义可以通过战争或和平进行积累、创新和扩张，并以某种方式促进金融、工厂和公共工程的发展。新兴的资本主义体系在荷兰和英国的霸权交接中存活下来。我认为，我对于资本主义制度结构的论述可以与经济史的最新研究成果联系起来。这些研究开始证实，资本主义在19世纪之前确实在全球贸易中产生了可衡量的变化——盈利水平和贸易量都有所不同。这个问题促使我们讨论资本主义（作为一种制度体系）和全球化（作为对经济变化动态的描述）之间的关系。[430]皮姆·德·兹瓦特（Pim de Zwart）和扬·吕腾·范·赞登（Jan Luiten van Zanden）汇集了最近关于经济全球化的众多研究和辩论，他们强调区域对比，并为17世纪和18世纪的全球定量分析研究打开了大门。[431]德·兹瓦特的专题研究证实了17世纪和18世纪荷兰在亚洲和欧洲之间航运市场的整合程度。对于在荷兰殖民地垄断下生产的肉桂、肉豆蔻种衣和肉豆蔻仁等大宗商品而言，价格的上涨幅度微乎其微。[432]但在亚洲、欧洲或者二者兼有的市场上竞争激烈的商品，如广州的茶叶、孟加拉的硝石和印度的纺织品，在18世纪时涨价幅度明显下降。是竞争，而不是运输成本的下降，导致了价格的趋同。[433]这些结果明显拓展了凯文·奥罗克（Kevin O'Rourke）和杰弗里·威廉森（Jeffrey Williamson）在考察19世纪早期时得出的结论。奥罗克和威廉森无法在18世纪的数据中发现价格趋同，而德·兹瓦特则使用数量更大、精度更高的数据来核验全球化的各个方面。[434]

让我们回到资本主义和资本主义帝国的扩张。英国人在18世纪早期取代荷兰人成为奴隶贸易的中坚力量——例如，在1700年获得向西班牙帝国出售奴隶的控制权或合同。[435]西班牙王位继承战争1714年结束时，西班牙波旁王朝上台，欧洲的战争烈度一度下降。然而，任何地方冲突都可能演变为战争。事实上，七年战争于1756年在欧洲爆发（战斗开始于1754年的北美洲）。英国和法国是主要参战方：这场战争是由北美、加勒比、中欧和印度洋地区加剧的紧张局势导致的。英国和普鲁士结为同盟；法国、神圣罗马帝国、瑞典和俄国则是战争的另一方。荷兰、西班牙和葡萄牙——这些国家的经济和军事实力已经遭到削弱——则保持中立。1756 年，荷属加勒比海诸岛中的圣尤斯塔修斯岛被宣布为自由港，它的繁荣有力证明了资本主义在国际上的认可度。欧洲大陆的战争陷入了以往经常出现的僵局，除了普鲁士占据优势这点以外。英国海军几乎实现了所有目标，占领了法国，甚至西班牙的大片领土。1757 年，英国东印度公司及其印度盟友在普拉西赢得了一场关键战役，孟加拉由此成为英国东印度公司在印度的基地。

英国的工业生产与其他欧洲国家的工业生产一样，一直在逐步发展，但大约从 1760 年开始，它开始发展得更快。关于纺织品、钢铁、蒸汽机、煤炭开采、其他工业，以及农业在英国经济增长中相对重要性的争论由来已久。然而，经济史学家最近的研究强调生产力在许多领域广泛的进步，而不是单一的部门带动了整体经济增长。尤其是以纽卡斯尔煤炭为原料的蒸汽机似乎直到 19 世纪才在生产效率和利润效率方面得到很大提高。在 18 世纪，生产效率增长最快的部门似乎是纺织业和其他工业部门。[436] 英国的原棉进口量和成品棉出口量不断增长，纺织品在曼彻斯特及其周边地区进行生产，并通过利物浦进行贸易，这条产业链成为英国工业经济增长的支柱。这种工业扩张有赖于从农村地区向工业城镇转移的工人，并得益于英国在全球商业和海上战争中日渐取得的主导地位。

1763 年之后，英国维持着自己的海上统治：英国是奴隶贸易的主要供应国，并开始在加勒比海地区和北美大陆试验种植棉花。英国东印度公司发动了一场以统治印度为目的的长期战争，英国人的对手是其他欧洲竞争者、日益壮大的马拉塔联盟和其他印度土邦。英国东印度公司加强了对孟加拉和印度庞大硝石资源（火药的主要成分）的控制。[437]英国逐渐在印度取代了荷兰和法国等竞争对手，而其却在1775—1782年的第一次马拉塔战争中被击败。与此同时，英国也在1776—1781年美利坚各殖民地发起的成功抗争中被击败。英国人发起了另外一次探险，1788年，英国向澳大利亚派遣了一支由囚犯组成的舰队，这些人最后定居在悉尼港。

中国在18世纪仍然是世界上规模最大的经济体。最近的学术研究显示中国具有相对较高的生产水平、人口增长速度和市场经济效率。[438]1793年，英国人马嘎尔尼率团远赴中国，试图以对英国有利的条件扩大与中国的贸易，但并未成功。另一方面，最新研究表明，中国的人均GDP在整个18世纪都在下降。[439]

欧洲力量平衡的巨大变化，连同大西洋沿岸的经济扩张，仍然没有带来世界范围内的变革。因此，1790年的帝国疆域与两个世纪以前的状况非常相似。新的王朝统治着波斯、印度北部和中国的帝国领地；欧洲列强和中国的疆域有所扩张。1736—1747年，伊朗在纳迪尔·沙的统治下短暂繁荣，但随后迅速衰落；卡扎尔王朝于1796年获得了伊朗的统治权。奥斯曼帝国守住了大部分领土，但黑海沿岸的领地被俄国夺走。俄国在18世纪，特别是在彼得一世和叶卡捷琳娜二世统治时期，致力于向东、向南扩张。在印度，莫卧儿帝国的地位在18世纪50年代几乎被马拉塔联盟取代，而后者在对英国人的战争中也维持着优势，直到1800年。

18世纪末出现了另一系列震惊世界的冲突：法国大革命和拿破仑战争。战争始于1792年，此后直到1815年的大部分时间里都在打仗。由于没有加入欧洲大陆上的战争，英国军队得以在海外许多地方进行军事行动，其中包括一场失败的战争，即未能击败推翻奴隶制度的海地叛军。英国人在印度征服了更多土地，还占领了荷兰人的殖民地。作为一个中立的大国，美国扩大了自身在各个大洋上的航运规模，扮演着早先荷兰人的角色。大西洋奴隶贸易的规模在18世纪80

年代和 18 世纪 90 年代达到顶峰，由此促进了非洲散居人口的增长；非洲的人口掠夺贸易还将持续半个多世纪。经过长期的国内争论，英国于 1807 年宣布奴隶贸易非法，美国则于 1808 年宣布禁止奴隶贩卖。当拿破仑于 1808 年入侵西班牙时，美洲的西班牙殖民地在英国的支持下很快宣布独立。拿破仑随后被俄国击败，并在 1815 年于滑铁卢遭遇了最后的失败。1814—1815 年的维也纳会议结束后，英国和奥地利-匈牙利筹划了欧洲协调机制。

长期来看，奥斯曼、哈布斯堡和法国在 16 世纪和 17 世纪征服欧洲的努力都失败了。荷兰人巧妙地周旋于各国之间，在与西班牙、法国和英国的战争中幸存下来，但最终还是失去了对英国经济力量的领导权。英法战争最终使得英国成为资本主义经济的主导力量。英国在 18 世纪 60 年代的军事胜利促进了工业生产，增强了对国内劳动力的控制，因此，至 19 世纪初，英国的出口棉花开始挤占印度本土棉花的市场。在这一漫长的冲突时期，英国避免了发生在本土的战争，对海外贸易和新兴生产技术进行投资，国内经济由此稳步增长。到 1815 年，英国刚刚在印度取得统治地位，接着又取得了在拉丁美洲、中国和西亚部分地区的主导地位。

总而言之，我想表达的是，荷兰资产阶级在 1600 年取得了国内的支配权；英国资产阶级在 1688 年取得了国内支配权。在荷兰，值得注意的是业主阶级的形成；在英国，尽管发生了内战、复辟和宗教纷争，但值得注意的是，资产阶级依然能够壮大自身实力。荷兰和英国的业主们在一个世纪内发展出一种工作模式。随着这一体系的发展，相互对抗的国家利益都在为争夺体系内部的主导权而战。至 1700 年，荷兰失去了新兴资本主义体系内的经济霸权，但并没有丢失能够赚取丰厚利润的经济基础。在世界上的其他地方，业主们在组成集团后知道自己应该采取怎样的措施——先是在法国，之后是德意志诸国、美国和日本。事实上，有人可能会说，在迈索尔、奥斯曼帝国的本土、巴西和埃及，都存在更多创建资产阶级的努力。我对于这一转变的分析与其他转型相比并没有很大不同，不过我确实对新兴资产阶级的社会制度给予了更多关注。为了证实我的设想，即出现了游说国家的集体资本主义制度，首先有必要研究荷兰、英国和其他国家的业主联合组织及其影响，这些联合组织在本土建立并维持了一个亲资本主义国家；其次，有必要研究这种联合组织的跨国版本，它们使每一个亲资本主义国家，即使在战争与和平之间寻求提升自身国家地位的同时，也能为跨国资本主义提供支持。

至1800年，资本主义在全球经济网络中占据了多大比例？我们还没有进行评估，尽管我们有理由认为，全球经济网络中的资本主义部分仍然占少数，因为其占比在整个19世纪和20世纪都在持续扩大。这一针对18世纪的总结的局限性在于它是由国家霸权而非社会制度体现出来的。大多数研究集中在国家和企业（尤其是荷兰东印度公司和英国东印度公司等贸易公司）的经济活动上。我建议更多地关注业主联合组织、它们对于国家的游说，以及这些联合组织的跨国联盟。这样的研究可能会证实，资产阶级业主的成功取决于他们团结起来组成的联合组织，他们与国家机构（无论是全民的还是君主的）之间密切联系的发展，以及他们操纵军事和税收的能力的增长。实际上，商业利益和国家利益的混淆可能是为了满足业主的需要，他们为资本主义贴上了国家利益，而不是业主利益的标签。这种混淆可能给资本主义的扩张带来额外支持。另一个可能起到类似作用的混淆是，人们普遍倾向于将私营的东印度公司与欧洲列强（国家）混淆起来——这种混淆促进了资本主义发展，却又被重新贴上了国家扩张的标签。

文化交换

文化变革与社会进化有怎样的关系？费利佩·费尔南德斯-阿梅斯托在最近一次关于文化和自然的卓越分析中提出了这样一个观点：文化变革是人类社会多样性的主要原因，但无论是生物进化还是文化进化，都与文化变革没有太大的关系。他回顾了生物进化和文化进化的资料，对于文化变革的七种不同的进化性解释进行了评估，发现这些解释是有欠缺的：没有一种解释解答了文化如何、为何变革；没有一种解释能提供“对文化差异范围的描述”。[440] 费尔南德斯-阿梅斯托的观点清楚地提醒人们，文化实践与社会组织不是一回事。正如他所说，文化尤其来自想象，它以折中的方式产生，并不总是产生富有成效的结果：“想象是文化的发动机。”[441] 这一假设虽然否认文化变革由进化过程所主导——无论是生物的、文化的，还是社会的——但这并不意味着群体层面的文化与进化完全隔绝，主要原因有两个。第一，对于文化的起源，费尔南德斯-阿梅斯托认为，人类想象的非凡力量来源于长期的狩猎经验。也就是说，狩猎技能的进化——尤其是预测猎物下一步行动的能力——导致了更广阔想象的选择。第二，至少同等重要的是，人类的想象力和表现力促成了社会制度的创新。

费尔南德斯-阿梅斯托的观点对我来说是挑战，而不是障碍。我的目的是解释人类系统的进化：当我以此为目的进行研究时，我特别关注社会组织，因为它是由人参与社会制度而产生的。在比较文化与社会制度时，人们可以说，社会制度提供了人们创造文化交流和群体文化的平台。通过个体的想象，以及他们与不断发展的社会结构之间的互动而出现的文化生产，发展成一种相对自主的存在。同时，它也为社会进化过程提供了必要的反馈。因此，我对人类进化的叙述已详细追溯了制度变迁，也探讨了不断变革的技术，主要是通过支持技术的人和社会制度，但我并没有试图阐释文化变革。我将社区层面的文化变革看作外生的——我依靠它的变化来解释进化轨迹的各个方面，但我并没有试图解释文化的轨迹。我确实认为，文化想象是创新的主要来源，而人类一旦拥有了口语，具备了组建明确群体的能力，这些创新就会促使人类社会发明社会制度。

在回顾了全球经济网络在 1600—1800 年经历了怎样的巨大变化后，我们现在来谈谈文化是否也发生了如此变化。要研究这一问题，我们必须考虑可能存在的全球互动程度不一的文化。1600 年是否存在一个全球文化网络？在 17 世纪和 18 世纪，全球文化互动在或大或小的尺度上发生了怎样的变化？与全球经济相同，我们可以肯定的是，虽然世界各地在 17 世纪经历了区域间文化互动，但这些现象不是第一次出现。在环球航行时代到来之前，伊斯兰朝圣制度作为一个文化联系制度而引人注目。这种朝圣活动受到强烈的鼓励，每个穆斯林一生至少参与一次，每年都有成千上万的人聚集在一起。麦加——那里被认为是早期先知易卜拉欣（或亚伯拉罕）的故乡——的朝圣之旅，早在伊斯兰教兴起之前就把阿拉伯地区的居民联系在一起。随后，在穆罕默德带领他的追随者从麦加前往麦地那 7 年后的公元 629 年，朝圣成为一种严格意义上的伊斯兰朝圣仪式，参与者来自日益发展壮大的伊斯兰群体的各个部分。在这场宗教庆典上培育出的思想和个人关系不仅凝聚了社区，而且有助于在广大地区传播创新理念。从 16 世纪起，奥斯曼帝国就开始着力支持和扩大朝圣活动。

对于 1600 年以后的岁月，我将依次关注物质文化、表达文化和反思文化。[442] 饮食方式是物质文化中一个非常基本的元素，而且在 17 世纪和 18 世纪发生了相当大的改变。世界贸易体系带来了全球农业在口味、食品生产过程和食品贸易方面的变革。葡萄牙移民把天妇罗带到日本，它在那里至今依然很流行。中国人很欢迎玉米、花生等新食物。非洲人开发了一些食物的新用途，包括菠萝和南瓜。咖啡树原来生长于埃塞俄比亚的卡法，现在则传播到了爪哇和美洲，后来又传播到了非洲其他地方。原产于美洲的西红柿作为炖菜、酱汁和沙拉的食材之一而广受欢迎。每一种食材，例如西红柿，都在农业、经济和味觉上引起了一场小小的革命。尽管种子和幼苗无疑是由最早的一批游客从一个地方带到另一个地方的，但海洋探索似乎花费了大约两个世纪的时间，才使世界各地的农作物发生真正重大的转变。[443] 事实上，滞后的时间可能更长：换言之，像亚洲东西两端胡萝卜和柠檬等食材的交换，是蒙古人实践的结果，此后被人们逐渐接纳。

作物从一个地区传播到另一个地区的缓慢不仅是因为农民不愿意尝试新事物。培育每种作物都需要时间，如此才能让新品种在不同的土壤、温度和降水模式下茁壮成长。此外，农民还需要时间学习种植的最佳时机，以及培育、除草和收割技术。例如，马铃薯在从安第斯山区移植到北欧和东欧之前，必须经过大量试验。然而，一旦马铃薯成功适应欧洲环境，那么它们将带来生产力和人口的快速增长。玉米在西非和东非被广泛种植。18 世纪中国人口的大规模西迁，在很大程度上有赖于玉米田的扩大。在更受地理限制的层面，作为巴西和委内瑞拉居民主要营养来源的木薯（一种块根），跨越大西洋，逐渐成为非洲中部森林和草原地区的主要作物。

家畜比庄稼移动得更快，也更容易被接受。马、牛、绵羊和山羊已经传播到旧大陆所有它们可以生存的地区，而在 17 世纪，它们又传播到了整个美洲大陆和大西洋上的诸多岛屿。在 18 世纪和 19 世纪，它们已经遍布太平洋地区。被驯化的豚鼠和野生的刺猬从南美洲传播到东半球热带地区。在 18 世纪 70 年代，当库克船长造访澳大利亚时，除了人类和狗，澳大利亚大陆上没有其他有胎盘的哺乳动物。在引入澳大利亚的众多哺乳动物中，兔子的影响最为严重，它们改变了生态环境，减少了其他物种的数量。

表达文化始于我们所说的语言。在 17 世纪和 18 世纪，阿拉伯语作为第二语言或商业语言在印度洋地区和非洲继续传播；汉语是东南亚的商业语言；西班牙语和葡萄牙语是美洲殖民地政府的语言；葡萄牙语还是亚洲和非洲沿海地区的贸易用语；加勒比海地区和印度洋地区的奴隶和自由人口使用皮钦语和克里奥尔语；北美和加勒比海地区的居民点则使用英语、荷兰语和法语。对每种语言来说，表达文化都面临着以下元素变化的新压力：问候语和礼貌用语、按照年龄和性别划分的社会角色、着装标准、家庭结构、继承模式，以及如何对待祖先和神明。

表达文化的交流包括表达媒介的转移，以及这些媒介所表达的价值观的转移。例如，音乐、文学和舞蹈传统在世界各地相互传播和影响。吉他是对表达文化全球联系的一个富有价值的反映。弦乐器很早便在非洲-亚欧大陆发展起来，其中包括里拉琴、乌德琴、曼陀林琴、比维拉琴和巴拉莱卡琴。虽然吉他在伊比利亚发展成为精英乐器，但当伊比利亚水手们首次将其带到其他港口时，吉他几乎无一例外地在这些地方成为流行乐器。它们是坚固而简洁的乐器，其构造简单，且可以多次安装琴弦。“旅行”于世界各地的吉他融入了许多其他地方的传统，因此具备多变性和多样性：这点在伊比利亚美洲尤为突出，但在非洲、印度、日本、中国和菲律宾沿海地区也都有类似情况。尤克里里是一种小型吉他，在巴西和夏威夷的音乐中占有突出地位，其在当地的传播要归功于葡萄牙移民的推动作用。[444]

非洲鼓也在传播，尽管传播范围并不远，传播速度也不快。作为一种物质文化，鼓在任意地区都可以被复制，尽管世界各地的人们都拥有属于自己的鼓。然而，非洲鼓的节奏非常独特。快速、复杂的复合节奏具有很强的表现力，且可以根据各种社会场合的需要进行调整。在非洲，鼓和敲鼓被应用于生活中的各个场合，伴随着各种社会活动。无论非洲人迁向哪里、在哪里定居（最常见的原因是沦为奴隶），都会带来鼓和舞蹈，并进行再创作，以此陪伴自己。至 19 世纪，来自西非和中非的鼓与敲鼓方法已经传播到美洲大部分地区。与此同时，非洲人横渡印度洋的活动，将来自非洲东部和东北部的鼓与敲鼓方法带到了西亚和南亚。非洲的复合节奏以较慢的速度对非洲后裔社区以外的人们产生了吸引力。在19世纪，特别是20世纪，节奏和鼓也采取了广泛的、跨文化的发展模式，这种模式曾在吉他的早期传播中被采用。

表达文化还从言语和歌曲延伸到了微妙的文学交流。文学学者马宁认为，随着全球旅行的变化，文学文化也发生了显著的统一性变化。她指出，在贸易扩张，尤其是白银带来的社会条件变化的背景下，小说这一文学形式在东西方同时出现。她列举了五部早期的小说，在写作时间上相当连续：16世纪90年代流传的匿名中文手稿《金瓶梅》，描绘世俗生活中的金钱与性欲；1682年井原西鹤的日文小说《好色一代男》，追溯了城镇商人和妓女的生活与情感；1605年塞万提斯撰写的西班牙文小说《堂吉诃德》，关注的另外一个重点是白银；1719年丹尼尔·笛福出版英文小说《鲁滨逊漂流记》，在小说的续集中，克鲁索被塑造成一名前往远东的商人，在那里，他抱怨英国经济在世界市场中并未占据核心地位。[445] 这些例子表明，进一步的研究可能会获得更多有关表达文化联系的例子，而这些联系是由全球经济同步调节的。[446]

在更宽泛的宏观文化层面上，人们可能会问：至18世纪末期，一个整体的全球文化是已经存在还是正在形成？我们最直观的反应可能是否定的，我们会把世界分成不同的文明群体，每个群体都有自己独特的文化传统。另一方面，全球共享文化的元素早在17世纪甚至更早就已经出现了。关于独特文化传统的争论通常集中在欧洲反思文化的传统上。反思文化最充分地记录于其文化形式之中，包括哲学、科学和宗教文化。在17世纪和18世纪，哲学和科学文化的研究主要依靠欧洲启蒙思想家的贡献，包括“文人共和国”制度。[447] 维柯之于语言、牛顿之于力学和微积分、林奈之于生物分类、狄德罗之于科技、伏尔泰之于诸人文学科，以及康德之于启蒙运动的精粹总结等杰出成就，不过是思想上深厚传统的上层外壳。从更加全球化的角度来看，塞巴斯蒂安·康拉德（Sebastian Conrad）试图打破启蒙运动研究中的欧洲中心主义偏见，他有力地论证了18世纪和19世纪亚洲学者在社会和人文事务中的关键研究，尽管他们普遍为欧洲学者所忽略。[448]关于“启蒙运动”的定义究竟有多广泛，争论仍在继续，但随着康拉德的介入，争论的基础已经开始转向。

然而，对于自然科学来说，还没有人认为全球意义上的话语在17世纪和18世纪继续存在。在那个时代，对于不断发展的科学世界，概念化是全球性的，但绝大多数实践却似乎位于欧洲——这与世界各地物质文化的共享形成了鲜明对比。在全球经济和全球科学知识方面，欧洲人在19世纪初取得了世界意义上的显著优势。然而，从目前的证据来看，这两个领域通往欧洲霸权的路径似乎有所不同。就经济而言，目前学术界正在着力研究全球商业的发展和全球分布的扩张，以及生产体系的进步发展。欧洲人获得经济优势并非因为一个新体系的突然加强，而是因为与其他地区的居民进行稳定而持续的对抗、创新和交流。相比之下，对于科学知识而言，我们看到了明显的脱节。在此前的2000年里，世界上的文字社会发展出了科学分析的要素，对这些要素进行交流和翻译，并在科学知识和技术方面互相分享了很多。这个过程并不顺利：有人定期组织翻译此前领先的科学界著作，紧接着，新知识会突然爆发。[449]13世纪到16世纪，翻译浪潮把世界范围内的知识从阿拉伯语、希腊语、希伯来语和其他语言带入拉丁语和其他欧洲地方语言中。此后，科学分析似乎突然变得集中起来，至少在一段时间内，欧洲和欧洲人是独一无二的。随着人类世的到来，欧洲人的知识霸权本身就成为一个重要因素。科学知识的这种明显脱节需要进一步的分析。

政治观的激荡

在18世纪末，资本主义及其支持者的影响力虽然在迅速扩大，但还未宣称要统治世界。资本主义及其制度的扩张给人类社会带来了越来越多的问题：制度适合度是以整个社会的福利为标准来衡量的，还是以社会中特权群体的福利为标准来衡量的；什么样的监管能够有效改善制度的运作；还有社会制度中等级制度整体扩张的相关问题。在解放、民主和民族主义浪潮的支持声中出现了相对较新的问题，而这三者中的每一个又都以这样或那样的方式竞争控制权。

后来形成民族国家体制和民主政府形式的因素激荡于这个时代，这两项制度先后登上了历史舞台，而到了19世纪，尤其是20世纪，二者又彼此紧密相连。我在此想表述的意思是，虽然以欧洲为中心的国家和民主的历史肯定会保有其目前所具有的重要意义，但这两个问题也有着深刻的全球性根源，我们可以在18世纪末以世界为背景的讨论中对其加以研究。詹姆斯·克洛彭伯格（James Kloppenberg）在对美国和欧洲思想的分析中指出，民主制度的成就和悲剧从早期开始就很明显。[450] 他指出了民主本质和实现的三项原则：人民主权、自治和平等。更准确地说，这些是作为权力来源的人民的意愿（尽管在代表权和参与执行问题上存在争论）；自治的自主性；政治进程中机会和结果的平等。此外，克洛彭伯格认为，民主还有赖于三个额外的伦理原则：商议（其中暂时的真相源于自由的调查）；多元（承认对美好生活不存在统一看法）；互惠（承认所有人都应该受到尊重，并在论述中考虑他人的观点）。因此，民主原则为统一或平衡对比鲜明的价值判断提供了一个途径。

最为重要的是，克洛彭伯格提出了一个警告，即“民主的悲剧性讽示——没有什么能比得上它——社会和政治安排反复出现，虽然这些安排最初似乎反映了人民的愿望，而结果要么是释放了先前被压抑的破坏民主的冲动，要么是产生了其他压力，出现了新的、意想不到的依附和等级制度形式”。[451] 满足人民意愿的希望通常走向错误的方向，因此最初的包容性观点最终会对一些希望加入共同体的成员强加排他性限制。尽管如此，克洛彭伯格仍然乐观地认为，“民主的灵活性和开放性使它特别适合越来越适应科学敏感性的文化，其致力于通过反复试验来检验多种假设，并通过公开调查检测其结果”。[452]

至于国家地位和民族主义，本尼迪克特·安德森的相关反思自1983年出版以来就一直维持着近乎标志性的地位，其重点把印刷资本主义作为想象中的民族主义共同体最初的基础。安德森以拉丁美洲作为自己详细论述的起点，这是一个在18世纪和19世纪将这些思想广泛应用的地区，不过在19世纪时，安德森又将论述重点转向了欧洲。安德森关注了民族主义思想和行动中的矛盾倾向：既要实现包容，又要实行社会和政治的排斥。

国家地位和民主的问题是如何获得世界性意义的？民主和民族主义是通过特定的思想体系从它们的起始点沿着通常的路径传播的吗？与一般的扩散概念不同，我提出了“结晶”这一过程，在这一过程中，尽管没有从一个地方到另一个地方的具体制度或话语反应的线性传递，但已经为全世界所共享的条件引发了非常相似的反应和创新。对于国家来说，最为明显的是，在18世纪，随着世界市场的联系日益紧密，以及政治、战争和税收对于财富获得和认可的意义愈发重要，政治和文化取得明显统一的政权，能够在对抗更加激烈的全球国家纷争中更好地促进自身的利益。一个令人关注的例子是，切罗基人——在与英国殖民者和其他美洲原住民的互动中，经历了和平贸易和敌人对其独立性的侵犯——在18世纪初选择了与英国、之后的美国建立外交关系这一政策。切罗基人组建了国家政府、新闻机构，以及一场声势浩大的运动来维持自身的独立；然而，切罗基人的要求遭到了美国的拒绝，后者谴责并解散了这个国家，大多数切罗基人因此踏上了前往俄克拉何马的血泪之路。在同一时代，迈索尔的蒂普苏丹和埃及的穆罕默德·阿里所创立的政治体系虽然没有任何民主色彩，但他们却开展了内部统一和经济振兴的运动，这些运动无疑是国家工程。[453]

至于民主，其基本理念的广度要大得多。世界各地的村级传统包含许多类型的制度，使人们能够参与决策，以便解决冲突和向上级提出建议。关于政治民主的学术论述只在少数地方得到了详尽发展。然而，无论何时出现一个新政权，如 13 世纪 30 年代的马里、1500 年的萨菲，或者 17 世纪的马拉塔，开国政治领袖们都会利用其崛起过程中的地方政府机构，作为其更大政权的基础。结果自然包括等级制度的扩张，但也包括会议、规章制度、话语空间，以及其他对中央权力的限制。通过这些方式，全世界的人都拥有了参加人类世政治辩论和斗争的经验。

人类世进化

第九章 系统性威胁

我们人类自 1800 年以来就步入了人类世。在这个时代，人类已经成为地球上变化的主要推动者。人类世的确切开始日期尚无定论，但我选择了 1800 年这个时间点，因为此时人类社会和自然界都发生了变化。[454] 从发展的角度来看，人类系统在之前的两个世纪里一直蓬勃发展。然而在人类世，盖娅和人类系统遭遇了不稳定状况，甚至危机。盖娅的古老动力现在被人类秩序和由两个系统强烈互动产生的新模式冲击。栖息地遭到破坏，物种灭绝，水域变迁，气候也转而类似于更新世的波动时期。[455] 在人类世，人类系统本身，包括其经济、社会和文化这几个组成部分，也同样不稳定。威胁的形式包括政治冲突、日益加剧的社会经济不平等、社会抗议和革命、规模空前的战争，以及与环境之间关系的重构。这种不稳定是从什么时候开始的？也许这是资本主义扩张的结果。同时，这一体系的紧张状态可以被视为早期文明创新的高潮。更进一步来讲，人类系统中的问题也可以追溯到非洲东北部社会秩序的初创要素。

除了人类世环境和社会秩序的双重危机以外，我们还必须承认第三重危机的存在。换言之，人类对如何面对人类系统和盖娅的双重不稳定状态知之甚少。对于应该在哪里寻找解决方法，我们有一个线索：无论是好是坏，每个问题的核心似乎都是人的能动作用，尽管有些人否认存在任何危机。然而，第三重危机是最大的挑战。自然科学家知道得足够多，可以肯定人类系统正在破坏盖娅的稳定；社会科学家也确定地知道，人类的社会实践造成了社会的不平等、等级制度和对立情绪。然而，没有人知道如何解决人类的危机或自然的不稳定——更没有人知道如何同时解决这两者，虽然我们必须解决它们。

人类已经积累了大量知识，特别是在过去一个世纪里，但我们的社会依然无法对这些系统性威胁做出有效反应，这颇具讽刺意味。对我个人来说，我和其他人一样，对无法应对挑战而感到沮丧。但我在本书中确实会提出一些观点，从中或许可以发掘出构想解决方法所需的材料。作为一个分析框架，人类系统包罗万千，但我们也要留意子系统和复杂的互动。社会进化的观点追溯了人类群体创造和更新社会制度，以此来创建自身命运的过程。这些分析工具着眼于人类群体行为、个体行为，以及二者的相互作用。最后一点需要对群体行为进行更多理论研究，以此配合对个体层面行为的分析。为了探索人类世时期的这几个问题，本章从三个描述性部分开始，这些部分证明了人类世转变的重要性，之后我将会转向三个分析性部分。分析的中心是平衡假设，以及群体和个体行为的思想意识。

经济变化：资本主义与分化，1800—1900 年

在 19 世纪，在强调文明优越性和个人主义意识形态的大旗下，尤其是在英国的经济和帝国版图扩张的引领下，资本主义经济制度主导了世界经济。[456] 英国资本主义扩张——可以追溯到上一章中的 1815 年——的加速过程一直持续到 19 世纪末。其结果就是全世界在经济、政治和意识形态上的分化。从 1815 年起，英国的商人和政策制定者通过棉花、茶叶和鸦片来榨取印度的财富；他们向中国出口鸦

片，以此作为自由进入中国国内市场的手段；他们开展反奴隶制运动，以期限制西班牙、葡萄牙和奥斯曼等竞争者的影响，并在拉丁美洲和美国投资铁路等产业。英格兰银行在 1818 年重申了金本位制，以此巩固英镑，并鼓励出口。同一时期，英国工业化规模扩张，在运河和铁路建设方面体现得尤为明显。

奴隶制在 1850 年达到了世界意义上的顶峰。虽然英国在 1807 年废除了奴隶贸易，但并没有解放奴隶。在牙买加的一次大规模奴隶暴动后，英国议会于 1832 年采取行动废除奴隶制，但最初还是让奴隶在先前主人的手下成为“学徒”。1838 年，又一次奴隶起义的爆发才间接使英国奴隶获得全面解放，奴隶主得到了金钱补偿，而奴隶却没有。在 19 世纪的“第二奴隶制”中，俘虏继续被非英国船只运往古巴和巴西，在那里从事糖、烟草、咖啡种植及采矿等生产工作，而美国的奴隶制仍继续存在。奴隶制在非洲大陆的许多地方，以及缅甸、暹罗和荷属东印度群岛也有所扩大，而奴隶贸易也给西亚和南亚带来了更多俘虏。1843 年，英国人开始压制印度洋的奴隶贸易。奴隶制从 1850 年开始迅速衰落，但截至 1900 年，非洲和亚洲仍有 100 多万人处于被奴役状态。

从 1839 年到 1846 年，英国在政策和意识形态方面又采取了一系列措施，以进一步加强其国际地位。英国政府间接地通过英国东印度公司扩大了从印度到中国的鸦片销售，以此帮助支付英国昂贵的茶叶进口费用，与此同时还可以获得白银，使印度消费者能够购买英国的棉纺织品。[457]1839 年，中国政府销毁了待售的非法鸦片库存，英国以此为借口，派出一支舰队攻击中国的港口和舰队。在第一次鸦片战争后于 1842 年签订的条约中，中国承认战败，并割让香港岛予英国，还向外国商人开放了五个通商口岸，与此同时，从印度而来的鸦片进口继续增加。1844 年，英国强化了金本位的条件，进一步鼓励英国出口贸易。随着黄金流入英国，其他缺乏黄金的大国因此无法扩大货币供应以鼓励经济扩张。1846 年，英国放开了谷物自由贸易，废除了《谷物法》——此举损害了英国农业，但却使得进口小麦能够养活工人，以此刺激了英国制成品的出口。这些决策综合起来确立了“自由贸易”的政策和意识形态——英国采取最低限度的贸易限制，并动用军事力量终止任何其他大国对贸易的限制。同一时期，宪章运动的支持者为平民寻求政治平等。他们 1842 年的请愿书上有 330 万人的签名，请愿书呼吁男性普选权、无记名投票以及其他改革措施。英国议会否决了这份请愿书，他们认为平民已经从英国政府的权力中获得利益，因此不需要进一步延伸。

19 世纪中叶，“文明”一词在全球经济和政治力量大分流的时代开始流行起来。“文明”是一个以种族为基础对地区和民族进行分类的术语，它是对欧洲霸权胜利的欢庆，也是对解放社会运动的拒绝。也许有关“文明”最具影响力的宣传是阿蒂尔·德·戈比诺（Arthur de Gobineau）发表的《论人类种族的不平等》（*An Essay on the Inequality of the Human Races*，1853—1855）。这位法国律师和外交官撰写了一部关于文明和种族的推测性历史——每个种族都被划分为部落和国家——这部著作阐明了欧洲读者正在形成的共识。在戈比诺看来，文明是通过“文明本能”与群体层面的文化和管理（其带来了稳定、社交以及对暴力的憎恨）的神秘结合而实现的。他用“Aryan”（雅利安）一词代指印欧诸语民族，用“Caucasian”（高加索人）一词代指浅肤色欧洲人。他对白种人、黄种人和黑种人进行了区分，认为每一个种族、语言和文明群体从根本上是不同的、相互排斥的，因此将它们进行混合是弊大于利的。总而言之，戈比诺对于 19 世纪世界的解释是，种族和文明契合一个明确的等级制度，且该制度不会发生改变。戈比诺本人是一个业余学者，但他的著作以绚丽的语言重申了已经为西欧和北美舆论领袖所采纳的假设。[458]

大分流——彭慕兰的研究证明，在 18 世纪末，中国经济中心的财富和生产率与欧洲经济中心相比是下降的，这种现象在19世纪扩展到全世界。[459]1850年以后，又有几个国家加入了由英国领衔的全球经济领导集团，这种模式被彼得·格兰（Peter Gran）称为“多边主义”，而我称其为“亲资本主义国家”与“跨国业主联合组织”的联盟。[460]这相当于我所说的业主联合组织向全球扩展。换言之，与资本主义业主联合组织存在紧密联系的国家互相合作，对外通过炮舰外交来遏制不合作国家限制贸易的行动，对内使用警察来镇压国内工业劳动者组建工会的努力，从而使自由贸易政策得到相互的强化应用。欧洲和北美的领袖们用西方文明优越性的思想来解释他们取得的经济增长。19世纪中叶的一系列冲突似乎证实，资本主义受益者与其他弱势群体正在迅速分化。美墨战争（1846—1848年）以墨西哥割让辽阔的西北领土予美国而告终。[461]欧洲1848年的叛乱运动始于西西里平民奋起拥护共和制的行动，后来则演变为工薪阶级反抗自身所处环境的暴动——尽管这些运动都失败了。

就人员伤亡而言，另外三次大规模冲突的意义更加重要，它们都反映了这个时代有关解放的主张。第一次鸦片战争结束后，清政府通过加税来偿还战争债务，从而导致了1850年的太平天国起义。自称耶稣兄弟的洪秀全得到了广泛支持，并对清政府发起挑战。在这场伤亡惨重的战争中，起义者于1853—1864年占领了南京，并以那里为中心施行统治。有数百万人死于长江流域的战斗，直到清政府重新控制这片地区。[462]在印度，当太平天国运动进行到一半时，英国军队中的印度土兵于1857年发动起义，范围涉及整个印度北部。英国出动军队血腥镇压：英军损失很小，印度土兵的伤亡更多。在为期两年的镇压中，印度人口损失达到数百万。伦敦以总督领导的政府代替了东印度公司，殖民地政府需要向伦敦的印度事务部汇报工作。议会因此组建了英属印度，直接或间接地统治英国在印度洋的领土。第三场冲突是1861—1865年的美国内战。美国南方的蓄奴州，是出口棉花到英国的主要棉花产地，为了保护自身的奴隶制度而脱离联邦。与此同时，南方的奴隶和北方的自由民则寻求解放。[463] 与其他同时期的冲突一样，美国内战造成了严重的人员伤亡。这三场重大冲突彼此完全不同，但都反映出了社会的严重失衡——所有这一切都与全球因素有关，而不仅仅是地方因素。太平天国运动和印度起义各造成了数百万的人口损失，而美国内战造成的伤亡估计最多 100 万。[464]

社会变化：民族国家代替帝国，1870—1970 年

19 世纪和 20 世纪接连发生了政府制度的变革。君主制政府要么采纳了民族国家宪政统治，要么被推翻下台。几个伟大的帝国于 20 世纪初达到了各自的巅峰，然后便于该世纪中叶竞相崩溃。民族国家政府，特别是共和制形式的政府，一直发展到近乎普及为止。在仅仅一个多世纪的时间里，帝国为民族国家所取代，这可以说是人类社会进化过程中的一个重要变革。[465]

尤其是 1850 年以后，专制君主不得不将权力让渡给选举产生的议会，并由后者挑选政府官员。这种转变始于英国，而现在已在西班牙、丹麦、瑞典、日本和泰国上演。荷兰、法国、巴西、希腊和比利时等国都建立或恢复了君主制政体。[466] 已经存在的君主制在统一后的意大利（1860 年）和德国（1870 年）及明治维新（1868 年）的日本发展为君主立宪制。然而，19 世纪君主制被废除的速度甚至快于其被创建的速度。在某些情况下，君主制国家转变为了共和国。1793—1870 年，法国建立并推翻了四个君主制政府；巴西于 1888 年推翻了帝国，中国的清王朝则于 1912 年结束。第一次世界大战终结了俄国、奥地利、德国和奥斯曼帝国（1924 年）的君主制政体，并在欧洲促成了许多新兴共和国。在其他情况下，欧洲君主制帝国的扩张终结了亚洲、非洲和太平洋地区已经存在了几个世纪的君主制政治

实体。随着欧洲军队占领非洲——主要发生在1880—1910年——几十个非洲君主制国家屈从，其中包括索科托哈里发国、阿散蒂帝国和祖鲁王国。存在这样一个特殊案例：当荷兰军队于1908年占领巴厘岛时，一拨又一拨的巴厘王室成员向手持连发步枪的荷兰军队发起进攻，这实际上是他们在其所属的旧秩序终结时寻求自杀的举动。[467]

伴随着资本主义在全球扩散，新一轮扩张浪潮于1850年左右开始。我们必须记住，资本主义制度是在16世纪和17世纪对帝国的挑战中形成的，当时，商人和业主与君主和贵族展开了斗争。然而到了19世纪，资本主义却将帝国作为自己的工具。随着帝国主义于20世纪初发展至顶峰，民族和帝国从根本上已经相互混淆。以爱尔兰作为其密切殖民地的英国进一步扩张，夺取了非洲、亚洲和太平洋地区的许多领土。对其中一些拥有大量定居人口的领土（如加拿大和澳大利亚），英国允许它们实行自治；印度和其他领土则由英国实行统治。荷兰将其亚洲殖民地从爪哇岛扩张到了整个印度尼西亚群岛。德国几乎是一建立民族君主制政体就立即吞并了非洲和太平洋的几块殖民地，它还寻求在中国和南美洲建立其他殖民地。与之类似，日本在重新定义自己为民族国家后的几十年间发起了军事行动，获取了一些殖民地。[468]无论是共和制，还是君主制，强大的民族国家都在寻求征服新的土地。共和制法国继续控制着加勒比海、印度洋和太平洋的殖民地，它还获得了东南亚的大片领土，以及面积更大的非洲领地。对于美国和其他美洲大国来说，国内原住民居住地的地位等同于殖民地。[469]对于这些情况，经过漫长的拖延，联邦政府最终允许将这些地区作为州或省并入本土，并承认原住民为国家公民。此外，美国通过在1867年获得阿拉斯加，以及自1898年以来陆续获得的其他海外领土，也拥有了一个海外帝国。

第一次世界大战和第二次世界大战既是帝国之间的战争，也是民族国家之间的战争。民族国家大多幸存下来，有些甚至还得到了扩张，而对于帝国来说，它们的前途更加复杂。俄国、中国和伊朗都拥有着数百年甚至数千年的帝国传统，它们经历了社会革命，成为强大的民族国家。美国、巴西、印度和印度尼西亚脱离了英国、葡萄牙和荷兰，成为强大的民族国家。与之相对，大多数帝国失去了它们的殖民地，旧帝国的核心地区成为民族国家，例如英国、法国、葡萄牙、西班牙、土耳其、荷兰、日本和意大利。帝国间的战争结束后，国际联盟于 1919 年成立；传承国联衣钵的联合国，则必须适应把民族国家作为最终标准规范的世界。

非殖民化分别于 20 世纪 40 年代和 60 年代席卷亚洲和非洲。[470] 这场民族与政治的双重独立浪潮也是反种族主义的有力宣言，因为在过去半个世纪里，非白人被剥夺了选举权和政治职位，而现在他们得以正式参与到政治当中。总体而言，现代殖民主义于 1890—1940 年达到顶峰，而在 1991 年，随着苏联解体，它几乎消失无踪了。欧洲列强曾利用武力和自由市场意识形态建立了庞大的帝国，但它们却在两次世界大战后眼看着这些帝国崩溃。然而，一些帝国的遗产仍然存在，例如被少数国家用作军事基地的岛屿，以及被人们广泛应用作为第二语言的印欧诸语，尤其是英语。[471] 新兴的民族国家秩序——安东尼·杰拉尔德·霍普金斯（Antony Gerald Hopkins）称之为“后殖民时代全球化”——带来了新的不平等，因为各民族国家在人口、经济和军事方面的相对影响力发生了变化。[472]

发展和极限，1800—2020 年

在人类世，人类经历了两个世纪的多领域快速发展。在此我们要做的是，找到一些对人类系统具有重要意义的发展模式。我首先给予关注的领域是能源来源和规模的变化。1800—2015 年，人类每年的能源消耗量增加了 24 倍。[473] 在 1800 年，木柴提供了全球绝大

多数的能源，与之相伴的则是用量较少但却不断增长的英国煤炭。石油、天然气和水电于19世纪末进入市场。截至2020年，煤炭、石油和天然气分别提供了不到1/3的能源；来自木柴的能源占总消耗能源的7%，仍然超过太阳能、核能、风能和水能的占比。[474]畜力也一直与其他能源联系在一起——城市中马的数量在19世纪末达到顶峰。

世界农业产出的增长速度超过了人口的增长速度，这表明人类饮食得到了更好的供给：1900—2000年，小麦产量增长了13倍，达到每年7.55亿吨。在相同的时间段内，其他几项全球经济指标都达到了原来的约30倍：可可（一种适度的奢侈品）的产量是之前的30倍，达到每年300万吨；全球钢产量从1900年的一年2800万吨上升到2000年的一年8.5亿吨，也在一个世纪内增加了约29倍；铜产量也以同样的速度上升，1900—2013年增长了34倍。1800—1910年，世界航运吨位增长了9倍，而1900—2000年则增长了25倍。换言之，今天的世界航运吨位是两个世纪前的260倍。由于许多商品属于当地生产、当地消费，航运业的扩张速度因此要高于总产量的上升速度。然而，1980—2018年，海运能力翻了一番，运力达到近20亿载重吨。[475]

经济生活的质量也发生了变化。在工业扩张的早期阶段，小公司对消费者几乎没有影响："竞争"意味着利润很少超过适度水平。至19世纪末，公司开始能够影响市场价格。"竞争"现在针对的是特定的竞争对手和消费者，而不是宏观的市场；企业利润随着广告支出和消费者价格的上升而上升。20世纪末期，随着垄断和寡头的发展，价格和工资不再被设定在使市场出清的均衡水平；它们是由大买家和大卖家的谈判能力决定的。

随着工业化的发展，废料问题愈发严重。由于城市污水问题突出，至19世纪中叶，欧洲和北美的主要城市开始修建污水处理系统。

至20世纪初，所有拥有下水道的城市均已配备污水处理设施，但下水道系统的建设速度无法跟上日益加快的城市化进程。固体废料占用空间很大，却被人们长期忽视，现在人类正在对其进行分析研究：2005年，城市固体废料（家庭和工业）平均每人每天1.2千克。较低的区域数值为印度的0.45千克和非洲的0.65千克，而经济合作与发展组织（OECD）成员国（20个富裕国家）的数值为平均每人每天2.2千克。

1800—2020年，世界人口增长了7倍，从10亿增长到近80亿。[476]考虑到人口数量的增加和人类寿命的延长，2015年人口要超过1800年人口20倍之多。1800年，全球平均预期寿命为25岁，这一数字较低的原因是婴儿死亡率高。至1900年，全球平均预期寿命已上升至35岁；至2015年，这一数字又翻了一番，达到72岁。换言之，人类平均寿命在两个世纪内几乎增长了2倍。富裕国家和贫穷国家居民寿命差距随着时间的推移而逐渐缩小，尽管二者之间的收入差距在扩大。2020年，日本人的预期寿命达到84岁，巴西达到76岁，埃塞俄比亚是66岁。儿童死亡率方面的变化也许更为显著：1800年，全球活过5岁的儿童估计不超过56%；至2015年，96%的儿童能活过5岁。城市人口增长惊人：1800年，城市人口仅占总人口的3%，1900年，这一数字增至14%，1950年增至30%，2000年刚过，这一数字已超过50%。根据联合国的预测，随着全球人口将于2024年超过80亿，全球农村人口将开始下降。[477]这种变化并不是没有先例可循——在瘟疫大流行和气候变化早期，农村人口也减少了——但我们现在面临的状况似乎是农村人口的永久性下降，而城市人口还在上升。

人口的变化不仅有数量上的增长，大量人口还从旧大陆去往了新大陆，从温带地区来到了热带地区。在至1940年为止的大规模移民时代，移民主要来自欧洲、非洲和亚洲的人口稠密地区。1600—1850

年，被奴役的非洲人占据了海外移民的大多数，但蒸汽船运输、资本主义扩张以及帝国这三者的结合，导致了直至第二次世界大战为止的欧洲和亚洲人口大规模迁移。[478]1940 年以后，热带地区人口增长最为迅速：非洲、南亚、东南亚和拉丁美洲的人口相对增长，而东亚和欧洲的人口则处于相对下降趋势。[479]1820—2010 年，欧洲人口占世界总人口的比例从 21% 下降到了 11%，而新大陆的这一数字则从 3% 上升到了 14%。随着人口的重新分布，工人的平均收入也在重新分配。表 9.1 按区域列出了对于工薪工人实际收入的最新估计数值，数值随着时间的推移而增加，但各区域之间的差距则在缩小或扩大。

表 9.1　各地区建筑工人实际工资平均值，按照可比物价水平的相对价值计算

	西欧	北美	拉美	东亚	东南亚	非洲	世界
19 世纪 60 年代	11.5	43.9	6.6	2.8	4.7	3.1	6.3
20 世纪 10 年代	16.9	77.2	10.6	4.3	3.7	4.4	12.5
20 世纪 40 年代	26.2	75.8	14.4	5.2	4.3	6.2	13.8
20 世纪 70 年代	49.4	145.5	21.3	19.4	4.7	6.1	26.4
20 世纪 90 年代	105.2	168.1	29.9	26.9	8.5	11.0	35.3

来源：van Zanden，*How Was Life?*，75，80。

后殖民全球化时代的变化包括区域经济一体化取代帝国路线，从前殖民地地区向前帝国中心地区的移民，人权话语取代种族等级思想，从前殖民地地区向前帝国中心地区的资本转移，以及健康和教育均等化的趋势。[480]1991 年苏联解体后，后殖民全球化时代国家影响力发生波动的例子有：日本的快速发展停止了，而中国的发展却在加

速。美国的人口处于增长中，但其占世界总人口的比例从 1960 年的 6% 下降到了 2020 年的 4%。1960 年，美国经济产出占全球经济产出的 40%，而到 2020 年，美国和中国的经济产出加起来才占全球经济产出 40% 的份额。

普遍发展虽然是相对较新却很平常的一个现象，但这已经成为习惯。这也是一种观念的诉求。然而，发展因空间和时间上的不同而不同：热带地区和殖民地的发展都较为滞后。经济发展的逆转从未离开过这幅场景——风暴、饥荒、经济萧条，以及战争给时代带来的衰退与贫困。直至 20 世纪 70 年代，少数分析家才开始辩称，经济发展可能不会作为一种普遍现象持续下去。[481] 然而，时至今日，当发展面临的威胁和发展自身的危险无处不在时，仍然存在一个明确的全球性共识：对进一步发展的渴望与期盼。

何人受益？工会与制度适合度，1880—1970 年

“何人受益？”——这个被罗马法学家卢修斯·卡西乌斯反复提及的问题——在法律和社会研究中已显示出它的价值，一直到现在。[482] 虽然这类研究通常是在个体层面分析框架之下进行的，但我也将其应用于群体层面分析。我认为，“何人受益”这一问题是分析社会制度的核心，因为它指向的问题是质疑制度在社会中的适合度。正如我所说的，社会进化在某种程度上类似于生物进化。也就是说，在生物进化中，一个单独有机体的特征如果有益的话，那么由此就产生了这个有机体的“适合度”，它就会在物种繁衍中、在兴旺发达的后代中表现出来。对于社会进化而言，一个社区内一项制度的特征如果有益的话，那么通过社区内受益群体的利益传承，将产生社区“适合度”。[483] 在本节中，我们将探讨工会在其卓越的百年发展历程中的成功与失败，即它们的适合度。这种分析也适用于其他社会制

度，如企业、政府、学校、种族群体、民族国家、宗教组织和卫生组织。

对于社会进化来说，另一个复杂的问题是，无论是对于服务的人群，还是做出选择的人，受益群体（我们将通过它们评估制度的适合度）都并不具有唯一的定义。首先，受益群体可能小到制度本身的负责人，也可能大到制度所在社区的所有人；受益群体一旦确定，就可以通过其后代数量进行评估（就像评估生物适合度一样），或者可以通过民众的"社会福利"进行相同的工作。其次，确定受益群体的个体或群体是可以变化的。群体目标和受益群体的敲定者可能仅仅是制度本身的负责人，可能是制度内的所有人，也可能是一个更高级别的制度机构，如国家。[484]

工会是 19 世纪和 20 世纪世界范围内的一项新制度，它经历的成长和转变都浓缩在四次变革浪潮之中。1850—1920 年，工会伴随着工业资本主义和全球性帝国而出现。尽管屡战屡败，它们最终还是拥有了大量成员，并挑战了雇主对劳资关系的掌控。1920 年，情况发生了变化：国际劳工组织（ILO）以劳资关系调解者的身份出现；苏联成为一个正式与工会结成同盟的国家（后续跟进的则是其他社会主义国家）；工会在几个国家获得了合法地位和参与社会福利体系的权利。1945 年，第二次世界大战的结束带来了进一步的急剧变化，战争的结果强化了工人的经济地位和思想意识。然而，在自 20 世纪 70 年代开始的第四次变化浪潮中，工会迅速衰落。

工会最基本的理念是，工人在与雇主谈判时应该享有集体代表权：这需要工人们就其代表形式达成共识——最初是非正式群体，后来是一项制度——以及雇主或公开或私下里承认工人的声音。工会虽然在其成立初期通常是非法的，但越来越多的工人支持工会，他们感受到了自身所处环境的压力，因此选择冒着风险加入共同事业，一起向雇主提出要求。工会支持者寻求团结一致的合作者，并共同就改变工资、工时、工作保障和福利的目标奔走呐喊。他们进一步讨论了他们的受益群体——是特定企业的工薪工人，还是更广泛的群体，如他们的家庭、社区或更多工人？

两个问题使得对工会制度适合度的分析趋于复杂化：地域分散性和情况复杂性。[485] 从地域上讲，工人集体主义出现于任何存在工人群体的地方，无论他们是自由的还是受奴役的，不过大型工业中心的工人得到了最详细的记载。此外，工会与社会经济结构存在多层次互动。例如，早在 1877 年美国铁路大罢工时，工会就与多个雇主、社区、州和国家的行政机构建立了密切关系。工会所遇到的很多情况都需要注意诸如商业周期、技术变革、同事团结，以及农场、工厂、运输工作和办公室工作等具体工作场合关系等因素。工会一直面临着基本的再生产问题——维持和传承其制度结构。它们依靠纸质档案和成员记忆中的档案：口述、会议、歌曲、游行、报纸和会议。如果工人拥有政治权利，他们可以支持一些选举政党，如各种劳动政党和社会主义政党；他们还可以无视自身权利而表达无政府主义观点。

在这种复杂背景下，工会面临着适合度问题。它们的受益群体肯定包括地方一级的工人，但同时也可能包括工人所居住的社区。然而，对工会来说，与受雇企业所提供的商品或服务的消费者结盟同样至关重要。适合度问题中的第二个问题是该由谁担任制度的领导者，他们应该怎样被挑选出来，应该进行怎样的领导，他们在确定受益群体时又该发挥怎样的作用。例如，雇主通常以牺牲工人和工会成员的利益为代价，向工会领导者施压，要求他们更倾向于雇主的观点。在适合度方面还有一个问题，那就是工会与国家当局的关系。法律、行政和警察机关是否敌视工会？它们在劳资冲突中是中立的，还是说它们是工会利益的支持者？

至 20 世纪初，西欧和北美工会在发展工人成员和社区支持方面的成就十分突出。社会主义（但那时也是无政府主义）的意识形态将各工会团结在一起，同时也在政治舞台上代表了工会，使得工人们获得了选举权和其他公民权利。然而，随着农业和工业生产、运输网络、矿业和林业，以及白领工作范围的扩大，工会的规模与野心也随之增长。与欧洲相比，北美洲企业联合起来抵制工会的力度更大，它们在法庭上赢得了官司，但也不得不面对限制大公司合并和串通的立法。欧洲工会和社会主义政党在贯彻选举策略时，往往能够将工会合法化。公司在横向和纵向上整合了所有权和业务，建立了自己的警察部队，雇用了私人警卫，并呼吁国家在公司与工人发生冲突时为自己提供武力支持。1914 年，在阿姆斯特丹举行的会议上，来自北美和西欧组织最为完善的工会成立了一个新的国际组织——国际工会联合会。

第一次世界大战后，工会历史翻开了新的篇章。除了资本主义企业的持续转型外，那个时代还发生了三次制度性转变：国际劳工组织的建立，“工人国家”苏联的崛起，以及一些国家的工人开始享有合法的工会代表权。有关制度适合度的问题没有发生什么变化，但工会为其支持者服务的能力明显提高，尽管这并不是一个一贯的过程。在 1920 年以后的一段时间里，尽管工会在任何具体的工业部门都可能遭到激烈抵制，但它们作为经济舞台的一部分而得到了正式承认，在这个舞台上，交替上演着劳资关系中的对抗与和解。成员人数和认可度在繁荣时期和萧条时期都有所发展，但变化突如其来。在第一次世界大战之前，工人与雇主之间的意识形态差异往往很大，而这种差异在两次世界大战期间进一步加剧了。

国际劳工组织旨在促进雇主、工人和国家之间的和解，为工会组织、雇主组织和政府代表提供发表意见的平台。它的行动包括为世界范围内的工人权利、工作保险和养老金事务提供示范性立法；迄今为止，它都是一支调解性力量。[486] 国际劳工组织提供调解，而俄国革命及其支持者则强调工人的好战性。1919 年，苏俄（布尔什维克已经于 1917 年取得领导权）组建了共产国际，世界上的社会主义政党分裂为两个集团。当国际劳工组织于同一年重建后，红色国际劳工联合会也在 1920 年成立。[487]

两次世界大战期间，虽然意识形态斗争日益激烈，但工会力量不断壮大，不仅在北大西洋地区，在中国、印度、日本及其殖民地以及拉丁美洲等亦如此。在苏联，工人通过与政府的联盟维持工会成员资格并获得福利，但却失去了独立进行工作条件谈判的权利。阿道夫·希特勒在上台后两个月内废除了所有工会，取而代之的是一个包括雇主和工人在内的德国劳工阵线。这是希特勒军国主义、反共产主义、反犹太主义的早期实施步骤，而且其征服的欲望很快导致战争。第二次世界大战是分阶段爆发的：1937 年，日本全面入侵中国，挑起大规模战争。随着战争扩大，每条战线上的暴行都在加剧，而对抗轴心国的同盟国也越来越强调民主权利和反种族主义。

1945 年年底，随着欧洲发生的大屠杀和日本在亚洲的种种暴行等相关信息的扩散，对种族等级制度的空前排斥使得世界上大部分地区团结起来。这种亲近工人、反种族主义的观点为在世界范围内组建工会提供了契机。站在这一角度上，世界工会联合会（WFTU）于 1945 年成立，旨在将所有工会纳入其中，不区分意识形态，以此在国际劳工组织中始终代表工人阶级。然而，分歧很快再次出现：美国劳工联合会拒绝加入，这主要是因为苏联工会已经加入其中。至 1949 年，世界工会联合会已经分裂：由美国和英国分支机构领导的国际自由工会联合会在主要工业国家拥有强大的影响力；天主教和其他工会联合会则保持着分离状态。尽管工会组织由于意识形态的分歧而发生激烈冲突，但工会运动在 20 世纪 40 年代到 70 年代达到了鼎盛时期。这是一个经济快速发展的时期，此时，工薪阶层被认为是社会福利的重要贡献者。在西欧和社会主义国家，工会成员人数达到了很高的水平；在北美洲、拉丁美洲和亚洲，工会成员人数快速上升；

在非洲，工会成员人数的增长期的到来则较晚。工会认证和集体谈判在大多数国家得到了法律承认，尽管集体谈判协议仅覆盖到少数工人。或是与雇主签订协议，或是依靠国家的支持系统，大量的养老金方案和卫生方案开始支持工会成员，在某些情况下则是大部分公民。[488] 虽然变革并不平衡，但战后的发展时代确实带来了学校和公共卫生项目的扩增，无论是在富裕国家还是贫穷国家。

从 20 世纪 70 年代起，大多数国家的工会的成员数量和经济影响力都在持续下降。战后工会的成功在某种程度上创造、暴露了一些新的内部弱点，这些弱点与外部条件的变化相结合，严重削弱了工会的实力。工会不但失去了社区的支持，也失去了工人们的支持。各工业企业推进自动化改革和结构转型，以兼职工人取代全职工人，减少了根据企业与工会协议规定的用工数量。工业生产开始从高工资国家转移到低工资国家，特别是亚洲国家。反工会运动以企业利益为导向，但却获得了广泛支持。这些运动提出了多种观点，质疑工会的效率和有效性。[489] 工会并没有消失，因为它们在某些工业领域和某些手工生产及公共服务领域仍然能够发挥作用，但任何遵循某种意识形态的工会都在这一转变中受到重创，作为一场社会运动，工会主义发挥的中心效能显然已经结束。韩国和亚洲其他地区的工会组织有所扩张，但没有与大西洋地区的工会实现统一。许多国家的工会还存在其他问题，它们把重点放在男性工人和工业以及手工生产上，而忽视了女性工人和白领工作，或者说服务业和零售业，因此很容易被攻击为只代表特定群体的利益而不是全体工人的利益。

工会主义在世界历史上的地位是怎样的？社会主义在工会主义中的地位又是怎样的？[490] 这二者都是集体主义意识形态的努力结果，它们与占主导地位的个人主义形成了鲜明对比。这在实践中意味着什么？无论团结与否，工会和社会主义政党都为资本主义国家带来了重要的改革，并在社会主义国家建立了替代体制。时至今日，工会仍然在某些行业和国家保持着影响力。然而，至 1980 年，工会运动并没有成功地将世界范围内的工薪劳动阶级团结起来。工会自身或保持独立，或与社会主义政党联合，它们已经失去了力量，虽然仍然保持着存在，但却已经被边缘化了：它们发出人类声音的努力失败了。我们可以将工会运动与其他社会变革运动进行比较，如民族解放运动、民族复兴运动、性别平等运动和环境保护运动。[491] 所有这些运动凸显出来的弱点是否意味着组织群体行动的尝试是无效的，而个人主义是人类行为分析与实践的唯一框架呢？

从文化进化的角度看底特律迦勒底镇

现在让我们来回顾一下文化进化框架内的比较分析。分析的重点在于社区内自愿合作的过程。我对这项研究的兴趣在于阐明由其追踪到的群体行为的类型，以及研究这种分析是否考虑到了社会制度的创建和运作。纳塔莉・亨里奇（Natalie Henrich）和约瑟夫・亨里奇是一个夫妻团队，他们中一位是人种学者，一位是文化进化学者，他们二人将文化进化的逻辑应用到底特律当代社区迦勒底社区（Chaldean community）的人种学研究当中。[492] 对这个英语和迦勒底语双语社区，他们从合作和文化进化的视角，以从博弈论中发展而来的互惠逻辑对其进行探索。亨里奇夫妇的主要研究方法是将这些应用到对底特律迦勒底社区的人种学研究中去。

分析的重点是两种类型的过度社会化：合作和利他惩罚。最基本的合作发生在“当一个人因为另一个人或其他人提供利益而付出代价的时候”。一群进行合作的人，换言之，就是一个没有其他方式结合在一起的群体。[493] 相关例子包括参与投票、分享食物或回收废品，这些活动都是针对公共产品，所有人都可以参加。“如果对象是公共产品，那么个人有动机不合作，即使从长远来看，每个人都会因此遭受共同利益的损失。”在对象是公共产品的情况下，个人可以通过不合作而“搭便车”，同时仍然能够从他人的贡献中获得利益。[494] 在利他惩罚中，“一个人为了维持群体的行为或规范而付出代价，也让另一个人付出代价”——基本上就是训斥行为不当者。在一项重要的假设中，个人合作和实施利他惩罚行为的程度，被认为是受遗传及作为遗传基础的婚姻与家庭模式的影响。

因此，我要表达的意思是，这样一个合作群体会存在并不是因为一个群我群体的集体意向性，而是由于在一个自我群体中产生了合作规范，并由个人层面的利他惩罚来维持。在亨里奇夫妇的分析中，“制度”的确发挥了作用，尽管这一术语在他们的书中只出现了两次。亨里奇夫妇认为，“从制度设计的角度来看，文化进化应该通过创造制度来利用我们日渐发展的互惠心理，其中，制度应该将合作划分为小而持久的社会群体”。[495]“若要理解文化是如何解决互惠组合爆炸的，就必须认识到……文化学习过程使人们能够在没有任何基因变化的情况下迅速适应新的环境……制度结构可以将公共产品转化为二元互动关系。”[496]

换言之，亨里奇夫妇在文化进化研究方面应用了社会科学中普遍采用的社会制度的方法（道格拉斯·诺斯也强调了这一点），即将制度简单地视为规范，而不是群体，并将其视为外生因素，而不是将其纳入分析。他们的分析包括制度中的个人，但他们并不解释制度。然而，这本书后来对宗教的论述表明，除自我群体的过度社会化世界外，迦勒底人也生活在群我群体的世界中，因为其宗教和语言的统一必须得到每一代人的认同和重申。根据群体成员（得到承认的受益群体）制定的规则，那些加入“耶和华见证人”或不再讲迦勒底语的人逐渐被排除在外，而这些规则在自我群体中是不存在的。教会需要制度上的共识和结构，而选民之间的合作或循环再造并不需要这些。[497]

我并不是说亨里奇夫妇的观点是错误的或不合理的。事实上，我期待看到更多此类研究，但我同时希望看到在一个文化和社会进化理论叠加的研究中，二者被更明确地框架化。亨里奇夫妇将迦勒底人作为一个统一的种族群体，这一类型在文化进化理论中早已存在。他们证明了迦勒底人现在生活得很成功，他们在一个充满多样性的世界中维持了内部统一，还通过集体意向性形成了大量制度。然而，我已经展示过，用自我群体和群我群体两个术语观察他们的研究可以发现，除了亨里奇夫妇主要分析的自我群体以外，相同的人群也参与了群我群体的教会和语言制度。亨里奇夫妇对其进行了描述，而不是将其纳入分析之中。

转型与意识形态，1970—2000 年

自 1946 年开始至 20 世纪 70 年代中期的战后世界经济发展逐渐放缓，最终走到了尽头，处于停滞，而 80 年代初的利率峰值又强化了这一状态。[498] 情绪的变化体现为民众的不满，他们都从之前几十年的发展中获益，并期望自己的生活能继续得到改善。例如，很多独立的国家刚被贴上第三世界的标签，希望社会和经济平等的进程在各个层面上都能继续推进。随着滞缓政策对国内民权和准许独立方面产生影响，革命民族主义和黑人权利运动在抗议中崭露头角，女权主义浪潮也同时席卷了全球。有关教育和卫生经费有限的争吵，跟资本主义和社会主义各自的支持者关于意识形态的争论结合在一起。民族运动中的冲突在对抗中日益加剧，持续时间最长的是 1967 年和 1973 年两次中东战争。

非殖民化的成果。全球的政治动荡，尤其在 1968—1970 年这段时间内，将潜藏于深处的紧张态势公之于众，却并没有解决这些问题。各地区爆发了不同的斗争，但它们之间却通过某种方式彼此强

化。1968 年，在欧洲，最广为人知的是 5 月发生在法国的学生和工人暴动；在美国，最著名的是发生在 4—8 月的反战游行。发生在欧洲的事件与德国和刚果有关；美国的事件则可以与民权和女权主义联系在一起；示威和镇压还发生在达喀尔和墨西哥城。音乐和视觉艺术创新在 1968 年全球社会论战中的每一个节点上都发挥了作用。虽然人们的声音和观点各不相同，而且常常相互敌对，但 1968 年的事件和论战确定了一种世界范围内广为流行的话语。分歧既在预料之中，也出乎意料：前几年受益最多的那部分工人不太可能抗议；处于边缘地带的工人们则开发了新的抗议技术。于 1970 年设立的地球日在某种意义上是抗议活动向环境方向的延伸，而从另一个角度来看，则是对社会经济问题关注的一种分散。

从非殖民化和社会福利政策中获益的群体虽然在 1968—1970 年的对抗中没有取得重大胜利，但他们仍在推进自己的运动。在国际层面，前殖民地国家政府和社会主义政府联手，维持并扩大了自身在联合国的多数席位。在联合国安理会，美国及其盟友拥有最多的票数，但它们面临着来自苏联和 1972 年后中国的否决票。有了这种新的平衡，反殖民群体开始为建立一套新的国际经济秩序做准备。它们希望联合国的相关协议能够限制全球性企业和主要工业国家的经济实力。[499] 欧洲和北美的学术界也出现了类似趋势，一些学者发起了反对发展的“罗马俱乐部”，他们分析经济的稳定状态，并努力为全球经济构建模型。[500] 然而，至 20 世纪 80 年代末，虽然革命民族主义击败了葡萄牙殖民主义，并在越南战争中挫败了美国的图谋，但女权主义、争取工会权利和扩大教育的运动却没有取得佳绩。金融领域的变化使得银行能够向许多国家提供贷款，而一旦利率达到峰值，这些贷款就将转变为具有毁灭性的债务；世界银行的结构调整计划要求一个又一个国家削减社会服务和基础设施投资。在前殖民地国家阵营内，一党制政府为了限制新殖民主义的干涉，会不惜用经济上的衰退来维持政治人物的地位。工会、学生和社区团体呼吁政府的支持，然而他们发现，负债累累的政府却十分惧怕他们。报纸也被关停了。

环境冲突开辟了另一个辩论和分析领域。历史悠久的环境保护运动潜藏着冲突的基因，可能引起广泛关注，就如 1962 年蕾切尔・卡森（Rachel Carson）分析滴滴涕对鸟类和其他种群的危害那样。[501] 状况纷纷出现，如化学和放射性废料中毒、物种破坏、森林砍伐以及矿产开采过度等。这些状况首先出现在富裕国家，但很快就变得非常广泛。在某些情况下，科学界和社区达成的共识促成了快速监管行动。当氯氟烃被越来越多地用于制冷剂和压缩气体时，人们却在 1973 年发现其会破坏大气的臭氧层。根据美国 1978 年的法规，以及 1985 年和 1994 年的国际公约，这些化学品在 2000 年之后不久就停止了商业生产。[502]1973 年，詹姆斯・洛夫洛克首次追踪了氯氟烃在大气中的作用，他后来发展出了一种更广泛的生态观。这位将地球与火星进行比较的无机化学家提出了一种功能主义的方法，他认为盖娅是一个行星系统，植物生命——尤其是占据海洋和热带土地的藻类——利用阳光、水和二氧化碳创造能量，并通过光合作用制造氧气。凭借各种将生物圈和无机岩石圈、大气圈连接起来的相互作用的反馈，植物生命创造出了 10~20℃的稳定温度环境。洛夫洛克起初并不担心盖娅的稳定性可能被动摇，但新的证据和更详细的分析使他改变了自己的观点。

新自由主义思想。与上述社会批判运动和环境关注运动不同，一种以公司为导向的新思想在 20 世纪 70 年代逐渐发展起来。其中就有公司治理的新发展理论，它与战后工会、非殖民化和社会主义政府的回应结合在一起。这种思想越来越集中关注弗里德里希・哈耶克（Friedrich A. Hayek）的经济观点。[503] 哈耶克的理论认为，开放市场、自由贸易和市场决定价格的制度不仅对经济，而且对整个社会来说都是明智的选择。从1947年开始，哈耶克在瑞士召集年度会议，吸引知名经济学家讨论他对经济自由的看法，这种观点意味着市场交易不能有任何限制。哈耶克是凯恩斯主义及其充分就业政策的批判者，同时也是任何形式中央集权的批判者，尤其是社会主义，也包括法西斯。

哈耶克认为，在人类社会中，价格和市场体系相当于生物进化中的自然选择。这是一种简化论的观点，即认为价格和市场足以解释社会中的每一领域。他的论述让经济学家、企业领袖，以及追随他们观点的政治人物相信，几乎任何政府对经济的干预都会导致决策的效率和效力低于通过价格形成的市场决策。哈耶克认为，经济中原始的价格和市场体系相当于遗传进化中原始的自然选择系统。因此，在生物理论正在进行复杂变革之时，他却采纳了一种永恒的生物学理论，并试图给经济领域强加一种永恒的价格体系。[504]他对市场的分析局限于一般均衡水平，侧重于单一层面群体的思考，却忽略了更广泛的宏观经济学或更具体的公司层面的研究，而与此同时，生物研究正在通过多维度分析完善人口理论。[505]

哈耶克的追随者从他的理论得到启发，他们越来越认为，对公司的监管本身就于经济有害。哈耶克在他后来的著作中发展了这一逻辑，他认为，任何为了实现正义而干预经济的行为，对于经济来说必然弊大于利。在这一推理中，哈耶克假设，残疾人或是天生残疾，或是自然致残——因此，他认为由人类歧视导致的不平等可以被忽略不计。[506]哈耶克除了将经济市场与自然选择联系起来，对于自然问题并没有其他的观点；他同样没有论及发展极限问题。他对于规则的拒绝导致了这样一个结论：经济领袖不必关心那些经济不平等关系中的弱势者。[507]新自由主义意识形态以哈耶克的分析为基础发展起来，将私有的、逐利的公司视为个体；它也反集体主义，反规章限制。这一思想公开反对集体思维，同时宣扬企业群体思维。[508]这种意识形态使有权势的雇主相信，他们在最大限度地增加利润和打击竞争对手的同时，也在为整个社会提供毫不含糊的服务，而只有各种狭隘的特殊利益群体，如利己的工人和贪婪的监管者，才会意图限制这种服务。

新自由主义思想的实践。随着社会关系在 20 世纪 70 年代和 80 年代逐渐改变，哈耶克的理论和政策在企业领袖中间的影响力越来越大。1980 年，英国保守党在选举中获胜，撒切尔夫人上台执政，她带来了针对社会服务、教育和工会的紧缩政策。撒切尔夫人上台时的口号是“别无选择！”，她明确表示支持哈耶克的经济观点。[509]1981 年，罗纳德·里根怀揣着一份类似的计划就任美国总统，并在当年成功粉碎了空中交通管制员独立工会组织的罢工。针对撒切尔夫人的反对持续到了 1982 年，当时，阿根廷军政府对福克兰群岛发动攻击，声称该群岛应回归阿根廷，易名为马尔维纳斯群岛。英国的民族主义反应和快速军事胜利再次证明了撒切尔夫人政府的实力。英国煤矿工人在 1984—1986 年的罢工中被击败，立法则逐渐削弱了工会。与此同时，为了对后殖民集团的观点表示抗议，美国和英国先后退出了联合国教科文组织，后者遭到削弱，但并没有消失。[510]

另外一条维护企业利润的路径则更为迂回。在一场始于烟草公司否认吸烟致癌的运动中，公关活动发展到最后，让科学争议和公众对于科学结果的理解从根本上复杂化了。内奥米·奥雷斯克斯（Naomi Oreskes）和埃里克·康韦（Erik Conway）记录了四位科学家的言行，他们开发的技术使得公众对既有科学成果产生怀疑，让他们的意识形态成为先入为主的观念，并支持那些盈利能力因为基于科学知识的法规而降低的公司。[511] 自 1979 年开始，物理学家、美国国家科学院前院长弗雷德里克·塞茨（Frederick Seitz）与烟草行业合作，对吸烟致癌的观点进行攻击。一个规模更大的团队与塞茨联手，对酸雨、臭氧层破坏、杀虫剂的负面影响，特别是全球变暖的人为因素提出了质疑。他们更多的是在公共场合而不是科学领域开展运动。然而，他们建立了“波将金村”、虚假的研究小组以及智囊团，在这些组织中，具备某些科学资质的合作者准备攻击既有的科学成果，以及与这些成果相关的知名人士。他们针对科学共识的攻击主要是在大众媒体上进行的，如《华尔街日报》。这些攻击足以吸引民选官员加入讨论。在政府听证会和主要媒体上，摆在公众面前的是对一个又一个重大问题的质疑，而不是一系列需要公共政策支持的科学成果。公司代表强调这样一个假设，即每个问题都具有两面性，因此，任何一方都可以否定另一方的观点。几十年来，个人层面的吸烟率大幅下降，肺癌的发病率也随之降低，尽管仍有很多人因此丧生。酸雨减少了，尽管代价沉重。然而，否定全球变暖的大规模运动仍很成功。尽管灾难性的风暴越来越多，但企业和政府几乎没有对减少碳排放提供任何支持。

富有者（包括个人和企业）的一个略微温和但成本最高的做法是逃避纳税义务，或仅仅是避税。在一个相关联的实践中，尤其是通过大量的国家投资或减少公司税务负担，人类世时代的技术变革已经来临：世界各国已经开发并建设了铁路、电力系统、水利工程和电话设施，通过政府投资和公私合作，互联网也建设起来。[512] 在建设过程中，大量的资源被给予私营企业，这些资源不曾为公众所关注，而且还是免税的。在过去的一个世纪里，避税天堂的稳定发展不仅使独裁统治者等个人享有特权，而且也让银行和公司享受特权，因为避税天堂的存在为这些银行和公司从标准会计制度中转移资金提供了便利。[513] 我们即将看到，工人的公共养老金私有化将成为把财富转移给精英个人和机构的另一种途径。

正如巴斯·范·巴维尔所言，美国和其他经济体目前的制度僵化、经济不平等和明显衰退状况并非独一无二。他展示了这一状况在英国、荷兰、意大利、中国宋朝以及阿拔斯时期伊拉克的发展情况。

范·巴维尔指出，要素市场经济制度中存在一种长期动态，即不断扩张的金融市场带来最为严重的不平等，紧随其后的则是经济衰退。然而，为了适应今天的状况，范·巴维尔对于国家单位的分析需要进行扩充，以此顾及当前的全球互动、环境恶化和新的国家政治体系，其中，彼得·格兰提出的“富人崛起”是全球社会历史的特征。[514]

周期性爆发的社会运动挑战了政治和经济精英的实践。[515] 在1989—1992年的大规模骚动中，社会运动超越国界，在世界范围内掀起狂潮，其规模远超1968—1970年。这些运动，主要是通过和平手段，导致了大约10个非洲国家、6个东欧国家以及苏联政府更替。其他许多国家也经历了严重的纷争，在这些纷争中，现任政府很难保住权力。最容易受到民主冲击的政府是一党制政府，其中一些是共产党政府，另外一些则是在殖民时代结束后上台的一党制政权，而南非则是由握有显赫资本的种族主义精英施行统治。多党制政府基本上躲过了示威者的挑战。这些拥有全球性联系的社会运动阐明全球公众在呼吁政府民主方面取得了重大胜利。

然而，这一系列社会运动浪潮同时也为大规模资本提供了重要机遇。虽然抗议者将矛头指向公共部门的施政不当，但他们似乎并不关心社会中的私营部分。从大规模资本的角度来看，1989—1992年的民主化运动为扩大私营部门的金融资产提供了机会，后者暂时还没有成为大规模抗议的对象。最为明显的是，私有资本可通过私有化苏联和东欧国家的国有资源而获得。南非是一个例外，这个国家由私有资本和国有资本共同管理。1994年，当权力被移交给占多数的非洲人时，新政府并没有采取重大举措，来重新分配前执政精英的财富。[516]

如果从更宏观的背景来观察这一转变，人们可能会注意到，养老金私有化计划早在20年前就在主要资本主义国家开始了。20世纪70年代，经济学家米尔顿·弗里德曼（Milton Friedman）也加入了那些因为战后时期工人持有并逐渐增加的养老金而心怀嫉妒的群体。如果养老金可以从绝对安全的政府资本中剥离出来，并投资于投机性证券，金融公司在处理这些交易时就能够获得利润。弗里德曼领导了一场公共和非营利性养老金私有化运动。这场运动不仅在使养老金私有化方面取得了相当大的成功，而且还剥夺了缴款人预期的养老金；因此，削弱工会运动与养老金私有化存在密切关联。

资本主义国家的工会反对养老金私有化：他们在西欧的大陆部分取得很大成功，但在英国却遭遇失败。与此同时，世界银行对后殖民地国家在 20 世纪 80 年代实施了结构调整计划，有助于限制公共开支，但也有损公共开支的信誉。这些发展可能有助于解释为什么 1989—1992 年的运动主要着眼于政治，而不是经济需求。弗里德曼于 1993 年左右访问中国，对在 1978 年经济改革之后快速膨胀的中国国家养老金做私有化的研究。他希望将中国的养老金体系转变为一个完全资本主义的经济体系，不过他只取得了部分成功，大约 1/3 的养老保险公司被私有化，并受到市场波动的影响。[517]

因此，一系列因素极大地加强了全球资本主义经济的金融实力：西方和东方养老金的私有化，苏联集团及之后中国国有企业的私有化，前共产党国家工人福利的减少，互联网的扩张和日益加速的股票交易的多种选择，旨在减少国家对大公司监管的相对成功的运动，减税以及鼓励投资。进入金融公司的年轻人可能会发现，自己并没有做多少工作，却能够迅速致富；他们开始相信自己的巨大价值，确信尽可能获得最大利润的必要性。当然，世界上还有其他很多因素在发挥作用，但这些因素均有助于强调意识形态和不平等的重要性。资本的无管制流动导致了 2008 年的全球金融危机；各国只有通过向破产的银行和公司注入巨额公共资金，才能使经济复苏。[518]然而，一种新自由主义的时代精神，即主要企业拥有利润特权，仍然保持着主导地位，因此各国只针对金融体系进行了最低限度的改革。

21 世纪的环境与社会

环境历史学家约翰·罗伯特·麦克尼尔和彼得·恩格尔克（Peter Engelke）强调 1945 年以来的“大加速”，他们将其描述为有关两个剧烈变化的故事。[519] 首先，他们回顾了过去三代人在人口、开采、生产和浪费方面的增长，其在幅度上大大超过了之前所有时期的同类增长。在一个接一个话题中，他们展示了在能源使用、人口规模、生物多样性与气候、城市与经济生活，以及冷战时期政治对抗中发生的变化。第二部分是大约将在 50 年内发生的加速的结束——具体而言，是人口增长的结束，化石燃料消费的急剧下降，或许还有其他人类秩序的萎缩。第二部分将大加速的结束与人类世的延续联系起来。具体而言，人类世期间扩大的人类足迹将保存下来。正如他们所说，无论人类是否还在这里，由人类启动的进程将继续下去。

在自然界加速变化的诸多方面中，有四个方面最为突出，它们的影响遍及整个非殖民化世界。岩石圈的扩大开采最明显始于 18 世纪的煤矿开采，但在 20 世纪末才完全展现出来。[520] 新的挖掘技术扩大了露天开采规模，为了找到煤、铜和铝矿石，人们铲平了山脉，破坏了区域生态。水坝阻断了大部分大型河流和许多小型河流，这通常对下游地区产生了负面影响。由矿物混合物构成的混凝土被浇灌或用砖块固定在不透水的建筑物或街道上，如此一来，随着温度升高而日益凶猛的暴雨往往会造成城市内涝。第二个方面，随着渡渡鸟和旅鸽的消失，有关物种灭绝的传言在世界各地传播。世界自然保护联盟（IUCN）特别对哺乳动物和鸟类物种进行了系统分析，研究显示，1500—2012 年，有 875 个物种灭绝，而人类似乎对物种灭绝负有越来越大的责任。野生动物在现存动物中所占比例相较以前要小得多。最近的研究重点是微生物的灭绝，尤其是那些栖息在动物肠道内，并参与消化的细菌。第三方面是自然知识的拓展，而与之同时存在的则是对于这些知识的集体封存。詹姆斯·洛夫洛克对盖娅的看法发生了变化，他在 2006 年写下了有关盖娅“复仇”的论述。[521] 洛夫洛克开始思考盖娅的生命历程——她已经存在了 20 多亿年，但她余下的存在时间可能不超过 10 亿年，因为来自太阳的持续加热最终会将其毁灭。第四，从更直观的角度来看，极地冰层的融化可能会改变洋流方向，特别是会切断使欧洲西北部相对温暖的北大西洋暖流。然而，当 2003 年美国国家航空航天局物理学家詹姆斯·汉森（James Hansen）在其题为《我们能拆除全球变暖的定时炸弹吗？》的报告中提出警告时，美国政府却明确要求他不要再谈论气候变化问题。[522] 此外，环境的商品化仍在继续：水价上涨，具有医疗价值的生物资源获得专利，这两点都反映出消费者的需求，以及企业利润。

与环境危机相比，社会经济不平等的危机往往得不到公众的关注，但当将两者放到一起时，我们就会发现，人类确实面临着严重困难。托马斯·皮凯蒂（Thomas Piketty）的研究引起人们很大的兴趣，他证明，不平等现象近年来迅速发展，尤其是在富裕国家。[523] 尽管有关意识形态的观点已经从 19 世纪的种族等级思想转变为人人具有内在价值的认识，但全球社会还远未实现这一宏图。如果确实人人平等，那么为什么我们会因为贫穷而让很多人浪费了潜力？虽然经济学家们已经开始收集有关不平等的数据，但对全球不平等的研究仍在国家层面继续进行。除经济不平等以外，我们还缺乏与环境数据平行的健康状况数据，以及社会和政治状况不平等的相关数据。学者们收集了很多有关社会状况的数据，还有大量数据存在于档案之中，但我们对这些数据的整理和分析却很少。对比是明显的：虽然全球气候分析自 1958 年以来发展迅速，但对人类社会的分析却刚刚开始。气候学家对能够展现数百万年前气候变化的数据进行了收集和分析。联合国政府间气候变化专门委员会（IPCC）于 1988 年成立，并于 1990 年提交了第一份报告，之后持续提交新报告。对于人类社会而言，尽管众多学术团体做出了努力，但我们仍然没有得到广泛的支持以收集从全球到地方各层级人类社会的变化信息，尤其是有关不平等模式的信息。[524]

我们该如何应对全球形势？三个相互重叠的论点证明，我们几乎无能为力：人性——在生物学意义上，人类是不可改变的；惰性——人类社会变化缓慢；否认性——人们拒绝接受令其不愉快的事物或观点。詹姆斯·汉森沮丧地接受了这些论点，并写下了“科学的沉默”，即在应对环境危机时不愿进行强有力的分析性发声。[525]然而，最近对疾病的反应显示，人类行为具有潜在差异。想想那些面临人类免疫缺陷病毒和埃博拉病毒威胁的人。加剧病患病情和死亡的否认性主导了南非艾滋病防治工作数十年。然而在西非，与埃博拉做斗争意味着放弃在埋葬死者前清洗尸体这一广受珍视的仪式，人们在匆忙中学会了这一点，并活了下来。[526]

在一项评估气候变化的新标准中，政府间气候变化专门委员会每年都会公布全球气温“异常”或变化的比较情况，比较对象是 19 世纪末稳定的气温。20 世纪以来，气温持续上升，2020 年前上升幅度达到 1℃。按照政府间气候变化专门委员会和其他组织目前的估计，最快至 21 世纪 30 年代中期，气温的增幅可能达到 1.5℃；随后气温的上升幅度将达到 2℃，海平面可能会上升 50 厘米。那么，我们是否应该寻求建立类似的计算方法来检测迫在眉睫的社会灾难呢？下一个重大的社会灾难很可能是由气候灾难和灾难性的社会政策共同造成的，因此它的复杂程度不言而喻。

戴维·华莱士–威尔斯（David Wallace-Wells）从两个方面着眼未来，他注意到了历史学家们所忽视的问题。[527]首先，他详细介绍了全球气温上升将导致的 12 种可怕变化：包括气温上升 1℃后已经发生的变化，以及气温升幅一旦达到 2℃将引发的变化，这是气候变化专门委员会确定的气候灾难的临界点。接着，华莱士–威尔斯寻找方法来规划人类应对持续不断的环境变化的方案。他从流行文化入手进行这项研究：在一个流行文化盛行的世界里，过去和未来如何在故事和娱乐中体现出来？他发现，在小说、电影和游戏中，故事的中心是个体的英雄，有时则是一个在胜利后可以共同庆祝的紧密群体。换言之，在有关世界末日的故事中，大多数人都被排除在故事之外。正如华莱士-威尔斯所言，“集体行动明显被忽视了”。我们是否应该让一些专家来解决这些问题？自然被描述成一片混沌，然而，“随着气候变化加剧，这不再是一个故事，而是我们所面临的境况”。谁会是英雄呢？他们会怎么做？在游戏中，一个坏蛋将承担责任，但是谁又该对气候变化负有道德责任呢？责任分担存在争议：诚然，富人存在过错，但各级消费者和生产者也都是环境恶化的同谋。我们应该如何平衡他们的角色？华莱士-威尔斯再次指出，“共谋并不能带来明显的正面效果”。他似乎认为，流行文化虽然具有价值，因为它将许多人联系在一起，但在面对危机时，它却没有给人们提供多少指导。人们是否应该参与到被长期搁置的有关发展极限的辩论之中？虽然这场辩论刚刚开始，但在某些方面问题已经被解决了。麦克尼尔和恩格尔克组合与华莱士-威尔斯证实，这种大加速不会持续太久：几十年内可能会出现某种形式的发展，但人口以及其他以人为中心的发展可能会结束。

三重危机

环境。人类通过排放温室气体加剧了全球变暖，后者正在逼近极限状态。化石燃料并没有像之前预测的那样迅速枯竭，但人类肯定会耗尽它们。仅仅这一点就可以在几十年后减缓气温上升，但上行趋势并不会因此逆转。[528] 人口大爆炸式的增长已经结束（尽管移民过程仍将继续）。家畜数量、土地使用量和矿产开采量的增长也可能下降。

总之，人类对盖娅影响的加速过程将结束，但却不太可能减弱。因此，地球的转变仍将继续，只是不会再有如此的加速转变状态。尽管如此，我们还是无法回到原来世界的状态。例如，气候相较过去来说肯定会极为不稳定。

社会经济不平等。人类世带来了发展，也带来了发展的梦想。在同一时代，19 世纪的解放运动和 20 世纪的民权运动带来了战后社会平等的希望。在过去的一个世纪，尤其是 1970 年以来，财富的快速积累与社会平等愿景的不断推进之间发生了深刻冲突，例如，在南北美洲之间的比较中，这种愿景的发展似乎真的推进了。在那里，识字率和生活期望之间的原有差距几乎消失了。[529] 然而，即使在学校教育和健康水平不断提升的情况下，种族、宗教、国籍和阶级的歧视仍在继续加强，而世界范围内的某些特定群体却能够因此获得不成比例的财富和权力。这是“人性”在发挥作用吗？环境恶化的不公平效应加剧了这一矛盾。那些生活在热带地区的穷人尤其受到高温、洪水和风暴的侵袭。从家乡逃难出来的难民试图在陌生的土地上创造新的生活，但他们受到的敌视比欢迎多得多。即使在中国和印度经济快速发展的情况下，想要实现全球平等的愿景，也必须将财富重新分配给普通大众，这些财富，曾经在人们劳苦工作之时，从人们的手中被转移走了。[530]

怎么办？自然环境和人类的社会经济危机都需要有效的应对措施。对此的回应必须适用广泛且富有想象力。但我们目前还没有看到足够的回应。尤其是新自由主义的支持者们，他们将无法为解决环境或社会经济危机提供帮助。只有在确定取得高获利水平且不会受到任何监管的情况下，他们才会支持解决这两重危机中的任何一重。他们对大众抱有兴趣，但这只是因为后者是潜在消费者。长期否认吸烟致癌可以被看作大规模否认和拒绝的一次预演——一次初步预演，这将会破坏任何解决社会不平等或环境恶化的努力。

在学者、专家中间，情况更加微妙。自然科学专家在环境危机诊断方面取得了很大成就，但他们的政策建议范围有限，且大多受到政治人物和企业的阻挠。社会科学专家在社会经济危机的诊断方面做得很少；他们在政策方面做得更少，因为他们没有放弃对经济持续增长的预期。[531] 另一个问题在于，社会科学专家在分析否认问题方面做得很少——主要的精英人物和公众选择忽视或否认当前和预期的社会不平等与环境恶化的代价是什么？企业、官员和公众如何否认这些危机的明确证据？更困难的问题在于制定适当的政策来克服对环境和社会危机的否认。面对全球变暖、社会危机以及走向终点的经济增长，人类应该如何做好准备？人类是否已经到达了个人主义的极限？探索基于群体的行为模式并不能确保可以解决我们所面临的问题，但我们似乎应该动用大量研究者来探索其可能性。人类系统内部是否存在缺陷，由此使其无法诊断自身出现的严重问题？在对于个人和政党的攻击以外，我们还需要了解联合国系统的运作情况及其优缺点。

第十章　适应的希望

我们身处巨大变革的时代，这点毋庸置疑。我撰写本书的目的之一是邀请读者将人类系统当前的转变与早期的系统性转变进行比较，看看我们是否能够吸取一些教训。当口语在很久以前出现时，人类创造了大约 150 人的社群来共享他们的思想和活动；这些社群遍及地球的各个地方。在全新世早期，多个社群联合起来组成了社会；这些社会创造出一系列令人难以置信的发展制度。人类系统正在经历更大规模的重组；我们目睹了细节，但对于整体方向还不甚知晓。

在前一章中，通过追溯制度的发展，并辅以对个体层面分析的评判，我对人类世时代进行了阐释。[532] 帝国进行扩张，之后又分裂为民族国家；公司以及其他资本主义制度在国家和全球范围内无情地扩张；许多其他类型的国际组织与公司平行发展；大国和小国在不断变化的等级制度中艰难求生。在所有这些转变中，新的网络与等级制度得到发展，并开始相互联结。

在本章中，我将继续对 1800 年以来的时代进行分析：我将介绍另外三个网络——它们属于全球社会网络——并证明它们需要重新思考人类系统及人类系统所存在的问题。在这三个网络中，前两个网络是全球性流行文化和全球性知识，后者既包括一般知识，也包括专业知识。这两个网络在人类世时代发展壮大，现在已经具备了强大的力量。第三个网络是全球性民主话语，其在20世纪晚期伴随着非殖民化发展起来。我从群体行为的角度研究这些网络。我认为，流行文化的联系、知识的拓展与全球辩论这三者结合，对显然无情的等级制度的扩张和人类事务中的不平等现象起到重要的平衡作用。如果我们从包括这三个网络在内的一系列结构性元素出发，我们得出的结论将会改变人类系统的面貌和轨迹。发生在互联网上的辩论通过等级制度或网络来审视组织，而这些辩论正挑战着从家庭到公司等诸多制度的适合度和运作状态。各国之间的辩论在站在国家角度的新闻媒体中得到了最大关注，但类似的辩论同时也在国家内部、社区内部，以及各种边界的两方之间进行着。总而言之，我们发现我们拥有了一个新的平台，人们可以在该平台上交换各层面的观点。

当然，群体是由个体组成的，没有个体，群体就无法发挥作用。群体理论中的一个问题是，组成一个群体的决定是否会促成某些新的行为特征。[533] 从共识中诞生的群我群体存在于一个复杂的世界中。仍然存在某些个体没有被纳入群体，或者制度内的某些个体不遵守制度的规范和目标。群体和制度必须经受住定期的有效性考查，进行考查的人或许是最初被设定为从制度中获益的受益群体。对制度优先事项的讨论可能会意识形态化和激烈化。在这些讨论中，出现了监管，甚至取消该制度的呼声；讨论的结果之一可能是重新定义受益群体。然而，参与集体工作时的额外努力可能会带来更大的成就。

在本章中，我将对人类世的新制度、现存但进行了拓展的制度进行分析。我们在第九章中讨论了公司、民族国家、国际组织、工会以及其他一些新制度。在本章中，第一部分是有关流行文化及其制度兴起的介绍，第二部分则是对知识的探索——一般知识和专业知识在制度层面的迅速发展。在第三部分中，我将侧重于人类世的网络，分析在第九章和本章中出现的各种制度之间的相互作用。第四部分则是有关另外一种制度变革：最近形成的全球性民主话语。这一容许各方思想交流的包容性框架经受住了最初的考验，由此显示出了其作为一个讨论各种社会选择的平台的潜力。在本章结尾部分，我将回到人类的三大选择——关于改变人类系统本身及其与自然界联系的决定。诚然，新的制度和网络为人类系统增添了重要动力。然而，它们的结合会促进急需进行的人类系统改革吗？

为了对人类所面临的威胁做出富有创造性而又充满活力的积极反应，需要设定社会优先次序，那么人类将会转向何种意识形态？我们可以从个体的角度提出这个问题，即每个人都在寻求一种做出贡献的方式；我们还可以站在大大小小的群体的立场上，以类似的方式尽自己的一份力。我们也可以站在人类系统的角度观察这一问题，研究其具有何种内在的优势和资源，这在面对如此挑战时可能是有价值的做法。然而，就目前而言，在意识形态层面上存在两种主要观点：雇主的做法，包括公司、金融家以及围绕他们建立起来的强大资本主义制度；大国的政策，他们对社会运动仍持怀疑态度。这些狭隘的观点着眼于受限人口的短期利益，而对于解决人们普遍关心的问题却准备不足。与此同时，流行文化在21世纪达到了其影响力的顶峰，但它却没有依附于任何一种吸引普罗大众的强有力的意识形态。尤其要注意的是，大多数群体在继续谋求增加自己所拥有的资源，但这必定会带来更多的困难，远远多于它将解决的问题，对人类和地球都是如此。

流行文化

如今，群体层面文化的发展远远超越了旧有民族的区隔，也超越了伟大的家族和精英群体，因为我们今天的生活拥有新的联系和新的技术。[534] 在一个将流行文化与社会运动联系起来的早期人类世运动中，大西洋两岸的反奴隶制运动是固有的自由观念、参与世界市场的经历、移民及与新社区的接触、被奴役者的反抗，以及口头和视觉传播媒体的发展等共同促成的结果。换言之，反奴隶制运动是人道组织和非正规群体的网络，他们都为结束奴隶制而积极奔走。在那个时代，两个令人难忘的场景在流行文化的兴起中成为标志性形象："布鲁克斯"奴隶船的形象，展示了数百名被俘者被锁链缚在一起的场景；还有一枚徽章，上面是一名跪着的俘虏，他问道："我难道不是人吗？我难道不是你的兄弟吗？"[535] 这些形象为黑奴、自由黑人以及支持废奴的白人带来了新的支持者。在整整一个世纪的时间里，歌曲、小说、舞蹈和演说总结了奴隶市场、剥削奴隶劳动和奴隶人身的教训，提出了原则性的废奴理念，并以此强化一些社区，使之成为非裔移民社区。[536]21 世纪，非洲、亚洲甚至美洲的奴役继续发展，但其最终被压制成为一种罕见的虐待现象。与此同时，解放运动最终加强了某些基督教和伊斯兰教社区。例如，在美国，黑人教会成为一个强大的、持续存在的社会机构。

识字能力成为流行文化的核心动力。尤其是在英语中，当然也在其他很多语言中，教师和扩大的学校教育显著提高了能够阅读报纸的人数。报纸上的短篇小说和连载小说为扩大各类型的小说市场奠定了基础。印刷文字带来了娱乐，也带来了对当地及更广泛社会问题的讨论。图书业和报业稳步扩大；识字的人为家人和朋友大声朗读。通过殖民统治和后来的互联网，英语作为第二语言和全球流行文化的媒介得到广泛传播。印刷文本普及性方面的一个进步是英国人发明了斯坦霍普手摇印刷机，1800 年之后又逐渐拥有了一系列改进版本。尼尔·格林（Nile Green）记述了 1820 年以来伊朗卡扎尔王朝印刷行业的扩张。[537] 他关注那些积极从事阿拉伯语和波斯语出版工作的伊朗人。米尔扎·萨利赫·希拉齐（Mirza Salih Shirazi）前往伦敦，而米尔扎·扎恩·阿比丁（Mirza Zayn al-'Abidin）则前往圣彼得堡。他们两人都学习印刷技术多年，并都携带着一台斯坦霍普印刷机回到大不里士，开始从事宗教和世俗文本印刷。更广泛地说，格林证明，在同一时期，这种阿拉伯语印刷文本也在其他地方发展，就像开罗和印度勒克瑙的印刷业一样。

有了蒸汽轮船，移民开启了新的文化联系。1847 年，爱尔兰人因为饥荒而逃离家乡，欧洲移民的数量迅速增加。此后，来自欧洲大陆各地的移民逐渐定居在欧洲、美洲和其他一些地方；数以百万计的俄罗斯人，其中很多人是农奴，则向东迁移。几乎与之等量的移民离开印度，前往东南亚和其他大洋的沿海地区定居。中国移民与印度移民一同定居于东南亚，但中国人也向东亚的西部和北部以及海外地区移民。移民人数在 20 世纪 30 年代到 50 年代减少（除了战时的大量士兵和难民以外），但随后又开始增加，不过发展方向却异于之前。无论移民们何时身处何地，他们的音乐、服饰、游戏、运动，以及其他流行文化都伴随着他们。音乐和服饰尤其容易打破语言的界限，传播到异域的其他地方。19 世纪 70 年代初，菲斯克银禧歌手（Fisk Jubilee Singers）走遍美国和英国，传播他们对黑人的看法。他们成功跻身包括瑞典歌剧演唱家珍妮·林德（Jenny Lind）和美国非裔莎士比亚剧演员艾拉·奥尔德里奇（Ira Aldridge）在内的国际巨星行列。体育运动——足球、摔跤和拳击起源于学校和其他男性成员组织。精英和国家对体育重要性的认识与日俱增，首届现代奥林匹克运动会于 1896 年在雅典召开。

在 20 世纪，世界性流行文化抓住了一系列新媒体。流落海外的非洲人摆脱了奴隶制的传统，在城市扎根，发出平权的诉求。他们继续在许多流行文化进程中发挥主导作用，包括发展新形式的流行文化，并将文化传统与非洲国家、海外非洲人争取公民权的运动联系起来——这些运动充满决心，并最终获得成功。[538] 爵士乐和蓝调音乐的音乐传统起源于 19 世纪末的美国——还有古巴的伦巴、巴西的桑巴、西非的爵士乐和东非的斯瓦希里音乐——另外，自 1900 年开始，录制音乐将这些新形式的流行文化广泛地传播开来。电话、收音机、电视、便携设备、磁带、CD、个人电脑、互联网和手机带来了无尽的通信革命。随着时间的推移，电影和电子媒体带来更多观众，名人们获得了更大的声誉：巴勃罗·毕加索和查理·卓别林是20世纪早期最知名的名人；足球前锋贝利和拳击手穆罕默德·阿里则在世纪末获得了真正的全球认可。在电影方面，欧洲、亚洲和美洲在20世纪20年代形成了强大的民族传统，不过好莱坞在早期取得了领先地位。然而，随着时间的推移，好莱坞与宝莱坞（来自孟买）、诺莱坞（来自尼日利亚）开始共享市场；大概兴起于美国的肥皂剧也在墨西哥、巴西和埃及繁荣起来。

在一个接一个媒介中，年轻人利用其更广泛的接触群体，从他们的同龄人而不是他们的父母那里汲取文化风格。在服饰、舞蹈、音乐和演讲方面，年轻人跨越了家庭和种族的界限；创新速度因此提升了，时尚过时得也更快了。视觉艺术也许与音乐、电影和文学一样重要，它是全世界人们的一种表达媒介，但它不可能像音乐、电影和文学那样容易被复制和传播。这些作品本身拥有不同的尺寸和媒介，包括大型装置。然而，在21世纪，电子图像很容易被创造和传播，因此，图像随处可见，思想和鉴赏可以在互动中发展。特里·史密斯（Terry Smith）强调21世纪视觉艺术双年展的爆炸式增长，艺术家们还没来得及向各大博物馆销售自己的作品，但这些作品却已传达出了一种行星般的时间感。[539] 这些艺术家的作品可能会产生视觉符号，激励后代们去迎接新的挑战。

在任何一种媒介中，表现者都必须与主办者——制作人、公关人员以及其他类型的所有者分享他们的地位，尤其是他们的资金。随着受众增多，流行文化中的每一种媒介都发展出了一种实质性的资本主义层面。在某些情况下，艺术家占了上风；在其他情况下，营销团队、制作人或者公司所有者对娱乐产品和收益拥有最大的发言权。观众的影响力也越来越大。让我们考虑一下音乐内部的变化：在现场表演时代，观众听到的是表演者选择的内容；在唱片时代，观众可以购买一系列感兴趣的艺术家的表演；而有了今天的设备，观众可以在各种演出中随意切换。

这种流行文化的意义为何？虽然流行文化有自己的时尚、受众和圈子，但它肯定比过去的文化更容易接受来自陌生来源的新刺激。一个重要的结果是，随着社区间交流和熟悉程度的提升，早先将社区划分为敌对双方的恐惧与仇恨明显减少：例如，美国和日本在经历了残酷的太平洋战争后建立了紧密的同盟，这个同盟不仅是政治上的，而且是文化上的。[540] 在这一方面，我们可以将体验多种时尚的自我群体观众与致力于特定文化表现的群我群体区分开来。无论如何，年轻人会做出自己的文化选择，而不是接受父母提供的范式。个人主义和群体认同都体现出新的形式，这是由流行文化扩张所孕育的结果。

知识：来源和目的

在人类世，人类知识的增长速度比之前任何时代都更快。[541] 我们倾向于对知识的存在和扩展感到高兴，而不是恐惧。相反，我们担心的是知识的分配与控制：是否存在秘密知识让某些人能够获得优先控制权，或者从中优先获益？我们创造了正确的知识吗？我们能否继续加快创造知识的速度？有人会说，是的，与我们对生态、物质和社会资源的限制相比，几乎没有迹象表明我们正在耗尽生产知识的资源。

对于这一讨论，我选择将知识分为一般知识和专业知识，其中，一般知识是每个人潜在的兴趣，而专业知识的目标在于特定目的，需要特定的学科培训和实践。然而，这二者是重叠的，并且随着时间推移在发生改变：例如，识字能力曾经是一门专业的知识，而现在则被认为是一般知识的一部分。

一般知识。在意识形态的支持下，普通人的实践知识是一个巨大而且还在不断扩大的知识积累。不过，这个知识积累并没有采取与专业知识相同的方式进行协调和编目。讨论一般知识的一个方法是从讨论它的来源开始。换言之，人们可以考虑一个人从他或她的父母、同龄人或同龄群体、社区，或者宗教中学到了什么。识字能力通常与学校有关，另外，人们可能会问，教学过程中使用的语言是学生的第一语言还是第二语言。儿童和年轻人的学校教育可能取决于家长的选择；通常情况下，学校采用政府制定的课程，包括爱国主义教育。在成人层面上，一般知识可以通过流行文化、非正式的工作网络、商业、移民，以及大企业来获取。一般知识通常指事实信息和维持家庭或从事职业所必需的知识，但也包括阐明社会优先事项的文化价值观和意识形态准则。一个人能够在多大程度上挑战旧信仰，或者适应令人惊奇的仪式？在普通民众中灌输的常识是否包括有助于理解世界变化之快的哲学？这样的观念可能包括对实证主义的理解，即把每个问题都分解成最小的逻辑部分，并分别解决，一次只允许一个部分发生变化。这些观念还可能包括相互影响的辩证思维。更进一步讲，这种思想包括对任何问题具有多种视角的必要性的关注，因为每个观察者都凭借不同的经验来处理问题。对多视角观点的认识反过来又给在某个问题上确立不可辩驳的真理带来了困难。此外，由于普通人的社会处境，跟其他人的社会处境类似，包含多种规模的群体，他们应该获得理解各种规模群体特征的能力。

在任何一个层次上，可用知识的数量都超出了任何人吸收知识的能力。图书馆和互联网超负荷运行，每一种新媒介都会导致旧知识的破坏。一方面，令人印象深刻的索引和搜索引擎让寻找细节成为可能，缩小了所需查询的海量文件的范围，以便获取特定的细节。另一方面，当前的搜索系统不太擅长向用户展示宏观背景的权威摘要。维基百科是一个令人钦佩的折中方案，它既能容纳专业知识，又能为广大读者进行简化，同时也向用户清楚地表明它的局限性。大量的可用信息为那些窃取受保护信息或传播虚假信息的人打开了方便之门，他们得以盗用或误导他人。尽管如此，消息灵通的大众可能会成为一股强大的力量，能够促进专业知识发挥作用，使之成为助力人类进步的有益阶梯。然而，普通大众与知识专家作为群体，似乎相距甚远，但当被视为个体时，他们又往往是同一个人。但是，关于这一话题我们还需要提出一个问题：流行文化和常识是否能够给予人们解释群体行为的经验？

专业学科及其技术。在人类世，专业知识的发展不成比例。在牛顿时代，物理学的研究局限于力学和天文学，但电学、磁学和热力学于 19 世纪加入其中，量子力学则是 20 世纪加入的新成员。化学随着新化学元素的发现而拓展；原子理论的兴起导致有机化学出现，随后又发展出生物化学和维生素。在 19 世纪的背景下，拓展后的科学知识的地理和社会分布仍然非常局限于欧洲和北美的精英阶层，至少是那里特定的实验区。另一方面，世界上许多地区继续进行着地质学和各种生物学领域的实地研究，以及天文学的观测。工程领域因自然科学的发展而改变了自身特征：物理学、化学和数学的新发现使工程学从工匠实践转向基于科学的分析。正式的研究始于土木、机械、化学和电气工程领域；生物和航空工程紧随其后。从今天的角度来看，也许医学专家在世界范围内的知识发展与分享方面做得最好，因为他们的工作关乎地球上的所有人。

对人类社会和自然界的研究以前在很大程度上是重叠的，然而至 18 世纪和 19 世纪，它们之间变得越来越分离。例如，社会科学中逐渐形成的专业学科要比自然学科多得多。经济学（以前是政治经济学）在 19 世纪早期发展起来，后来其发展出企业理论、国民经济产出理论和投入产出分析。社会学在埃米尔·涂尔干（Emile Durkheim）和马克斯·韦伯的学术研究中逐渐形成。法国人保罗·布罗卡（Paul Broca）领衔的体质人类学关注种族问题，该学科试图寻找人类群体之间的本质差异；这一学科与弗朗西斯·高尔顿（Francis Galton）的优生学理论非常接近，后者试图证明智力的线性遗传。文化和社会人类学源自两位律师的研究，他们是英国人爱德华·泰勒（Edward Tylor）和美国人刘易斯·亨利·摩根（Lewis Henry Morgan）。他们进行了富有价值的实证研究，其研究结论是关于人类发展的简化的阶段性理论。

艺术和人文学科之所以能脱颖而出，是因为它们的许多研究和实践领域已经存在了几千年。与自然科学相比，古代文学和视觉艺术仍然具有很高的价值，现代人也对它们兴趣盎然。因此，艺术和人文方面的专业知识不容易融入以自然科学为模式的学术学科网络之中。[542] 另一方面，艺术和人文学科的高阶研究是在工作坊和其他传承下来的制度中进行的，而不是在实验室里。然而，艺术和人文学科的专业知识最终还是与大学系统建立了联系。因此，非洲口述历史和传统的实践者与研究非洲的历史专家相遇了。口头材料不仅被记录和评论，而且合作中双方也都加入学术创新的领域。随着时间的推移，电子时代的新媒介和新技术发挥了自身的影响:“数字人文学”自 20 世纪 80 年代开始兴起，其成果在诸多领域均有影响，特别是计算机视觉艺术。因此，新技术与概念化是能够与古代艺术建立联系的。在当今世界，对文学和艺术的批评比过去更系统地解释了社会文化的差异。

专业知识中的制度与意识形态。在我看来，专业知识最大的问题在于，它是面向特殊利益还是整体利益；它是由企业主秘密保有，还是提供给所有希望分享它的人。人们可以在游戏中看到相互竞争的影响。大企业的庞大规模让人们明白，即使它做出了支持公共利益的承诺，知识的流动也将受到许多限制。政府的专利制度赋予公认的发明创造者以合法的垄断权，其在限制知识流动和经济变革的过程中具有非常大的影响。这一概念最近被推广到知识产权领域，它定义了知识创造的所有者（个人或机构），并试图保护他们的利益，而这有可能会减缓信息的流通。在另一项专利申请中，制药公司已经能够确定民间药方所使用的天然成分，公司据此可以申请专利、进行定价，而发明这些药方的民众却无法获得补偿。[543]

与此同时，在大学扩招的过程中，新知识的地理分布和社会分布都经历了稳定的转变——通过大学和公共图书馆，特别是通过网络。专家们致力于接触公众，试图向公众传达分析的方法和结果。在生物进化领域，斯蒂芬·杰·古尔德（Stephen Jay Gould）是20世纪70年代生物学理论发展的关键人物。他不仅是一位杰出的研究者，还是一位能够向广大读者传达新讨论和新成果的人。自然科学领域的学术期刊逐渐要求作者提供他们的原始数据，同时还有关于其研究方法的说明。此外，科学作家——关注科学话题的记者——源源不断地出版和发表关于最新研究的书籍和文章。在社会科学领域，同样的推广过程也很明显，做出主要贡献的作者们纷纷将他们的研究成果以普通读者可以接受的方式写了出来。[544]

专业知识能否迎合公众的兴趣？尽管一直有面向学生及公众传播新的研究知识的努力，但专家们的专业化与公众的日常生活之间仍然存在很大差距。通过流行文化和社会运动，全球性民主话语在发展过程中提出了这样一个问题，即专家与公众之间确实存在或可能存在怎样的关系。新知识的数量和可用性令人印象深刻，但这些知识与我们现在面临的社会和环境问题之间并不存在自然的联系。是否有可能向地球上的普通人提供信息，以此提高他们看待影响我们所有人的重大问题的能力？

变革制度与网络，小与大

在思考当今的社会制度时，我想强调的是具有全球影响力的大型制度，因为我们更容易对它们进行调查，例如国家、公司、国际组织以及大型文化机构。然而，我注意到，大型制度能存在只是因为存在支持它们的较小型的制度。因此，与关注大型制度同等重要的是，要密切关注地方团体、族裔群体、宗教社区和工作场所的运作变化。它们对不断变革的技术（电子通信和数据）和不断变革的社会组织（扩大的移民和商业化）的依赖已经成为整个人类系统制度变革的一部分。

非殖民化——世界从帝国统治转变为民族国家治理——酝酿了200余年，最后终结于一瞬。民族国家已经成为社会与政治辩论、改革的主要载体。对于流行文化、知识体系、资本主义改造和生态改革等问题，民族国家层面上的争论要比帝国中的同类争论激烈得多。有些国家已经存在了几个世纪，但20世纪发生了一连串的民族运动，因为世界各地的人民要求在一个公认的民族国家政府中获得公民身份。非洲人民和散居在外的非洲移民为获得公民权与国家地位进行了长期斗争，他们尤其依赖音乐、文学、服饰、摄影等方面的流行文化。这些作品及其观众，树立了各民族团体及整个非洲人群体的声誉。[545]

当世界以民族国家为单位划分时——大概是1970年左右——国际关系的动态就发生了变化。这个过程开始于新独立的民族“还没有准备好自治”这类反对意见的提出，但这些来自不断萎缩的帝国的主张在2000年以前就被人们抛弃了。苏联和美国的确是大国，但并不完全是帝国。至20世纪末，非殖民化让世界增加了另外150个国家。随着时间推移，民族国家单位的额外益处开始显现——随着工业和电子技术的进步，这些利益的价值也在不断增加。国际体育赛事、流行文化竞赛和选美比赛构筑了一种全球包容、表面友好的竞争动态。国家内部，在诸如地区和民族分裂、阶级分化问题，以及如何为卫生和教育提供充足资源的问题上，民族国家成为政治斗争的平台。例如，拉丁美洲曾在20世纪60年代到80年代的军事独裁统治下经历了最糟糕的时期，但这些国家在此后建立允许权力交替和承认国内大多数群体价值的政治制度方面取得了引人注目的成就。

尽管如此，大国和小国之间的差异仍是历史的一个奇怪产物。曾经是帝国核心的大国拥有不成比例的全球影响力：中国、俄罗斯、印度、巴西和伊朗。其他的大国以前则是殖民地：美国、墨西哥、印度尼西亚、巴基斯坦和尼日利亚。2020年，人口最多的7个国家拥有40亿人口，约占世界总人口的一半；人口数量次之的7个国家拥有10亿人口。[546]先前帝国的核心——英国、法国、德国、日本、意大利、西班牙、荷兰（荷兰）和土耳其——虽然人口较少，但仍然保持着显著的影响力。考虑到人口的不平衡，我们想知道的是人类政治关系的未来为何：这些继承而来的不平等并不会很快消失。然而，因为国家地位的存在，压迫或忽视小国及其人民将更为困难。[547]

今天的大公司显然是自19世纪末的创始公司发展而来的，但其规模、结构、生产的商品和提供的服务，以及它们的广泛的影响力都发生了变化。一个十年接着一个十年，主导产业持续发生着变化——自20世纪70年代以来，主导经济的产业已经从汽车转变为石油、金融和电子，零售业和医疗保健业的领军企业也发挥着主导作用。虽然一个公司只在一个国家进行正式注册，但事实上这种大公司的分布极其广泛，它们在某些地区聚集资源，而在另外一些地区集中生产、进行销售；它们还在某些国家隐藏资金财富，在另外一些国家只缴纳少量税款，与此同时还在纽约和其他大陆参与到股票市场之中。企业投资大规模的公关活动，声称它们为所有人提供服务，然而，它们的主要关注点仍然是利润，以及市场份额的最大化。尽管大公司的规模和力量都无可比拟，但它们只有通过与大量小公司（小到个人企业）合作才能成功运作。

国际组织虽然已有数个世纪的历史（最明显的是存在了2000年的天主教会），但其在20世纪下半叶进入急速扩张阶段。联合国将安全理事会作为大国的竞技场，而联合国大会则是全体会员国的竞技场，在那里，小国和弱国占据主导地位。联合国及其众多附属机构因此制定了大量国际行为准则。这些准则经常被违反，但它们确实改变了国际事务的性质。民族主义在许多方面仍然是一种威胁，因为它通常导致压迫和排斥，并在一些悲惨的案例中导致种族灭绝的发生。然而，民族主义也带来了跨国社会运动，如泛阿拉伯和泛非民族主义运动，尽管这些建立更广泛共同体的严肃的尝试并没有成功——主要是因为大国的恐惧和干涉。宗教组织包括天主教会、世界基督教协进会和伊斯兰会议组织。慈善基金会由公司创办，并随着公司盈利能力的提高而扩大。[548] 严重依赖自愿捐款的国际服务组织包括卫生领域的无国界医师、环保领域的世界自然基金会，以及人权领域的一些组织。所有这些机构，大部分是在最近成立的，已经成为国际关系中的一个中心因素。

在群体互动层面上，文化包括表现、塑造、创新等行为，目的在于描绘周遭的世界。最初对世界的描绘来自言语社群的创始者们，他们以言语或者其他媒介进行相关表述。随着时间的推移，对于世界的描绘已经发展成为一系列引人注目的文化和知识制度。这种表征活动衍生出娱乐和知识，通常情况下其结果是二者的混合体。文化机构是那些支持创造、传播娱乐和知识的机构，其中包括公立和私立学校、大学、博物馆、研究机构、娱乐机构和媒体公司，还有军队。我们通常将知识分为自然科学（包括卫生和工程研究）、社会科学（强调对人类行为的分析），以及艺术和人文科学（通过广泛的媒介表征世界）。

虽然本书侧重于生物和社会科学中个体与群体行为的相关问题，但将讨论拓展到艺术和人文领域也很有意义。特别是，艺术和人文科学既涉及人类中的个体和群体，又显然可以轻松地超越这两个维度，这的确令人惊讶。当个人和团体演奏音乐时——独奏音乐相对于合唱团和管弦乐队——其艺术创作和表演存在些许不同。人们可以区分出非正式团体（即兴演奏）和通过正式协议排练的团体（乐队正式演出）。艺术和人文的工作与社会科学或自然科学的工作相比，分析程度存在差别。然而，一部戏剧或电影的制作涉及复杂的群体互动，以及个体主演的努力。艺术和人文科学表明，在个体行为和群体行为的结合上，我们还有很多需要学习的地方。更广泛地说，流行文化、不断扩充的知识和（我即将说明的）全球性民主话语已经成为非正式的、具有全球规模的自我网络，各个节点上的人们在其中交换经验和思想。新兴的讨论可能促成规模前所未见的共识，也可能导致代价高昂的可怕辩论。这三个全球网络有可能具体化为拥有明确成员和目标的全球机构。到目前为止，任何组织形式的宗旨、成员和规范都尚未确定。然而，这些网络的规模表明，巨大的变革正在进行。

全球性民主话语

地方机构和社区成员如何才能博得有能力做出全球决策的领袖的注意？一个方式是争取参与同一层级的讨论，例如通过请求地方政府和宗教机构。另一种表达方式是通过社会运动网络，在这个网络中，怀有共同关切的人们跨越国界，在区域和全球辩论中亮明自己的观点。在后一种情况下，社会运动能够绕过等级制度。虽然这一部分人通常非正式地组成自我群体，而不是社会机构的群我群体，但社会运动在社会机构的全球互动中发挥着核心作用。[549]

让我们从殖民地人民和原住民的例子开始我们对全球性民主话语

的探索。在本书中，我试图站在被殖民者的角度，而不是帝国征服者的角度。15—20 世纪，世界上大多数地区的人民经历过殖民统治。在不同的时刻，这些地区的人民都丧失了自己的主权。一些人也失去了他们的土地，特别是美洲、澳大利亚和太平洋岛屿上的居民，还有那些被奴役，或以其他方式被征募而来从事劳动的人。所有这些人都被资本主义制度扩张的浪潮裹挟，而他们的人数往往超过来自欧洲、亚洲和非洲的定居者。然而，在几乎所有情况下，殖民地人民都没有消失。从 20 世纪 80 年代开始，加勒比海地区的人们对泰诺文化重新产生了兴趣，这是对祖先泰诺人继续存在的认可。[550] 在一个相关但不完全相同的例子中，王国和社区，无论大小，都被并入了更大的殖民地单位之中。这种情况在 20 世纪的非洲尤为突出，但在更早的时候，该情况也在西伯利亚、印度、东南亚和美洲出现过。19 世纪和 20 世纪，当国家建立时，原住民置身其中，但他们通常没有获得完整权利。

尽管原住民在几个世纪的时间里持续蒙受损失，但随着时间的推移，他们找到了利用国家地位和国际组织的方法。他们发起了一些社会运动，批评那些长期以来被忽视的压迫性条件。尽管原住民人数不多，他们的权利、土地和许多子女也被剥夺，但他们仍然坚定且强烈地要求国际社会承认他们的社区、语言、土地和文化创造。值得注意的是，他们获得了其他团体的大力支持，并且开始赢得对手的让步。1968 年，美洲原住民占领旧金山湾的阿尔卡特拉斯岛，标志着原住民运动的兴起，而运动的顶峰则是 1994 年的恰帕斯起义。那些力量最为薄弱、损失最为严重的民族能够获得各种形式的正式承认，例如极地地区居民与所属国政府之间建立了一个正式的谈判框架。[551] 通过各种各样的方式，大众的声音变得可以被听到，社区和其他地方层面机构的关切引起了世界范围内人们的注意。这些运动给最强大的机构施加了压力，要求它们做出回应和调整。

这类有组织、活跃的社会运动是我定义的“全球性民主话语”这一规模更大现象的一部分。全球性话语具有三个主要来源：以娱乐为目的的流行文化实践，一般和专业知识的拓展，以及社会变革运动。[552] 我在地方性的讨论中追溯了这种全球性话语的演变，这些讨论通过各种方式联系在一起：通过商业联系将商品转移到新的土地，通过迁移将移民引入新的社区，通过文本和音频跨越社会界限的传播媒体，以及年轻人接受的正规学校教育。最引人注目的是，新兴的流行文化形式通过音乐、服饰、舞蹈、戏剧、电影和互联网激发了新的情感。全球性民主话语有赖于每个社区传承下来的文化，但其更有赖于超越家庭界限的新奇事物。它涉及国家、社会、社区和组织，以此维持对人类优先事项的讨论。它借鉴了地方协商和治理的悠久历史，在某些情况下则援引了众所周知的雅典民主模式。

新型全球性话语的一个隐含前提是人类平等观念。这一观点得到了全球人民（也许是大多数人）的支持。它与主要社会制度中显而易见的等级制度相对立。另一方面，平等的概念是模糊的，它没有体现在任何生效的制度或明确的意识形态中。相比之下，组织良好的公司和金融利益集团，在其他制度的支持下，在政府中具有强大的影响力。它们认为，应该首先关注自己的利益。它们断言，人类的福祉最好通过确保最强大利益集团的利益来实现。各种特殊利益集团——公司、金融机构、政府官员、地产贵族以及其他大型机构——贪婪地只顾自己。对于广大普通民众来说，他们认识到了贪婪，却看不到发展替代方式的强大的基础。大众化改革的各种努力——扩大教育、保护消费者、保护环境、帮助穷人——都遭到了既定特殊利益集团本能的而且有力的回击。在这中间，一些团体通过与企业利益结盟，寻求提供有价值的社会服务。[553]

不过，在流行文化中，人们可以从人人平等的主张中看到一种新兴的意识形态元素。人类平等观念日渐发展的原因需要我们进行探究。我认为，我们正处于人类社会组织的巨大转变之中：全球性民主作为讨论人类优先事项的平台而出现。虽然这在很大程度上是现代和当代的变革，但将当前的变革与早期最重要的社会变革进行比较也很重要。例如，帝国在3000年前作为社会的延伸而出现，但其通常具有压迫性，无法扩展至区域范围之外。不久前，一些民族国家取代了帝国，这也是社会的延伸。人们可能会问，这些国家是否意味着旧社会的回归，抑或是走向全球性民主的一步，还是二者兼而有之。例如，民族国家似乎比帝国更开放地承认其境内的个人权利和群体权利。杜赞奇（Prasenjit Duara）在考虑构筑新型世界秩序的原则时，建议人们优先考虑从东亚宗教继承下来的价值观，而不是亚伯拉罕宗教的价值观，因为后者在过去几个世纪占据主导地位时，带来的冲突多于共识。[554]

如果一个全球性讨论平台即将建成，那么将会有许多议题和关注点需要进行讨论。人类世时代发生了许多危机。早先已经失衡的等级制度与网络，如今更加不符合时代需要。更高的生产力、更紧密的全球联系、战争的能力、对盖娅的进一步入侵，以及知识的大规模扩张，我们在这些方面都面临着困境。贪得无厌的精英们显然值得我们去关注——他们征服了世界，创造了无尽的财富，也造就了整个大陆的贫困。精英阶层自上而下治理经济和社会的决心扭曲了制度的调节过程，从而破坏了人类系统的复制体系。[555]然而，仅仅把精英们当作当今危机的替罪羔羊，就是在掩盖其他的不平衡：也许我们可以说，几乎所有人都在参与破坏人类系统的顺利和公正运作。

自人类世以来，社会关系发生了多大程度的变化？考虑这一问题的一种方法是比较两场伟大的社会运动——它们分别发生在北大西洋沿岸（1789—1792年）和全球（1989—1992年）。[556]在某种意义上，这二者具有明显的相似性，因为社会运动在每个时代都会出现，人们旨在反抗精英统治，寻求建立民主的政治架构。在18世纪，法国革命带来了一段时间内的革命性变化，虽然其大部分成果在之后20余年的战争中被逆转了。在同一个十年里，加勒比海、北美、爱尔兰和波兰出现了声势浩大但往往最后失败的社会解放和政府改革运动；1792年的反奴隶制请愿获得了数千英国人的支持，开启了一场持续了半个多世纪的运动。两个世纪后的1989年，柏林、开普敦以及世界上许多地区的示威者相互接触，宣扬和赞美民主权利。至1990年年底，欧洲、非洲不受欢迎的政府纷纷下台，其他国家则面临压力。1793年，对法国国王的行刑伴随着欧洲君主制国家对法国的入侵；1990年，伊拉克占领科威特，导致了美国领导的对伊拉克的入侵。这两场战争都持续了20年。不同之处在于，20世纪社会运动的相互联系更加紧密，因为更有可能给政府和社会带来变革。在后者中，美国是一个霸权国家，但它与拿破仑帝国并不完全相同。

20世纪与18世纪相同，伟大的社会运动的结果是复杂的。18世纪，英国最终战胜了法国；20世纪，美国战胜了苏联。苏联和东欧的社会主义政权垮台了，而中国共产党的执政地位稳如磐石；在南非，共产党作为反种族隔离运动的参与者，于1994年成为新宪政的一部分。18世纪，继法国大革命中雅各宾派政府的屠杀之后，波兰消亡，爱尔兰起义被镇压；而在20世纪，与之相对应的事件是柬埔寨和卢旺达的种族灭绝，以及南斯拉夫的解体。伊斯兰世界对外界产生了敌意，随之而来的是恐怖袭击——特别是2001年9月11日对美国的袭击，而后恐怖袭击变得更为广泛。2003年，美国再次对伊拉克发动战争，以此应对这些紧张态势。美国无视了世界范围内的反战示威，入侵，再宣布胜利，之后则陷入了长期的血腥僵局。

从更宏观的角度来看，人们可能会认为，全球性民主话语成功避免了核战争。即使在广岛和长崎两次原子弹袭击的80年后，也没有政府或军队敢于动用核武器。防止核战争的机制尚不为人所知，但全球公众舆论一直是限制使用核武器的核心，这一观点似乎是合理的。

全球性民主话语是最近的创新，它需要我们进行更深入的分析。也许人们会通过更深刻的调查，探索普通人之间有关分歧的争论，以此了解更多有关全球性民主话语的细节。许多长期存在的分歧——种族分类、种族认同、性别角色、宗教宽容和暴力的正当性——现在通过电影、音乐和网络评论更为公开地被摆在了辩论的平台上。暴力和性剥削的残忍问题，特别是针对儿童和妇女的此类问题，正在世界范围内的各个社区被公之于众。在消极方面，这些报告和辩论表明，残忍和虐待在人类内部仍然出人意料地广泛存在；在积极方面，相同的报告和辩论也说明，来自不同群体的很多人正在逐渐形成一致理解和全球性话语，尽管有很多让人很不舒服的信息。

在这种辩论中发展起来的一个令人瞩目的机构是“真相与和解”系列委员会，它们会收集和公开有关拉丁美洲和非洲国家残酷冲突的信息。这些公开讨论并不能解决每一个事件中仍然存在的愤怒、仇恨与恐惧，但它们设定了某种形式的和解目标，这或许有助于实现和解。在各种制度形式下，全球讨论强调了不平等的代价——以个人发展损失、社会生产力损失、释放新思想的潜力作为衡量标准，让更多的人免受不平等的待遇。然而，仅是讨论本身，还不足以决定性地降低不平等程度。南非提供了一个具有挑战性的例子：一方面，为克服种族不平等制度而进行的长期斗争导致了和平过渡与建立平等的承诺；另一方面，过去四分之一个世纪的时间表明，新的不平等现象的产生与构建国家统一的努力一样多。

我已经强调了三个全球层面的信息结构——流行文化框架、一般和专业知识的沟通，以及全球性民主话语——这三者都源于远超以往任何时代的交流和沟通水平。它们为协调应对三大危机——社会不平等、环境恶化以及应对前两大危机的政策——提供了基础。然而，全球选择的最明显解决方案有可能弊大于利。特别是，在当今背景下，组建一个世界政府将可能主要导致等级制度的扩大和进一步的不平等，因为目前发挥治理效力的等级制度会扩大其影响。如果没有事先达成的共识，世界政府对特殊利益集团的利益将持开放态度。与之相反，形成一个全球性话语，将为一个协商一致的全球社会结构打下基础。在我看来，下一步的关键不在于技术层面的快速解决，而是讨论、提炼出一套基于知识的意识形态：一套适合人类可行社会优先事项的意识形态。在这个时代，人类在创造一种全球性话语方面，要比组成一个全球性政府方面走得更远，而这也是人类应该做的。

选择

人类系统若要维持存在，就必须继续自我繁殖（复制），转化物质和能量，并处理信息。该系统在社区、社会和现代的全球性民主话语层面，以网络和等级制度相结合的方式开展活动。系统摄入物质、能量和信息，并因此而成长。虽然对人类系统的选择进行彻底调查将涉及对刚刚列出的每一个要素的探索，但在这里的结论中，我仅就系统运行的选择提出三个问题。

人类系统需要增长吗？在人类系统存在的大部分时间里，虽然其范围和密度都有明显增长，但如果没有增长，人类并非无法生存。然而，增长问题通常是从国内生产总值（GDP）的角度，而不是从全系统的角度提出来的。事实上，“增长”指的是经济增长，还是说也指知识和社会福利的增长？在任何情况下，政治人物和经济学家都明显倾向于系统地假定，为了实现国家单位的社会福利和政治满意度，经济增长是必要的。然而，考虑到人类系统的增长明显威胁着盖娅和地球系统的稳定，我们似乎应该深入探讨增长是否必要的问题。此外，由于分析人士确信人口增长将趋于平缓，而化石燃料的消费将下降，因此，有观点坚定认为，对于今后生活在更为温暖的地球上的我们的子孙后代而言，GDP 也将趋于平缓或下降。我们是在等待增长的终结，还是努力为之做好准备？

社会不平等是人类系统的一个必要方面吗？社会科学家普遍认为不平等是人类社会的固有特征。换言之，社会科学家有一个共同的印象，即在社会内部不平等的程度上存在着中庸之道——如果不平等程度太大，社会就会过于压抑，而如果不平等程度太低，社会就不会具有足够的动力去创新。这种有关不平等的观点似乎与增长对经济福利来说是必要的观点相关。但是，如果人们一致认为不平等程度太高，有什么适当措施来降低呢？一般来说，社会科学文献将战争和经济萧条作为降低不平等程度的主要过程（尽管有研究将斯堪的纳维亚税收制度作为替代方案）。在现有社会科学框架内，我们是否有其他方法来解决不平等问题？一种可能是对人力资本进行分析。换言之，无论富人还是穷人，目前我们对于每个人的投资是多少？投到每个人身上的资本的生产率是多少——如果以更公平的方式对现有的人力资本进行投资，总体生产率会提高吗？

社会制度的运行应该以何种方式进行监管？这是一个关于大型制度自觉治理的问题，比如政府监管金融制度的可能性。然而，这个问题也关乎小型制度和地方制度。每个制度的预期受益人是谁？受益人在阐述制度对其福利的影响方面发挥了怎样的作用？如果，正如本书理论化分析的那样，社会进化包括一个制度化的档案和一个只保留价值制度的社会选择制度，那么就值得我们如此发问，社会选择在最近是如何发挥作用的？例如，是否有可能削弱社会选择的机制，使之不再能消除对系统有害的制度？[557] 除了制度负责人的自我监管和政府监管之外，是否还存在其他监管机构的流程，通过这些流程对制度进行调整，使其更好地适应受益群体的需求？对社会制度、构成这些制度的群体，以及受这些群体影响的更广泛的群体（从地方到全球）进行更多的研究，将有助于澄清它们的运作、成功、失败与压迫。

附录：分析框架

1. 系统与共同进化
2. 进化：生物、文化和社会
3. 人类迁移
4. 个体与群体行为
5. 制度与社会网络
6. 情感与人性

这里所总结的6个知识和分析框架提供了有关人类进化过程的假设、原则和所需的资源。第一个，同时也是最为宽泛的框架是系统框架——包括其自身的基本概念，并伴随着诸如地球系统、盖娅、生命系统和人类系统等元素。第二个框架与进化相关，囊括了生物、文化和社会进化平行发生而又彼此迥异的过程，这是本书的分析基础。余下的四个框架稳步推进，更加具体，它们解决了在理解人类整体进化的过程中会遇到的重要问题。我们用最有效的方法来研究人类的迁移，必须记录下来，由此揭示人类在地球上定居与重新定居的各种方式。如第四个框架所示，由于"集体意向性"对人类群体进行概念化的最新进展，现在可以详细比较人类的个体行为与群体行为——该框架有助于读者识别文本何时将人类假设为个体进行行动，何时他们又进行群体行动，而又在何时兼有双重性质。第五个框架是社会制度，这是本书的核心，这里做出的假设是，它们为同意创造和保存它们的群体的“集体意向性”所独创。这一部分还包含社会网络和等级制度的相关列表，整个人类系统也位列其中。第六个框架，我们假设情感产生于个人层面，其支持利他主义、暴力，或是其他情绪化观点与行为；进一步的情感可能与社会制度相互作用，产生“人性”，正如我们在社群中所看到的那样。

本文简要概述了这 6 个框架，目的在于引导读者了解主要的话题、概念、术语和分析过程。这些框架所确定的大部分过程都可以追溯到数百万年前，有些甚至可以上溯至直立人时代。同时我也认为，大约在 7 万年前，口语发生了相对迅速且新颖的发展。因为深层次沟通能力增强，人类能够创造新的社会结构，并更为有效地利用他们所积累的技能和能力。因此，我所描述的某些过程只会随着口语的出现而产生，这些过程包括社会进化、跨社群迁移、有意识的群体行为、群体层面的人性等等。7 万年前之后的人类历史集中于这些新实践的发展，以及与先前人类实践的结合。

1. 系统与共同进化

宏观系统。系统是由相互作用的元素所组成的集合体；系统对其环境是开放的，且与环境进行着相互作用（贝塔朗菲）。封闭系统自给自足；开放系统则在输入和输出物质与信息。系统通常进行自我调节，它们通过反馈进行自我校正。系统思维既包括部分对整体的思考，也包括整体对部分的思考，在各要素之间建立联系，使它们成为一个整体。在整个系统中，各个**子系统**分别发挥不同的功能。

地球系统。这一术语指的是与地球有关的物理、化学和生物相互作用的过程。这一系统由陆地、海洋、大气和两极组成。它包括地球的自然循环——碳、水、氮、磷、硫和其他循环——以及地球深处的过程（拉迪曼）。生命也是地球系统不可分割的一部分。**盖娅理论**（洛夫洛克）指出，地球上所有的有机体及其无机环境紧密结合，形成了一个单一的、自我调节的复杂系统，维持着地球上生命的生存条件。

生命系统。生命系统在 8 个层次中发挥作用：它们是由 20 个子系统所组成的开放系统，负责处理各种形式的物质、能量和信息的输入、吞吐与输出。其中的两个子系统——繁殖者（复制者）和边界——同时处理物质、能量和信息。有 8 个子系统只处理物质、能量，而余下的 10 个子系统仅处理信息（米勒）。社群、联盟、社会，以及这些组合的网络是社会的子系统。（1990 年，米勒在他 1978 年列出的 19 个子系统之后又增加了第 20 个子系统："计时器"，即处理信息的第 10 个子系统。）**共同进化**包括系统之间以及系统内部的相互作用（欧利希）。随着时间的推移，共同进化的概念逐渐被泛化为生物和文化进化过程之间的相互作用（博伊德和里彻森）。在进化史上，偶尔会出现一个新的系统层次——例如，用生物学术语来说，从细胞到生物、从生物到群体（梅纳德·史密斯）。在此，我认为人类系统是生命系统中的一个全新层次。

人类系统。人类系统是于历史上形成的由人类推进的过程的总和。它通过相邻社群最初的联系而形成，此后，这一系统扩展至包括联盟和社会之间的联系。随着等级制度的出现，人类将等级之间的联系也融入其中。至此，人类系统可以说包罗万象：既包括纵向和横向的联系，也包括每个尺度上从一般到特殊的相互作用。在人类进化的框架中，共同进化被进一步概括诠释，使进化系统中重要的相互作用也包含其中。

参考文献： Bertalanffy, *General Systems*; Boyd and Richerson, *Evolutionary Process*; Ehrlich, “Co-evolution” ; Lovelock, *Gaia*; Manning, *Methods*; Maynard Smith, *Transitions in Evolution*; Miller, *Living Systems*; Ruddiman, *Earth Transformed*.

2. 进化：生物、文化和社会

生物、文化和社会进化这三个过程被达尔文思想的总体分析框架统一起来。达尔文分析的核心在于，生物进化有赖于特征的变化，通过生存的斗争选择特征，以及特征的遗传——因为这些因素是经由个体和物种的繁殖程度来判断的。达尔文最初对单一生物体的表型分析如今已扩展至其他生命维度，这为我们提供了有关基因和分子的细节，而通过这些细节，我们又得出了深刻的新见解。然而，这一切更多的是重申，而不是修正达尔文的原始见解。近年来，分析人士一直在转向探索达尔文后来的关于人类的起源与动物和人类的情感的著作中所提出的问题。达尔文的原始原则在这些额外的层面上依然具有价值，这一点至今仍然是合理的。除了生物方面，我还将达尔文的逻辑扩展到了文化和社会进化。换言之，我认同不断发展的文化进化研究领域的基本论点。在这一领域中，研究人员类比达尔文理论来探索存档在人类大脑中的社会学习过程，而这些过程与基因组中群体特征的进化是相互结合的。此外，我还提出了一个有关人类社会进化的理论，即研究人类群体行为的新方法也可以受益于达尔文理论的类比。为了确认前三个过程的相似性，表 A1.1 总结了生物、文化和社会进化的要素，这是一个突出达尔文思想体系的框架。第一列列出了达尔文进化论的各个要素类型；在有关该表的描述中，我将从上至下依次讨论后面三列中所列出的内容。

表 A1.1　各种进化理论中的假设

进化类型	生物	文化	社会
进化单位	生物	双重继承生物	社群或社会
变异	生物体内 DNA；表观遗传	1. 生命体内 DNA 2. 生命体内大脑	大脑和社会群体中的制度
来源	随机	1. 随机 2. 个体决定	集体决定
选择	自然选择	1. 个人选择 2. 包容性选择 3. 多层次选择	社会选择和规则
遗传 / 保留	遗传（DNA）；表观遗传	1. 遗传（DNA） 2. 双重遗传大脑	“档案”（分散存放的社会保留）
繁殖 / 复制	DNA 和蛋白质	1.DNA 和蛋白质 2. 互惠和社会学习的大脑	仪式
适合度评估方式	繁殖后代（基因或生命体）	1. 个体的个人适应 2. 个体的包容性适应 3. 群体的多层次适应	社会适应：加强社会群体（在指定范围内）

作者制表。为简单起见，该表假设新达尔文主义选择过程是从更复杂的（如表观遗传）、已知为进化变革的一部分的过程中概括而来的。

生物进化。这一术语适用于所有物种。其核心在于物种通过自然选择实现遗传变化，但这一术语目前已经被拓展至个体发生的变化或物种的生命历程发展等方面（古尔德）。在生物进化中，进化的单位是个体生物。变异发生在生物的 DNA 中，但也发生在表观遗传层面；遗传变异的本质主要是随机变化。生物变异中的选择是通过自然选择进行的，这一术语包含广泛的潜在变化。遗传通过 DNA 进行，因为基因组（与表观遗传学相结合）既保留了全部成功的变异，又通过有丝分裂繁殖出来。任何变异的适合度都是根据携带变异的生物的繁殖水平来进行评判的。**传染病**源于微生物、细菌或病毒的生物进化，它们以植物和动物作为宿主（戴蒙德）。

文化进化。这一术语因研究人类的需要而被创造出来，但也可以应用于灵长类和其他物种的动物。在人类内部，文化进化理论侧重于个体学习，在这一点上，遗传和文化进化过程并驾齐驱，被称为“双重继承”。在文化进化中，进化单位依然是个体生物，这一术语的内容则涵盖基因组中的生物进化和大脑中的文化进化（博伊德和里彻森）。变异发生在生物的基因组和大脑中；变异的来源则是基因组的随机变化，以及个体在学习中的选择或是存档在大脑中的互惠行为。**选择**可以按照三个过程继续推进，其中，与遗传选择匹配的是：（1）通过个体学习进行的个体选择；（2）学习或互惠行为的包容性选择；（3）学习或互惠行为的多层次选择。创新的遗产被存档，并保留于个体的基因组和大脑中；双重继承通过 DNA 进行传递，在文化方面则通过学习实践在大脑间进行跨代交流。**适合度**可以通过三个层次来决定：（1）携带文化变异和相关生物变异的生物的个体繁殖率；（2）包含于个体生物行为中的生物繁殖率；（3）一群生物的繁殖率。这三个尺度的文化分析被认为是同等重要的（麦克尔里思和博伊德）。这种文化进化分析在两组研究中得到了实证和历史应用：更新世中期原始人类群体的社会学习分析，以及更近时期、更大规模的智人研究，其中使用了“超社会”这一概念。**文化进化框架中的文化**：包括个体的学习积累，这构成了文化元素（博伊德和里彻森）。这些学习行为，无论是试错还是模仿，都与人类的想象和思想有关。**依赖多层次选择的群体的一致性**：注意，在文化进化的框架内，为了选择最适合的社群，社群内部的一致性和社群之间的多样性是非常重要的；因此，移民带来了危险（图尔钦）。

社会进化。这一术语适用于研究有意识的、能说话的人。在**社会进化**中，**进化的单位**是一个社会群体，特别是一个社群和社会。对于这个群体，我们通过基于群体的社会制度的进化来追踪达尔文式的进化（图奥梅拉）。**变异**出现在创新者（个体或群体）的思想中，也体现于他们提出的制度中；变异来源于群我群体成员选择创建或修改社会制度。**选择**是通过“社会选择”进行的，这类似于自然选择，即新制度通过检测其社会适合度的诸多过程，最终决定其是留存还是被遗弃。此外，社会选择较成功或失败的二分法更为复杂：制度也可能经历**调整**和改革，即制度成员或社会群体修改现有的制度（坎贝尔）。一个制度的**继承**要通过两个关联制度，这二者负责保存和复制该制度的信息。在保存方面，**档案**存储了有关该制度的信息。在大脑中，档案分布于各个地方，并最终成为信息的实质性记录。在复制方面，**仪式**通过节日仪式、复述和成人仪式将信息从档案传递给下一代。任何制度变化的**适合度**都被认为是加强了相关的社会群体，然而，这种社会适合度和加强程度可以根据不同的标准进行评估。换言之，社会适合度的标准在社会群体成员之间是可以公开讨论的。社会适合度可以通过共享该制度的人数进行衡量，也可以通过每个人社会福利水平的改变进行衡量。此外，社会适合度还可以通过一个制度对整个社群的福祉或对一个亚群体（如精英）福祉的贡献进行评估。**社会选择框架中的文化**：与文化进化框架不同，在此框架中，“文化”包括个体之间的表象交换和群体的表象创造。群体层面的文化是在社会制度的世界中诞生的，它对社会制度和自然世界进行品评。**依赖社会选择的群体的多样性**：在社会进化框架内，社群内的多样性受到重视，其目的在于促进创新和制度，二者通过扩大社会福利来增进制度在每个社群的适合度，因此，移民可以带来益处。

参考文献：生物进化：Darwin, *Origin of Species*; Diamond, *Guns, Germs, and Steel*; Gould, *Ontogeny and Phylogeny*。文化进化：Boyd and Richerson, *Origin and Evolution of Cultures*; McElreath and Boyd, *Mathematical Models*; Turchin, *Ultra Society*。社会进化：Campbell, “Biological and Social Evolution”；

Manning, *Methods*; Tuomela, *Social Ontology*.

3. 人类迁移

人类迁移有赖于一定的基本冲动，但随着社会的变迁，这一行动的性质也发生了变化。人类适应栖息地的灵活性使这一物种遍布世界。随着社会、生态和经济条件的变化，人类以其独有的方式重新居于地球之上。随着人类的发展，移民填补了新的空白。人类迁移有两种过程：**一般迁移**，人口扩散，以此扩大栖息地或占领新的栖息地（丁格尔）；**跨社群迁移**，以此连接社群和占领新的栖息地（曼宁，*Migration in World History*）。对迁移的记录和分析加强了对人类系统的空间理解。**如何记录迁移：**主要有四个学科对迁移进行记录，分别是历史语言学、遗传学、考古学和书面记录。

历史语言学。示例：尼罗–撒哈拉诸语的分布证明其起源于尼罗河流域中部，之后向北扩展至撒哈拉沙漠和尼日尔河谷，向南则延伸至中非和东非（埃雷特）。**方法：**通过词汇和语法的比较，将语言归类于各种语群——源于祖先的单向性语系，其可以追溯至 1.5 万多年前。对语系和亚语系的地理分析可以估计出每种语言群组的地理家园。由这一传统衍生出了 14 个语群，其中包括几乎所有人类语言的等级分类，旨在反映每一门语言的差异和起源（格林伯格，鲁伦）。将这一系列的语群与最新的全基因组古 DNA 分析结果相结合，我们可以得到这样一个有强力的证据支撑的结论：这 14 个语群在相当长的一段时间内一直存在，在某些情况下甚至可以追溯到语言诞生的最早时刻。在我有关迁移的分析中，我还要依靠这一假设。语言学家通常认为，语言变化的速度使我们无法追溯到 1 万年前的语言群体，而我认为，语言群体的创始根据地与基因组数据的相关性很高。如果不像我在第四、第五和第六章中所做的那样，即详细探讨语群的深度持久性的话，研究就会产生错谬。**语言分类中的争议和差异：**14 个语群的分类仍然是语言学家们争论的焦点，这些学者往往专注于研究某一个地区，尤其是美洲、东南亚、大洋洲以及亚欧大陆的大部分地区。在争论中，非洲语言的专家认为，非洲所有语言分属于 4 个彼此不同的语群，而美洲语言的专家则发现，在整个西半球存在着超过 20 个语群，另外还有许多与之不相关的孤立语系（格林伯格、特纳、泽古拉等）。这两部分学者的分类方法显然不同：历史语言学中的方法论争议亟待解决。我整理了语言分类中的方法论差异，并邀请历史语言学家来敲定方法论方面的共识（曼宁）。在此，我重申这一主张，即语言学家们应该在四个方面进行协商，并达成一致意见：第一，语言分类的基本原则；第二，对分类的检查，并制定世界范围内的语言分类标准；第三，估计语言差异次序和时间的标准；第四，他们应该就语言差异模型进行讨论——一个语言差异的树状模型是否足够，或者需要其他的模型取而代之？本书的作者不是语言学家，也不具备分析句法或词汇元素之间关系的能力。但我确实拥有数据比较的世界历史研究经验，而且我清楚地知道如何从语言学的角度区分考古学和遗传学。在前两点中，学者之间的个体差异与争论并没有破坏世界范围内对于方法论的共识；在后者中，作为子领域的历史语言学在语言学中整体上处于较低的优先地位，彼此孤立的专家阵营遵循的是各自的本地标准，而这些标准彼此之间有着极大的差异。如此，结果便是抑制了语言数据在分析中的运用，而一致的语言分析可以大大增进对人类历史的理解。我从 2006 年以来一直浏览 Ethnologue 网站，我注意到，在该网站的综合列表中，几个大型语言群体被移除了，取而代之的是一些较小的群体。这表明，语言学家对大型语言群体的排斥依然存在。研究美洲和印太地区的学者否认语言之间的关系，在我看来，这一观念是 1866 年巴黎语言学会拒绝就语言起源辩论的复现。

遗传学。示例：线粒体 DNA（Mt-DNA）研究表明，非洲人后裔的遗传变异最为显著，这证实了人类在非洲生活时间最长的观点，正如丽贝卡·坎恩、马克·斯通金，以及艾伦·C. 威尔逊在 1987 年所指出的那样。**方法：**通过对 Mt-DNA（女性祖先）、Y 染色体（男性祖先）或体细胞染色体（无特指性别）进行分析，可以对等位基因进行追踪。**遗传分析中的问题：**（1）今天从人类身体中提取 DNA 时，存在着对当前样本来源进行分类，并将该基因组投射到过去人群分类中的问题；分类和预测都需要咨询社会科学家（奥尔森）；古代 DNA 澄清了这一问题，但并不能将其解决，尽管将现代与古代 DNA 的研究结合起来应该会出现有用的差异（赖希）；（2）**分子钟问题，**即基因组分析给出了明确的顺序结果，展示出遗传分化发生的顺序，但却没有与其他数据比较所需的具体年表；基因变化率恒定的假设已被证明是不可靠的，如果要进行进一步研究，就必须探索改进和验证分子钟的方法。

考古学。示例：在对考古发现的个体骨骼和牙齿中锶同位素含量进行分析后，可以将个体同位素比值与世界范围内已知的同位素比值进行联系，由此发现有关他们出生地点和生活地区的线索（凯塔）。考古学是一个劳动集约型、涉及多学科知识、成本高昂的研究领域（米森）。然而，我们对丹尼索瓦人认知的增长是考古学进步的一个例证，澳大利亚和南美洲人类定居的新时间点也是一样（杜卡）。对于欧洲和黎凡特的历史性关注已经扩展至其他地区，而对考古研究进一步投资也将意义非凡。特别是对非洲而言，古生物学研究已经取得了举世瞩目的进展，但我们仍然需要对非洲更新世晚期和全新世时期的迁移与定居进行考古研究（塔特索尔）。

书面记录。示例：假设人类迁移在我们的历史上一直是连贯的过程，那么我们可以将书面记录与其他类型的有关人类迁移的证据联系起来，从而得出一幅更全面的图景（霍尔德）。关于迁移的大量书面文献始于书写，包括记录口述的文本。记录时间跨度上至古代游牧群体的编年史，中含近代早期的海洋移民，直至我们所处时代的城市化。

参考文献： Cann, Stoneking, and Wilson, "Mitochondrial DNA"; Dingle, *Migration*; Douka, "Age Estimates"; Ehret, *History and Testimony*; Greenberg, *Languages of Africa*; Greenberg, Turner, Zegura et al., "Settlement"; Hoerder, *Cultures in Contact*; Keita, "Geochemical Method"; Manning, "*Homo sapiens*"; Manning, *Migration in World History*; Mithen, *After the Ice*; Olson, *Mapping*; Reich, *Who We Are*; Ruhlen, *Origin of Language*; Tattersall, *Masters*.

4. 个体和群体行为

人类行为可以被归类为两个基本框架：个体行为和群体行为。**个体行为：**生物学是将个体生物作为物种的代表进行分析。个体动机、行为和反应一直是经济学、社会学和心理学研究人类行为最为详细的框架。人们一直认为，人类群体的行为最好是从这些群体中的个体的逻辑来进行解释：群体行为通过个体行为进行解释。**群体行为：**最近的研究发展出一条与群体行为平行的逻辑道路，识别了人类群体清晰而独特的行为特点。倘若这项工作能够继续下去，未来的社会分析则应该关注个体与群体行为的平衡和相互作用。

个体行为

个体行为的定义。个体基于自身利益做出的决定，未与他人达成任何协议，也不受权威的影响。

个体种群分析。一个人可以是一个群体的一员。种群（包括亚种群）是个体的累积。研究者根据个体特征在种群中的分布对种群进行分析研究。（因此，种群遗传学着力于研究种群中等位基因的频率。）群体行为源于个体行为的动力和累积。

表 A4.1　博弈论：囚徒困境

		因子 2	
		合作	背叛
因子 1	合作	2，2	0，3
	背叛	3，0	1，1

作者制表，根据图奥梅拉，*Social Ontology*，187。

个体层面的博弈论：囚徒困境。个体因子在没有权威导引的情况下追逐自身利益。收益是固定的，因子之间不能互相沟通或影响对方。每个因子选择一种行为：合作或背叛，且每个因子都知道收益为何。无论他人选择如何，背叛总能够带来比合作更高的收益。然而，如果双方都选择合作，最终结果将会更好（阿克塞尔罗德；麦克尔里思和博伊德）。

个体层面的合作与互惠。长期以来，人们认为，囚徒困境中最为有利的策略是"针锋相对"，即一个玩家先选择背叛，然后再匹配另一个玩家的行动。如此一来，基于互惠的合作就可以以此为基础发展下去（阿克塞尔罗德）。然而，后来的分析表明，与之相比稍有不同的策略才是最好的：在任何情况下，结果表明，人类的合作行为可以逐渐产生于个人动机。

个人主义方法论。这是一种社会科学分析，从个体相互作用的角度解释大型社会结构和行为（乌德恩）。

群体行为

群体行为的定义。群体行为源于个体及其行为模式的集合，其根据个体之间是否相互认识、相互回应或拥有共同意图而有所不同。人类群体行为依赖“集体意向性”，即个体同意并决定一个共同的意图（集体的意图），其中，群我意图是一个个体层面的定义。群体行为假设个体行为存在且保持延续（图奥梅拉）。

群体的类型。群体层面合作的参与并不能消除个体层面合作：二者之间，以及与其他因素之间均在共同进化。群体既可以采取**自我群体**形式，也可以是**群我群体**形式。**自我群体**是一个种群，对于个体层面的种群来说，每个成员都根据个体的动机和主动性行事。**群我群体**是一个由其集体意向性所统一和约束的群体，这意味着其成员拥有共同目标、承认共同利益，以及为了群体利益而行事。

表 A4.2　博弈论：高–低

		因子 2	
		A	B
因子 1	A	2，2	0，0
	B	0，0	1，1

作者制表，根据图奥梅拉，*Social Ontology*，187。

群体层面的博弈论。在群体竞技中，因子是一个团队的成员。他们在游戏前进行交流，而非在游戏中。每个因子会选择一个标签（A 或 B），且他们都知道游戏的收益结构。为了使收益最大化，每一个玩家都希望出现这样一种情况：双方选择了相同的标签。当每个玩家做出对群体最为有利的选择时，一个独特的结果就会产生，避免由个体推理造成的僵局（巴哈拉赫）。

还要注意原始竞赛——一种零水平、最小假设的博弈，在这种博弈中，群体为取得优势而斗争（埃利亚斯，122—128）。

群体层面合作与互惠的类型。此类情况包括群体中自我模式的个体，自我模式或群我模式下意图一起做或相信某事的个体，以群我模式群体行事的做出集体承诺的个体。这三种分析群体行为的模式都取得了部分研究进展，表明其可以导致人类的合作与互惠。

集体意向性的方法论。哲学和社会科学学者正在利用这种方法，从群体相互作用的角度解释大型社会结构和行为。分组理论虽然在分析上很复杂，但它表明，在达成和执行决策方面，群体比个体效率更高（图奥梅拉）。

参考文献：个体行为：Axelrod, *Evolution of Cooperation*; Hamilton, "Genetical Evolution"; Maynard Smith, *Game Theory*; McElreath and Boyd, *Mathematical Models*; Udehn, *Methodological Individualism*。群体行为：Bacharach, *Beyond Individual Choice*; Elias, *What Is Sociology?*; Manning, *Methods*; Tuomela, *Social Ontology*。

5. 制度与社会网络

正如我在本书中所定义的，制度要求其成员认同一个群体目标，且参与到制度实践中。制度通常要求其成员遵守某些准则，但这些准则本身并不足以维持一项制度的存在。对于制度的统一定义，必须考虑到制度的创立、组成、动态、复制、改造，以及在社会中发挥的广泛作用。制度以不同的方式依赖自我群体行为和群我群体行为。

由群体构成的制度。社会制度是社会进化理论的核心。社会制度是一种组织形式，是一个群我群体，由一个或多个群体型成员所构建和支持，具有或明确或隐秘的目标，涉及人类活动、行为和规范，要求在身份认同和参与活动时采取群我模式和群我态度。社会制度还规定了处理群体中具有象征意义或社会地位的集体事务的基本准则。特定社会制度因其活动特点而具有动态性（图奥梅拉）。我重申，我是根据成员资格和共同意愿，而不是根据制度活动的结果来对制度进行定义的。

群我群体的特征是“集体意向性”；成员拥有共同目标，能够明确表现出成员之间拥有共同利益，且每名成员均对群体做出个体承诺。群我群体允许对行动、信仰和集体情感做出共同承诺。群我群体的“不可约性”意味着，在博弈论的背景下，群我群体通过做出自我群体无法企及的决策来获得效率。换言之，在博弈中，自我群体无法在替代均衡中挑选出最有利于群体中个体的选择，而群我群体却能够做到。群我群体允许群体内部存在等级制度，还可以在外部指导下运作。群我群体为特定的目的而运作——在这些目的范畴之外，成员可以遵从他们的个体意愿。

制度中的个体。自我群体是成员根据个体利益采取行动的群体。这种类型的群体行为随着文化的进化而进化；其可以根据罗伯特·阿克塞尔罗德所描述的机制发展出合作与互惠（阿克塞尔罗德）。个体被认为可以对制度做出反应，但不会创造或影响它们（乌德恩）。群体很少能够作为动物进行生物进化的基础（威廉斯），但群体可以作为人类文化进化的基础（博伊德和里彻森）和社会进化的基础（图奥梅拉）。

群体中的表征。表征行为是制度创新的主要来源。表征是对世界的一个方面做出的反应，其可以是建模、形式化或解释。表征是个体创造力与群体间交流、反思的复杂集合。在一个层面上，表征发生在个体的头脑中——个体头脑中的内在性、概念性表述，代表一个事物、一个过程或一个想法。在另一个层面上，表征的交流产生了话语、辩论和创新——尤其是通过群我群体背景下的口语。对群体层面的文化实践进行观察会激发个体和群体的反应。表征通常是对世界的一个方面进行建模和解释，以便能够在另一个领域进行表达，因此，随着新的表征媒介通过人类经验的不断累积而发展，表征跨越了物质文化的界限，并在视觉艺术、服饰、舞蹈和音乐中展现出来。

社会网络。社会网络是一组实体——例如参与者、组织或地点——以及它们之间存在的联系。**社会网络和个体：**通常假定社会网络由个体层面的参与者组成。个体层面的社会网络由个体人类节点和他们之间的联系构成。个人在出生时进入网络空间，在死亡或迁移时离开网络空间；他们与自己的家庭成员和其他个人之间存在联系。部分节点相较其他节点来说拥有更强的支配力；信息可以通过网络从一个节点传递到另一个节点（麦克莱恩）。**作为制度的社会网络：**在网络中的成员表达出集体意向和共同目标的情况下，网络就是一种制度。联系可以直接或间接地拓展到距离很远的个体和群体，但其强度会减弱。多个网络可以构成新的网络，在较大的网络中，原来的网络将成为一个节点。

等级制度。等级制度可以被看作一个特殊的网络，其中的节点按照不同的规模和等级进行排列。个体和群体可以根据等级制度的规模进行分级。由一组节点构成的群体可能拥有一套等级制度，其中某些节点将处于统治地位或拥有较大影响力；这些等级制度在等级制度群组的边界内发挥作用。如果是自我群体中的等级制度，那么各个等级的个体都会保有个体层面的动机。如果是群我群体中的等级制度，则个体会接受并执行所在等级制度分配给他们的角色。

本书讨论的社会制度。本书所讨论的社会制度均有赖于某些群我群体，并通过社会进化实现变革。下文是每个时代制度的示例，每个时代还有更多制度可供探索。

更新世制度：制陶、联盟、社群、渔业、语言（口语）、婚姻、迁移、宗教、仪式、工作坊。

全新世制度：农业、畜牧业、资本主义制度（企业、工厂、业主联合组织、跨国业主联合组织或多边主义）、制陶、城市、商业制度（银行、货币、港口）、文化制度（文字、文人共和国、学校教育、工作坊）、渔业、治理制度（帝国、君主制、共和国、国家）、司法、冶金、军事力量、民族国家、宗教和大型宗教、礼仪、奴隶制、社会、城镇、供水。

人类世制度：农业、资本主义制度（银行、公司、工厂、业主联合组织、跨国业主联合组织或多边主义、工会）、城市、商业制度（货币、港口）、文化制度（文字、学校教育、知识制度、大学）、族群、治理制度（帝国、君主制、民族国家、共和国、国家、国际组织）、宗教和大型宗教、奴隶制、供水。

本书讨论的网络和等级制度。本节所列出的任一结构都可以被理解为一个网络（跨越空间距离将人们联系起来，以此来执行某项功能）、一个等级制度（按比例划分人类等级，以此来执行某项功能），或二者兼而有之。在其中一些结构中，网络或等级制度中的人作为独立个体（自我或自我群体）发挥作用；基于自我群体的网络或等级制度是隐秘或非正式的群体。在另一些情况下，网络或等级制度中的人作为一个协商群体（群我或群我群体）发挥作用；基于群我群体的网络或等级制度也被归类为制度。下文是每个时代网络和等级制度的示例，每个时代还有更多网络和等级制度可供探索。

更新世：社群网络（自我）、社群联盟（自我）、人类系统（自我）、婚姻网络（群我）、迁移（自我，群我）、宗教网络（自我）、仪式网络（自我）。

全新世：资本主义网络（自我，群我）、城市（自我，群我）、商业网络（自我）、文化网络（自我）、帝国（自我，群我）、人类系统（自我）、军事力量（自我，群我）、君主制（自我，群我）、民族国家（群我）、宗教网络（自我）、大型宗教（群我）、文人共和国（自我）、启动仪式（群我）、学校教育（自我，群我）、奴隶制（自我，群我）、社会（群我）、国家（自我，群我）、城镇（自我，群我）、供水（群我）。

人类世：资本主义网络（银行、公司、工会）、城市（自我，群我）、族群（群我）、文化网络［文字（自我，群我）、知识网络（自我，群我）、学校教育（自我，群我）、大学（自我，群我）］、人类系统（自我，群我）、治理网络［帝国（自我，群我）、国际组织（自我，群我）、民族国家（自我，群我）］、大型宗教（群我）、奴隶制（自我，群我）、供水（自我，群我）。

参考文献：References: Axelrod, *Evolution of Cooperation*; Boyd and Richerson, *Origin and Evolution of Cultures*; McLean, *Culture in Networks*; Manning, *Methods*; Tuomela, *Social Ontology*; Udehn, *Methodological Individualism*; Williams, *Adaptation and Natural Selection*。

6. 情感与人性

个体情感。情感是个体的功能性心理状态，通常由感觉输入引起，而又导致行为输出。情感还会引起变化，或受其他精神状态影响而使自身变化，如感知、记忆、注意力等。情感主题：一般认为存在六种基本情感，即快乐、悲伤、恐惧、愤怒、惊讶和厌恶。然而人们并不知道这几种情感是在表型层面上定义的还是在基因型层面上定义的（阿道夫斯和安德森）。将基因情感与它们的表达、对情感的主观认识，以及对它们的报告联系起来的过程是怎样的？在表型层面，有许多关于个体情感和行为的研究，特别是暴力与合作。这些研究的焦点在于探索行为是不是固有的和不变的，抑或是会随着社会环境的变化而变化。基因情感学者则假设在刺激和意志的背景下存在一种情感状态。

群体情感。情感表达受到个体特征的制约，因为这种情感是通过制度动力、意识形态和社会适合度的状态表达出来的。因此，制度可以发展和表达群体情感（巴雷特）。

人性：生物层面。“人性”一词被广泛使用。虽然它出现于很多书籍和文章的标题之中，但似乎很少有人将其作为一个特定的研究对象（德格勒）。在洛佩托的书中，“人性”指的是表型的，或可以直接观察到的人类特征模式和人类行为模式（洛佩托）。我们虽然可以说人性的表达是可以被观察到的，但人们还是认为人性是基于潜在的生物构成。研究人性的学者将之假设为一个从基因层面到行为和表达层面的多尺度现象，但他们对于尺度的细节和机制尚未达成共识。

人性：社会层面。我的假设：存在生物情感（其类型由阿道夫斯-安德森的研究过程决定）；情感能力随着脑容量的增加而改变；文化进化促进观点的发展和学习；行为倾向出现于表型层面；情感表达则如巴雷特所述。社会条件——尤其是制度运作——鼓励某些行为（平克；威尔逊）。因此，一种时代精神可能会导致共同的观点和意识形态表达，这种观点、意识形态和某些制度，以及这些制度的核心行为与情感存在关联，而个体观点与制度模式的相互作用在制度内部得到了增强。存在多种时代精神的状况是可能的，它们由不同的制度维持存在。随着制度的扩张，人性也越来越以群体为基础。

参考文献： Adolphs and Anderson, *Neuroscience*; Barrett, *How Emotions Are Made*; Degler, *In Search of Human Nature*; Lopreato, *Human Nature*; Pinker, *Blank Slate*; Wilson, *Human Nature*。

术语释义

以下术语按英文首字母顺序排列。术语后面方括号内的字母，表示该术语所应用的领域或学科。一些通用术语可适用于多个领域。如一个术语可应用于两个领域，就标注为［C, S］。

主要研究领域：

B：生物进化

C：文化进化

G：盖娅

H：人类系统

S：社会进化

文化档案（Archive, cultural）［C］：文化进化的档案是每个个体的大脑，人类学习的知识储存在大脑中，并通过大脑将知识传授给他人。

遗传档案（Archive, genetic）［B］：遗传进化的档案由 DNA 分子组成，它们分布在人类的细胞和其他有机体中。

社会档案（Archive, social）［S］：社会进化的档案分布于人类有机体、制度和物质资源中，它们将能够产生社会行为的信息很可靠地保存下来。因为人类的社会秩序存在于多个层面，因此档案也必须存在于多个地方、多个层面。档案包括物质和行为，如脑细胞、父母的做法、长者的智慧、制度和礼仪。当然，档案中无疑还有更多的元素。

受益人群（Beneficiary population）[S]：受益人群所享受的社会福利是评估一个社会制度是否合适的基础。

资本主义（Capitalism）[S]：一组拥有经济实体的制度，它运作于多个维度之上，包括通过提供商品和服务，在本地和全球贸易中获取利润的企业，以及与其结合相配的对国家、雇工和国家层面与全球层面的社会群体产生影响的，由股东和经理人组成的集团。

特征（Characteristic）[B, C, S]："特质"（trait）一词常用于生物学、文化进化和人类学中，指遗传或社会的构成元素。因为"特质"常常被认为是模式化和固定不变的，因此我选用了更加通用的术语"特征"来指代构成遗传、文化和社会的特定元素。

共同进化（Coevolution）[B, C, S]：在生物进化中，至少存在两个物种（或两类物种）以相互依赖的方式发生进化。在文化进化中，基因与文化相互依赖进化。在社会进化中，共同进化的概念可以应用于多达五个社会变革种类的分析中——生物、文化、社会、环境和系统，因此，共同进化是这些不同进程之间以及它们与环境之间的相互作用。

集体意向性（Collective intentionality）[S]：一种"群我视角"的表达。在这种理念中，个体期望遵循群体精神行事，个体归属于一个或多个群体，并致力于实现群体目标。

社群或社区（Community）[S]：一个言语社群（社区）可以满足一个非结构化"群我群体"的条件：其成员通过学习共同的语言来使自己融入群体之中。

联盟（Confederation）[S]：联盟作为一种社会制度，其出现与紧密联系的社群密不可分。大约三到五个社群联合在一起，形成了规模更大但权力分散的制度，从而使更大规模的资源共享成为可能。

合作（Cooperation）[C]：当个体为了另一个或其他多个个体收益而付出代价时，合作就产生了。

表达文化（Culture, expressive）[S]：在各个社会中，通过修辞、诗歌、音乐、舞蹈或戏剧等媒介对世界进行说明、评论的表征形式。

群体文化层面（Culture, group-level）[S]：社群或更大规模机构中成员之间思想、信息、表征等的交流和创造。

个体文化层面（Culture, individual-level）[C]：通过模仿或指导将个体行为传递给另一个个体，同时传递行为的个体的大脑中依然保有所学知识。

物质文化（Culture, material）[S]：在各个社会中，物质资源通过人类的努力创造出来。

反映文化（Culture, reflective）[S]：在各个社会中，对世界及其中社会关系的概念化。

社会文化（Culture, societal）[S]：在社会中，由其成员建立和维持的社会组织，包括家庭、组织、种族、工作团体和政府机构。

双重继承（Dual heritage）[C]：在文化进化中，遗传进化与社会学习成果（指通过学习和指导实现跨代大脑传递知识的迁移过程）组成的共同进化。

地球系统（Earth System）[G]：自然世界各层级的构成：地球实现相互作用的物理、化学和生物过程。

生物进化（Evolution, biological）[B]：物种的变化经由自然选择的过程，通过个体基因变异得以实现，其后代也保留了变异。

文化进化（Evolution, cultural）[C]：通过社会学习与生物变化的共同进化，智人个体的实践行为发生变化。

人类进化（Evolution, human）[H]：在自然界的影响下，智人参与的生物、文化和社会进化的相互作用。

社会进化（Evolution, social）[S]：社会群体通过创建和调节社会制度，改变智人的实践行为。

生物适合度（Fitness, biological）[B]：以存活后代的数量为衡量标准，个体有机体及其特征的成功。

广义适合度（Fitness, inclusive）[B, C]：以存活后代的数量为衡量标准，个体有机体、其亲缘有机体以及它们特征的成功。

社会适合度（Fitness, social）[S]：以指定受益人群的社会福利改善程度为衡量标准，社会制度及其特征的成功。其中社会福利可以通过子女数量、子女福利状况或其他标准来进行衡量。

盖娅（Gaia）[G]：强大的全球系统，其中的生物圈与无机物相互作用，使得大气和海洋的温度保持稳定，从而让生命得以延续和繁荣。（“盖娅”一词原指希腊的大地女神。）

全球民主话语（Global democratic discourse）[S]：这种非正式话语存在于国家、社会、社群以及捍卫人民至高权利话语的组织。这种话语诞生于地方辩论和治理的悠久历史，在某些情况下还会援引著名的雅典民主模式。

集体 / 群体（Group）[B, C, S]：一些人类个体。（另见“自我群体”和“群我群体”。）

等级制度（Hierarchy）[B, S]：见“自我等级制度”和“群我等级制度”。

全新世（Holocene）[G]：按照本书的定义，这一地质年代的时间段为 1.15 万年前至公元 1800 年。

人类本性（Human nature）[B, S]：在生物进化中，一种从遗传层面到个体与群体表达层面的多层级行为模式，但在层级和机制的细节上没有共同点。在社会进化中，它是在表型层面上产生的行为倾向，是情感的表达。

人类系统（Human System）[H]：一种开放的系统，它从其环境中吸收原料，再将废料排入环境中。这是一个历史的而又具有适应性的系统，因为它不仅根据最初的设计运作，也会因内外部的影响而改变。

意识形态（Ideology）[S]：社会优先事项的表达，起源于话语，通常与社会群体成员的观点、可知信息和利益有关。

自我群体（I-group）[C, S]：群体中每个成员都专注于自己的利益。

自我等级制度（I-hierarchy）[C, S]：按照等级组织起来的“利己集体”，其成员被划分为不同的子组，这些子组被彼此认定为上下级关系。

自我网络（I-network）[C, S]：在自我网络中，参与节点之间在关系上相邻近似、互相沟通和互惠互利，但不具有明确协议。

继承（Inheritance）[H]：一份（生物的、文化的或社会的）档案由上一代传到下一代。

制度（Institution）[S]：一种具有特定目的的组织形式，由社群成员有意识地构建和维系，对人类的活动和行为产生影响。每个制度都有其内在动力，这些动力来源于制度的宗旨、成分和活动。

一般知识（Knowledge, general）[S]：所涉范围广泛，通过家庭、社群、中小学和大众文化分享传播的知识和技能。

专业知识（Knowledge, specialized）[S]：由自然科学、社会科学、人文艺术和相关技术学科建构起来的理论和实践知识。

语言（Language）[B, C, S]：根据贝里克和乔姆斯基关于语言“基本特征”（Basic Property）的观点，语言本身是一个有限的计算系统，但它产生了无限的表达式，每一个表达式在思想和发音上都具有明确的解释。

语群（Language phylum）[S]：历史悠久的语族，有明确证据表明至少具有 1.5 万年的历史，其内部包括之后形成的其他语族（或亚语族）。

层次（Level）[H]：一套层级体系中的层次。

多层次选择（Multilevel selection）[C]：普莱斯公式所描述的自然选择包含一系列嵌套的层次，从基因到个体再到群体都具有相同的结果。因此，多层次选择提供了一种途径来讨论群体层次的选择，同时保持与个体层面选择的一致。

网络（Network）[B, C, S]：一组实体及它们之间存在的连接。在图形术语中，实体被称为节点或顶点，而连接则被称为边或弧。

语群（Phylum，**复数为** phyla）：见语群（Language phylum）。

更新世（Pleistocene）[G]：时间段为距今 260 万年前至距今 1.15 万年前的地质年代。

上新世（Pliocene）[G]：时间段为距今 530 万年前至距今 260 万年前的地质年代。

大众文化（Popular culture）[S]：跨越家庭和种族界限分享文化实践和思想，特别是通过电子媒体。

普莱斯公式（Price Equation）[C]：一个关于进化中特征频率与个体适合度共同进化的表述。

亲社会行为（Prosocial behavior）[C]：合作，受益于利他基因的发展，遭受利他惩罚。个体合作和利他惩罚的程度被认为受有这些倾向的遗传基因的影响。

简化论 / 还原论（Reductionism）：一种研究科学理论的方法，将在一个层次发展出来的理论应用在更高层次或复杂事物上。

规则（Regulation）[S]：社会规则及其改良，制度成员或社会群体会针对现行制度进行修改。

表征（Representation）[S]：表征是指对一种现象进行描绘、模式化、概念化、翻译或概述，并使该描述呈现于另一个层面之上。

维度（Scale）[H]：在对复杂系统和等级制度的研究中，维度的概念由以下两方面结合而成：（1）分析的层次（例如，针对系统的整体或特定部分展开分析）；（2）观察的层次（例如，作为外部观察者或内部参与者来观察一个系统）。

自然选择（Selection, natural）[B]：达尔文："由于生存斗争的存在，不论多么微小的，或由什么原因引起的变异，只要对一个物种的个体有利，能使这些个体在与其他生物斗争和与自然环境斗争的复杂关系中存活下去，而且一般都能遗传该变异……我把这种每一微小有利的变异能得以保存的原理称为自然选择。"

个人选择（Selection, personal）[C]：多层次选择框架中个体有机体的层次。

社会选择（Selection, social）[S]：社会选择与自然选择类似，在后者中，新制度根据自身的社会适合度，经过各种过程后留存或消亡。此外，社会选择比成功或失败的二分式选择更为复杂：制度也可能进行调整或改革，制度成员或社会群体针对现行制度进行修改。

社会福利（Social welfare）[S]：在确定制度适合度时，社会福利是衡量制度成功与否的一个具体标准。

社会（Society）[S]：这一术语所涉范围从地方性的农业、畜牧业和渔业团体到大规模国家的各级社会秩序。许多进化中的社会强调权力下放，只有在需要做出重大决策时才召集领导团队。社会形式根据制度的不同发展为相当不同的规模：国家的形成是其中一种可能，但对所有人来说，这并不是必然结果。

言语（Speech）[S, H]：发声的句法语言。

亚系统（Subsystem）[B, C, S]：一个更大系统中的独立系统。

群我群体（we-group）[S]：由符合以下三个标准的成员组成的集体：结成群体的**集体理由**；**集体条件**，在该条件下，成员认同他们所有人处境相同；成员愿意按照另外两个标准采取行动的**集体承诺**。

群我等级制度（we-hierarchy）[S]：一种等级网络，其成员表示出集体意向性，并就网络的目标和参与者的角色达成明确共识。

群我网络（we-network）[S]：一种网络，其成员表现出集体意向性，并就网络的目标达成明确共识。

时代精神（Zeitgeist）[S]：一种观点和意识形态共同表达，与特定制度、行为和情感有关，而这些行为和情感是这些制度的核心。

参考文献

在线资料

"Language Resources." www.cambridge.org/Humanity.

Patrick Manning, "Songs of Democracy," http://manning.pitt.edu/pdf/Democratization%201989–1992.pdf.

著作与论文

Abu-Lughod, Janet. *Before European Hegemony: The World System A.D. 1250 – 1350*. New York: Oxford University Press, 1989.

Acemoglu, Daron, and James A. Robinson. *Why Nations Fail: The Origins of Power*, Prosperity, and Poverty. London: Profile Books, 2012.

Adolphs, Ralph, and David J. Anderson. *The Neuroscience of Emotion: A New Synthesis*. Princeton: Princeton University Press, 2018.

Aiello, Leslie C., and R. I. M. Dunbar. "Neocortex Size, Group Size, and the Evolution of Language." *Current Anthropology* 34 (1993): 184 – 93.

Alfani, Guido, trans. Christine Calvert. *Calamities and the Economy in Renaissance Italy: The Grand Tour of the Four Horsemen of the Apocalypse*. New York: Palgrave Macmillan, 2013.

Allen, Jim, and James F. O'Connell. "Getting from Sunda to Sahul." In Geoffrey Clark, Foss Leach, and Sue O'Connor, eds., *Islands of Inquiry: Colonisation, Seafaring, and the Archaeology of Maritime Landscapes,* 31–46 (Canberra: Australian National University Press, 2009).

Allsen, Thomas T. *Culture and Conquest in Mongol Eurasia*. Cambridge: Cambridge University Press, 2011.

al-Musawi, Muhsin J. *The Medieval Islamic Republic of Letters: Arabic Knowledge Construction.* Notre Dame, IN: University of Notre Dame Press, 201.

Alston, Eric, Lee J. Alston, Bernardo Mueller, and Tomas Nonnenmacher. *Institutional and Organizational Analysis: Concepts and Applications.* Cambridge: Cambridge University Press, 2018.

Ambrose, S. H. "Late Pleistocene human population bottlenecks, volcanic winter, and differentiation of modern humans," *Journal of Human Evolution* 34, 6 (1998): 623–651.

Amin, Samir. *L'accumulation à l'échelle mondiale: critique de la théorie du sous-développement.* Dakar : IFAN, 1970.

Anderson, Benedict. *Imagined Communities: Reflections on the Origin and Spread of Nationalism,* rev. ed. London: Verso, 2006.

Anon. "Ancient Krasnyi Yar." American Museum of Natural History, https:/www.amnh.org/exhibitions/horse/domesticating-horses/ancient-krasnyi-yar."

Arrighi, Giovanni. *The Long Twentieth Century: Money, Power, and the Origins of Our Times.* London: Verso, 1994.

Aslanian, Sebouh David. *From the Indian Ocean to the Mediterranean: the global trade networks of Armenian merchants from New Julfa.* Berkeley: University of California Press, 2011.

Atkinson, Quentin D. "Phonemic Diversity supports a Serial Founder Effect Model of Language Expansion from Africa." *Science* 332, 6027 (2011): 346–49.

Aubert, M., Setiawan, P., Oktaviana, A., etal. "Palaeolithic cave art in Borneo." *Nature*, 564 (2018): 254–257.

Aubert, M., Brumm, A., Ramli, M., etal. "Pleistocene cave art from Sulawesi, Indonesia." Nature 514 (2014): 223–27.

Austin, Gareth, and Kaoru Sugihara, eds. *Labour-Intensive Industrialization in Global History.* London: Routledge, 2013.

Axelrod, Robert, *The Evolution of Cooperation.* New York: Basic Books, 1980.

Ayala, Francisco Jose, and Theodosius Dobzhansky, eds. *Studies in the philosophy of biology: Reduction and Related Problems.* London: Macmillan, 1974.

Bacharach, Michael, eds. Natalie Gold and Robert Sugen. *Beyond Individual Choice: Teams and Frames in Game Theory.* Princeton: Princeton University Press, 2006.

Bairoch, Paul. *Le Tiers-Monde dans l'impasse. De démarrage économique du XVIIIe au XXe siècle.* Paris: Gallimard, 1971.

Ballan, Mohamad. "The Scholar and the Sultan: A Translation of the Historic Encounter between Ibn Khaldun and Timur." https://ballandalus.wordpress.com/2014/08/30/the-scholar-and-the-sultan-a-translation-of-the-historic-encounter-between-ibn-khaldun-and-timur/

Bandura, Albert. "Self-efficacy: Toward a Unifying Theory of Behavioral Change." *Psychological Review* 84 (1977): 191–215.

Bandura, Albert. *Social Learning Theory.* Morristown, N. J., General Learning Press, 1971.

Bandura, Albert, and Richard H. Walters. *Social Learning and Personality Development.* New York: Holt, Rinehart and Winston, 1963.

Barendse, R. J. "The Feudal Mutation: Military and Economic Transformations of the Ethnosphere in the Tenth to Thirteenth Centuries." *Journal of World History* 14 (2003): 503–29.

Barrett, Lisa Feldman. *How Emotions are Made: The Secret Life of the Brain.* Boston: Houghton Mifflin Harcourt, 2018.

Bartlett, Kenneth R. "Burckhardt's Humanist Myopia: Machiavelli, Guicciardini and the Wider World." *Scripta Mediterranea* 16 – 17 (1995–96): 17–30.

Batchelor, Robert. "The Global and the Maritime: Divergent Paradigms for Understanding the Role of Translation in the Emergence of Early Modern Science," in Patrick Manning and Abigail Owen, eds., *Knowledge in Translation: Global Patterns of Scientific Exchange, 1000–1800 CE,* 75–90 (Pittsburgh: University of Pittsburgh Press, 2018).

Beecroft, Alexander. *An Ecology of World Literature: From Antiquity to the Present Day.* London: Verso, 2015.

Bellwood, Peter, James J. Fox and Darrell Tryon. *The Austronesians: Historical and Comparative Perspectives.* Canberra: Australian National University, 1995.

Benton, Lauren A. *Law and Colonial Cultures: Legal Regimes in World History, 1400–1900.* Cambridge: Cambridge University Press, 2002.

Berg, Maxine. "Skill, Craft, and Histories of Industrialisation in Europe and Asia." *Transactions of the Royal Historical Society* 24 (2014): 127–48.

Berwick, Robert, and Noam Chomsky. *Why Only Us: Language and Evolution.* Cambridge, MA: MIT Press, 2016.

Biasutti, Renato, ed. *Le Razze e I popoli della terra,* 4 vols. Turin: Unione Tipografico – Editrice Torinese, 1967［1941］.

Bickerton, Derek. *Language and Species.* Chicago: University of Chicago Press, 1981.

Black, Jeremy. *War and its Causes.* London: Rowman and Littlefield, 2019.

Blau, Peter M. *Exchange & Power in Social Life.* New Brunswick, NJ: Transaction Publishers, 1986.

Borowy, Iris, and Matthias Schmelzer, eds. *History of the Future of Economic Growth: Historical Roots of Current Debates on Sustainable Degrowth.* Abingdon, Oxon, UK: Routledge, 2017.

Borowy, Iris. "Science and Technology for Development in a Postcolonial World. Negotiations at the United Nations, 1960–1980." *NTM Journal of the History of Science, Technology and Medicine* 21 (2013).

Boyd, Robert, and Peter J. Richerson. "Culture and the Evolution of Human Cooperation," *Philosophical Transactions of the Royal Society* 364 (2009): 3281–88.

Boyd, Robert, and Peter J. Richerson. *The Origin and Evolution of Cultures.* New York:

Oxford Univerity Press, 2005.

Boyd, Robert, and Peter J. Richerson. *Culture and the Evolutionary Process.* Chicago: University of Chicago Press, 1985.

Brandon, Pepijn. *War, Capital, and the Dutch State (1588–1795).* Leiden: Brill, 2015.

Broadberry, Stephen, Hanhui Guan and David Daokui Li. (2018), "China, Europe and the Great Divergence: A Study in Historical National Accounting, 980–1850." *Journal of Economic History,* 78 (2018): 955–1000.

Brooke, John L. *Climate Change and the Course of Global History: A Rough Journey.* New York: Cambridge University Press, 2014.

Brooks, Alison S., et al. "Long-distance Stone Transport and Pigment Use in the Earliest Middle Stone Age." *Science* (15 March 2018).

Bulliet, Richard. *The Wheel: Inventions and Reinventions.* New York: Columbia University Press, 2016.

Bulliet, Richard. *Cotton, Climate, and Camels in Early Islamic Iran: A Moment in World History.* New York: Columbia University Press, 2011.

Burbank, Jane, and Frederick Cooper, *Empires in World History: Power and the Politics of Difference.* Princeton: Princeton University Press, 2010).

Burke, Edmund III. "Islam at the Center: Technological Complexes and the Roots of Modernity." *Journal of World History* 20 (2009): 165–86.

Burkhardt, Richard W., Jr. *Patterns of Behavior: Konrad Lorenz, Niko Tinbergen, and the Founding of Ethology.* Chicago: University of Chicago Press, 2005.

Buss, Leo W. *The Evolution of Individuality.* Princeton: Princeton University Press, 1987.

Campbell, Bruce M. S. *The Great Transition: Climate, Disease and Society in the Late-Medieval World.* Cambridge: Cambridge University Press, 2016).

Campbell, Donald T. "On the Conflicts between Biological and Social Evolution and between Psychology and Moral Tradition" (presidential address, American Psychological Association), *American Psychologist* (December 1975): 1103–1126; reprinted as Donald T. Campbell, "On the Conflicts between Biological and Social Evolution and between Psychology and Moral Tradition," *Zygon* 11, 3 (1976): 167–208.

Campbell, Michael C., and Sarah A. Tishkoff, "The Evolution of Human Genetic and Phenotypic Variation in Africa." *Current Biology* 20 (2010): R166 – R173.

Cann, Rebecca L., Mark Stoneking, and Allan C. Wilson. "Mitochondrial DNA and human evolution." *Nature* 325 (1987): 31 – 36.

Carneiro, R. L. "Scale analysis, evolutionary sequences, and the rating of cultures," in R. Naroll and R. Cohen, eds., *A Handbook of Method in Cultural Anthropology* (Garden City, NY: Doubleday, 1970), 846; Miller, *Living Systems,* 747, 756–760.

Carson, Rachel. *Silent Spring.* New York: Fawcett Crest, 1962.

Cavalli-Sforza, L. L. Genes, *Peoples, and Language.* New York: North Point Press, 2000.

Chakraborty, Titas. "Work and Society in the East India Company Settlements in Bengal, 1650–1757." Ph.D. dissertation, University of Pittsburgh, 2016.

Chase-Dunn, Christopher, and Bruce Lerro, *Social Change: Globalization from the Stone Age to the Present.* Boulder: Paradigm Publishers, 2014.

Chaloupka, George. *Journey in Time: The World's Longest Continuing Art Tradition.* Chatswood, AU: Reed, 1993.

Chaudhury, Sushil. *From Prosperity to Decline, Eighteenth Century Bengal.* New Delhi: Manohar, 1995.

Chaudhury, Sushil. "The Asian Merchants and companies in Bengal's export trade ca. mid-eighteenth century." In Sushil Chaudhury and Michel Morineau, *Merchants, Companies and Trade. Europe and Asia in the Early Modern Era* (Cambridge: Cambridge University Press, 1999).

Childe, V. Gordon. *What Happened in History*. Harmonds worth, UK: Pelican Books, 1942.

Ching, Francis D. K., Mark Jazombek, and Vikramaditya Prakash. *A Global History of Architecture,* 3rd ed. Hoboken, NJ: John Wiley & Sons, 2017.

Chomsky, Noam. *Syntactic Structures*. 's-Gravenhage: Mouton, 1957.

Chomsky, Noam. *The Minimalist Program*. Cambridge, MA: MIT Press, 1995.

Chouin, Gérard. "Reflections on plague in African history (14th – 19th c.)." *Afriques: débats, méthodes, et terrains d'histoire* 9 (2018), https://journals.openedition.org/afriques/2084.

Christian, David. *Maps of Time: An Introduction to Big History.* Berkeley: University of California Press, 2003.

Clark, Gregory, and David Jacks. "Coal and the Industrial Revolution, 1700–1869." *European Review of Economic History* 11 (2007):39–72.

Cline, Eric. *1177 BC: The Year Civilization Collapsed.* Princeton: Princeton University Press, 2014.

Clottes, Jean, trans. Olivier Y. Martin and Robert T. Martin. *What is Paleolithic Art? Cave Paintings and the Dawn of Human Creativity.* Chicago: University of Chicago Press, 2016.

Cohen, Ronald, and Elman R. Service. *Origins of the State: the Anthropology of Political Evolution.* Philadelphia: Institute for the Study of Human Issues, c1978.

Cole, H. S. D., Christopher Freeman, Marie Jahoda, and K. L. R. Pavitt, eds. *Models of Doom: A Critique of the Limits to Growth.* New York: Universe Books, 1973.

Conley, Robert J. *The Cherokee Nation: A History.* Albuquerque: University of New Mexico Press, 2008.

Conrad, Sebastian. "Enlightenment in Global History: A Historiographical Critique." *American Historical Review* 117 (2012): 999–1027.

Cook, Noble David. *Born to Die: Disease and New World Conquest, 1492–1650.* Cambridge: Cambridge University Press, 1998.

Cooper, Frederick. *Citizenship, Inequality, and Difference: Historical Perspectives.* Princeton: Princeton University Press, 2018.

Croft, William. *Joseph Harold Greenberg, 1915–2001: A Biographical Memoir.* Washington,

DC: National Academy of Sciences, 2007.
Crosby, Alfred W. *The Columbian Exchange: Biological Consequences of 1492.* Westport, CT: Greenwood Publishers, 1972.
Curtin, Philip D. Curtin, *Cross-cultural Trade in World History*. Cambridge: Cambridge University Press, 1984.
Cushman, Gregory T. *Guano and the Opening of the Pacific World: A Global Ecological History.* New York: Cambridge University Press, 2013.
Darwin, Charles. *The Descent of Man and Selection in Relation to Sex,* 2nd ed. New York: A. L. Burt, 1874.
Darwin, Charles. *The Origin of Species by Means of Natural Selection.* London: John Murray, 1859.
Darwin, John. *After Tamerlane: The Global History of Empire after 1405.* London: Bloomsbury Press, 2008.
Davis, Mike. *Late Victorian Holocausts: El Niño Famines and the Making of the Third World.* London: Verso, 2001.
Dawkins, Richard. *The Selfish Gene.* Oxford: Oxford University Press, 1979.
"Deglaciation." After Arthur S. Dyke, "An Outline of North American Deglaciation," 2004. https://www.youtube.com/watch?v=wbsURVgoRD0.
Degler, Carl N. *In Search of Human Nature: The Decline and Revival of Darwinism in American Social Thought.* New York: Oxford University Press, 1991.
DeLancy, Scott, and Victor Golla. "The Penutian Hypothesis: Retrospect and Prospect." *International Journal of American Linguistics* 63 (1997), 171–202.
De Vries, Jan. "Connecting Europe and Asia. A Quantitative Analysis of the Cape Route Trade, 1497–1795." In Dennis Flynn, Arturo Giráldez, and Richard von Glahn, eds., *Global Connections and Monetary History, 1470–1800* (London, Ashgate, 2003), 35–106.
de Zwart, Pim. "Globalization in the Early Modern Era: New Evidence from the Dutch-Asiatic Trade, c. 1600–1800." *Journal of Economic History* 76 (2016): 520–558.
de Zwart, Pim, and Jan Luiten van Zanden. *The Origins of Globalization: World Trade in the Making of the Global Economy, 1500 – 1800*. Cambridge: Cambridge University Press, 2018.
Diamond, Jared. *Guns, Germs, and Steel: The Fates of Human Societies.* New York: Norton, 1997.
Di Cosmo, Nicola. "Climate Change and the Rise of an Empire." *The Institute Letter* (Institute for Advanced Study), Spring 2014, 1, 15.
Dillehay, Tom D. et al. "New Archaeological Evidence for an Early Human Presence at Monte Verde, Chile." *PLOS/ONE* (November 18, 2015): 1–27, doi:10.137.
Dingle, Hugh. *Migration: The Biology of Life on the Move.* New York: Oxford University Press, 1996.
Diouf, Sylviane, ed. *Fighting the Slave Trade: West African Strategies.* Athens, OH: Ohio

University Press, 2003.

Dobzhansky, Theodosius. *Genetics and the Origin of Species,* introduced by Stephen Jay Gould. New York: Columbia University Press 1937.

Dolgopolsky, Aharon, with an introduction by Colin Renfrew. *The Nostratic Macrofamily and Linguistic Palaeontology.* Cambridge: McDonald Institute for Archaeological Research, 1998.

Douka, Katerina, et al. "Age estimates for hominin fossils and the onset of the Upper Paleolithic at Denisova Cave." *Nature* 565 (2019): 640–44.

Dower, John. *War without Mercy: Race and Power in the Pacific War.* New York: Pantheon, 1986.

Drescher, Seymour. *Abolition: A History of Slavery and Antislavery.* Cambridge: Cambridge University Press, 2009.

Duara, Prasenjit. *The Crisis of Global Modernity: Asian Traditions and a Sustainable Future.* Cambridge: Cambridge University Press, 2015.

Dunbar, R. I. M. "Mind the Bonding Gap: Constraints on the Evolution of Hominin Societies," in Stephen Shennan, ed., *Pattern and Process in Cultural Evolution,* 223–34. Berkeley: University of California Press, 2009.

Dunbar, Robin. *Grooming, Gossip and the Evolution of Language.* London: Faber and Faber, 1996.

Dunbar, Robin I. M., and Richard Sosis, "Optimising human community sizes," *Evolution and Human Behavior* 39 (2018): 106–111.

Durham, William H. *Coevolution: Genes, Culture, and Human Diversity.* Stanford: Stanford University Press, 1991.

Ehret, Christopher. "Khoesan Languages and Late Stone Age Archaeology." Forthcoming.

Ehret, Christopher. "Early Humans: Tools, Language, and Culture," in David Christian, ed., *The Cambridge World History.* Vol. 1. *Introducing World History, to 10,000 BCE.* Cambridge: Cambridge University Press, 2015), 346–7.

Ehret, Christopher. *History and the Testimony of Language.* Berkeley: University of California Press, 2011.

Ehret, Christopher. *A Historical-Comparative Reconstruction of Nilo-Saharan.* Köln: Rüdiger Köppe Verlag, 2001.

Ehret, Christopher. *Reconstructing Proto-Afroasiatic (Proto-Afrasian): Vowels, Tone, Consonants, and Vocabulary.* Berkeley: University of California Press, 1995.

Ehrlich, Paul R., and Peter H. Raven. "Butterflies and Plants: A Study in Coevolution," *Evolution* 18 (1964): 586–608.

Eibl-Eibesfeldt, Irenäus. *Human Ethology.* New York: Aldine de Gruyter, 1989.

El Hamel, Chouki. *Black Morocco: A History of Slavery, Race, and Islam.* Cambridge: Cambridge University Press, 2013.

Elias, Norbert, trans. Stephen Mennell and Grace Morrissey. *What Is Sociology?* New York: Columbia University Press, 1978.

Erlandson, Jon. "Ancient Immigrants: Archaeology and Maritime Migrations," in Jan Lucassen, Leo Lucassen, and Patrick Manning, eds., *Migration History in World History: Multidisciplinary Approaches,* 191–214 (Leiden: Brill, 2010).

Erlandson, Jon M., Michael H. Graham, Bruce J. Bourque, Debra Corbett, James A. Estes, and Robert S. Steneck, "The Kelp Highway Hypothesis: Marine Ecology, the Coastal Migration Theory, and the Peopling of the Americas." *The Journal of Island and Coastal Archaeology* 2 (2007): 161–74.

Eshelman, Jason A., et al., "Mitochondrial DNA and Prehistoric Settlements: Native Migrations on the Western Edge of North America," *Human Biology* 76 (2004), 55–75.

Fahmy, Khaled. *All the Pasha's Men: Mehmed Ali, His Army and the Making of Modern Egypt.* Cambridge University Press, 1997.

Felsenfeld, Gary. "A Brief History of Epigenetics," *Cold Spring Harbor Perspectives in Biology* (2014) doi: 10.1101/cshperspect.a018200.

Fernández-Armesto, Felipe. *A Foot in the River: Why Our Lives Change—and the Limits of Evolution.* Oxford: Oxford University Press, 2015.

Fisher, Ronald A. *The Genetical Theory of Natural Selection.* Oxford: Clarendon Press, 1930.

Fitch, W. Tecumseh "Noam Chomsky and the Biology of Language." In Oren Harman and Michael R. Dietrich, *Outsider Scientists: Routes to Innovation in Biology,* 201–22 (Chicago: University of Chicago Press, 2013).

Fitch, W. Tecumseh. *The Evolution of Language.* Cambridge: Cambridge University Press, 2010.

Flannery, Kent, and Joyce Marcus. *The Creation of Inequality: How Our Prehistoric Ancestors Set the Stage for Monarchy, Slavery, and Empire.* Cambridge, MA: Harvard University Press, 2012.

Flynn, Dennis O., and Arturo Giráldez. "Born with a 'Silver Spoon' : World Trade's Origin in 1571." *Journal of World History* 6 (1995): 201–221.

Forrester, Jay W. *World Dynamics.* Cambridge, MA: Wright-Allen Press, 1971.

Foster, William Z. *Outline History of the World Trade Union Movement.* New York: International Publishers, 1956.

Fourshey, Catherine Cymone, Rhonda M. Gonzales, and Christine Saidi. *Bantu Africa: 3500 BCE to Present.* New York: Oxford University Press, 2017.

Frank, Andre Gunder, ed. Robert A. Denemark. *ReOrienting the Nineteenth Century: Global Economy in the Continuing Asian Age.* Boulder, CO: Paradigm Publishers, 2014.

Frank, Andre Gunder. *ReOrient: Global Economy in the Asian Age.* Berkeley: University of California Press, 1998.

Frank, Andre Gunder. *World Accumulation 1492–1789*. New York: Monthly Review Press, 1978.

Fressoz, Jean-Baptiste, and Christophe Bonneuil. "Growth Unlimited: The Idea of Infinite Growth from Fossil Capitalism to Green Capitalism." In Iris Borowy and Matthias Schmelzer, eds. *History of the Future of Economic Growth: Historical Roots of Current*

Debates on Sustainable Growth, 52–68 (London: Routledge, 2017).

Frye, Richard N., ed. and trans. *Ibn Fadlan's Journey to Russia: A Tenth-century Traveler from Baghdad to the Volga River.* Princeton: Markus Wiener, 2005.

Fu, Qiaomei, et al. "DNA analysis of an early modern human from Tianyuan Cave, China." *PNAS* 110 (2013): 2223–27.

Garba, Abubakar. "The architecture and chemistry of a dug-out: the Dufuna Canoe in ethno-archaeological perspective." *Berichte des Sonderforschungsbereichs.* 268 (1996): 193–200.

Gerritsen, Anne. "Ceramics for Local and Global Markets: Jingdezhen's Agora of Technologies." In Dagmar Schäfer, ed., *Cultures of Knowledge: Technology in Chinese History,* 161–84 (Leiden: Brill, 2011).

Gillot, Jacques, and Jean-François Niort. *Le Code Noir.* Paris: Editions le Cavalier Bleu, 2015.

Gills, Barry K., and Andre Gunder Frank. "World System Cycles, Crises, and Hegemonic Shifts, 1700 BC to 1700 AD." In Frank and Gills, eds., *The World System: Five Hundred Years or Five Thousand?* 143–99 (London: Routledge, 1992).

Gobineau, Arthur, comte de, trans. Adrian Collins. *The Inequality of Human Races.* Los Angeles: Noontide Press, 1966.

Goodman, Dena, *The Republic of Letters: A Cultural History of the French Enlightenment.* Ithaca: Cornell University Press, 1994.

Goudsblom, Joop. *Fire and Civilization.* Allen Lane, 1992.

Gould, Stephen Jay. *The Structure of Evolutionary Theory.* Cambridge, MA: Belknap Press of Harvard University Press, 2002.

Gould, Stephen Jay. *Bully for Brontosaurus.* New York: W. W. Norton, 1991.

Gould, Stephen Jay. *Ontogeny and Phylogeny.* Cambridge, MA: Belknap Press of Harvard University Press, 1977.

Goveia, Elsa. "The West Indian Slave Laws of the Eighteenth Century." *Revista de Ciencias Sociales* 4 (1960): 75–105.

Gran, Peter. *The Rise of the Rich: A New View of Modern World History.* Syracuse: Syracuse University Press, 2009.

Green, Nile. "Persian Print and the Stanhope Revolution: Industrialization, Evangelicism, and the Birth of Printing in Early Qajar Iran." *Comparative Studies of South Asia, Africa and the Middle East* 30 (2010): 473–90.

Green, Monica. "Putting Africa on the Black Death map: Narratives from genetics and history," *Afriques: débats, méthodes, et terrains d'histoire* 9 (2018), https://journals.openedition.org/afriques/2084.

Green, Monica. "Taking "Pandemic" Seriously: Making the Black Death Global," *The Medieval Globe* 1, 1 (2014), https://scholarworks.wmich.edu/tmg/vol1/iss1/4.

Greenberg, Joseph H., edited and introduced by William Croft. *Genetic Linguistics: Essays on Theory and Method.* Oxford: Oxford University Press, 2018.

Greenberg, Joseph H. "The Indo-Pacific Hypothesis (1971)." In Greenberg (ed. Croft), *Genetic Linguistics,* chapter 12.

Greenberg, Joseph H. *Indo-European and its Nearest Neighbors: The Eurasiatic Language Family,* 2 vols. Stanford: Stanford University Press, 2000.

Greenberg, J. H. *Language in the Americas.* Stanford: Stanford University Press, 1987.

Greenberg, Joseph, ed., *Universals of Language,* 2nd ed. Cambridge, MA: MIT Press, 1965.

Greenberg, Joseph H. *The Languages of Africa.* Bloomington, IN: Indiana University, 1963.

Greenberg, Joseph H. *Studies in African Linguistic Classification.* New Haven: Compass Publishing Company, 1955.

Greenberg, Joseph H., Christy G. Turner II, Stephen L. Zegura, et al. "The Settlement of the Americas: A Comparison of the Linguistic, Dental, and Genetic Evidence [and Comments and Reply]." *Current Anthropology* 27 (1986): 477–497.

Groves, Anna. "There's a second impact crater under Greenland." *Astronomy Magazine*, February 13, 2019, www.astronomy.com.

Guerrero, Saul. "The Environmental History of Silver mining in New Spain and Mexico, 16 c to 19 c: A Shift of Paradigm." PhD dissertation, McGill University, 2015.

Kenneth R. Hall. "Ports-of-Trade, Maritime Diasporas, and Networks of Trade and Cultural Integration in the Bay of Bengal Region of the Indian Ocean: c. 1300 – 1500." *Journal of the Economic and Social History of the Orient* 53: 109–45.

Hamilton, W. D. "The Genetical Evolution of Social Behaviour, I." *Journal of Theoretical Biology* 7 (1964): 1–16.

Hamilton, W. D. "The Genetical Evolution of Social Behaviour, II." *Journal of Theoretical Biology* 7 (1964): 17–52.

Hansen, James. *Storms of My Grandchildren: The Truth about the Coming Climate Catastrophe and Our Last Chance to Save Humanity.* London: Bloomsbury, 2009.

Hansen, James E. "Scientific Reticence and Sea level Rise." *Environmental Research Letters* 2 (May 2007), DOI: 10.1088/1748-9326/2/2/024002.

Harari, Yuval Noah. *Sapiens: A Brief History of Humankind.* New York: Harper, 2015.

Harman, Oren. "On the Importance of the Parvenu: The Amazing Case of George Price in Evolutionary Biology." In Oren Harman and Michael R. Dietrich, eds., *Outsider Scientists: Routes to Innovation in Biology,* 312–30 (Chicago: University of Chicago Press, 2013).

Harpending, Henry. and Alan Rogers. "Genetic Perspectives on Human Origins and Differentiation." *Annual Review of Genomics and Human Genetics* 1 (2000): 361–85.

Hawas, May, ed. *The Routledge Companion to World Literature and World History.* London: Routledge, 2018.

Hayek, Friedrich A. *Studies in Philosophy, Politics and Economics.* Chicago: University of Chicago Press, 1967.

Heine, Bernd, and Derek Nurse. *African Languages: An Introduction.* Cambridge: Cambridge University Press, 2000.

Hellie, Richard. *Slavery in Russia, 1450–1725.* Chicago: University of Chicago Press, 1982.

Henrich, J. *The Secret of Our Success: How Culture Is Driving Human Evolution, Domesticating Our Species, and Making Us Smarter.* Princeton: Princeton University Press, 2016.

Henrich, Joseph. "Cooperation, Punishment, and the Evolution of Human Institutions." *Science* 312 (2006); 60–61.

Henrich, Joseph, and R. McElreath. "The evolution of cultural evolution" *Evolutionary Anthropology,* 12 (2003): 123–135.

Henrich, Natalie, and Joseph Henrich. *Why Humans Cooperate: A Cultural and Evolutionary Explanation.* Oxford: Oxford University Press, 2007.

Hirbo, Jibril, A. Ranciaro, and S. A. Tishkoff. "Population structure and migration in Africa: Correlations between archaeological, linguistic and genetic data." In *Causes and Consequences of Human Migration: An Evolutionary Perspective,* C.B.C. (2009): 135–71. 10.1017/CBO9781139003308.011.

Hoerder, Dirk. *Cultures in Contact: World Migrations in the Second Millennium.* Durham: Duke University Press, 2002.

Hofmeester, Karin, and Marcel van der Linden, eds. *Handbook Global History of Work.* Berlin: de Gruyter, 2018.

Hofmeester, Karin, Jan Lucassen, Leo Lucassen, Rombert Stapel, and Richard Zijdeman. "The Global Collaboratory on the History of Labour Relations, 1500 – 2000: Background, Set-up, Taxonomy, and Applications." *Working paper*, October 2013. http://hdl.handle.net/10622/40GRAD.

Hochschild, Adam. *King Leopold's Ghost: A Story of Greed, Terror, and Heroism in Colonial Africa.* Boston: Houghton Mifflin, 1998.

Hopkins, A. G. *American Empire: A Global History.* Princeton: Princeton University Press, 2018.

Hopkins, A. G. "Globalization with and without Empires: From Bali to Labrador," in A. G. Hopkins, ed. *Globalization in World History,* 221–43 (New York: W. W. Norton, 2002).

Hu, Aiqun. *China's Social Insurance in the Twentieth Century: A Global Perspective.* Leiden: Brill, 2015.

Husemann, M., F. E. Zachos, R. J. Paxton and J. C. Habel. "Effective Population Size in Ecology and Evolution." *Heredity* 117 (2016): 191–92.

Ibn Fadlan, translated with commentary by Richard N. Frye, *Ibn Fadlan's Journey to Russia: A Tenth-Century Traveler from Baghdad to the Volga River.* Princeton: Markus Wiener, 2005.

Ibn Khaldun, *The Muqaddimah: An Introduction to History,* 3 vols, translated from the Arabic by Franz Rosenthal. Princeton: Princeton University Press, 1958.

Irwin, Robert. *Ibn Khaldun: An Intellectual Biography.* Princeton: Princeton University Press, 2018.

Israel, Jonathan I. *Dutch primacy in world trade, 1585–1740.* Oxford: Clarendon Press, 1989.

Jablonski, N. G., and G. Chaplin. "The evolution of skin coloration." *Journal of Human Evolution* 39 (2000): 57–106.

Jablonski, Nina G., and Leslie C. Aiello, eds. *The Origins and Diversification of Language.* San Francisco: California Academy of Sciences, 1998.

Jacob, François. "Evolution and Tinkering." *Science* 196 (1977): 1161–66.

Janis, Irving L. *Groupthink: Psychological Studies of Policy Decisions and Fiascoes,* 2nd ed. Boston: Houghton Mifflin Co., 1982.

Johnson, Cara Roure, and Sally McBrearty. "500,000 year old blades from the Kapthurin Formation, Kenya." *Journal of Human Evolution* 58 (2010): 193.

Johnson, Douglas, and David Anderson, eds. *The Ecology of Survival: Case Studies from Northeast African History.* London: Lester Crook Academic Publishing, 1988.

Johnstone, Paul. *The Sea-craft of Prehistory.* Cambridge, MA: Harvard University Press, 1980.

Jones, E. L. *The European Miracle: Environments, Economies and Geopolitics in the History of Europe and Asia,* 2nd ed. Cambridge: Cambridge University Press, 1987.

Jones, P. D., and M. E. Mann. "Climate over past millennia." *Reviews of Geophysics* 42, 2 (2004).

Kamrani, Kambiz. "Tianyuan Man Genome Reveals the Nuances of Asian Prehistory." Blog, *Physical Anthropology* (14 October 2017).

Kawai, Kaori, ed. *Institutions: The Evolution of Human Sociality,* trans. Minako Sato. Kyoto: Kyoto University Press, 2017［2013］.

Kea, Ray A. *Settlements, Trade, and Polities in the Seventeenth-Century Gold Coast.* Baltimore: Johns Hopkins University Press, 1982.

Keita, Shomarka. "A Brief Introduction to a Geochemical Method Used in Assessing Migration in Biological Anthropology." In Lucassen, et al., *Migration History in World History,* 59–74.

Keita S. O. Y., and A. J. Boyce. "Genetics, Egypt, and History: Interpreting Geographical Patterns of Y Chromosome Variation." *History in Africa* 32 (2005): 221–46.

Kelly, Robert L. *The Fifth Beginning: What Six Million Years of Human History Can Tell Us about Our Future.* Berkeley: University of California Press, 2016.

Kennedy, Paul. *The Rise and Fall of the Great Powers.* New York: Random House, 1988.

Kenrick, Douglas. *Jomon of Japan: The World's Oldest Pottery.* London: Kegan Paul Interntional, 1995.

Keulman, Kenneth, ed. *Critical Moments in Religious History.* Macon, GA: Mercer University Press, 1993.

Kjaer. Kurt H. "A Large Impact Crater Beneath Hiawatha Glacier in Northwest Greenland." *Science Advances* 4, 11 (2018), doi 10.1126/sciadv.aar8173.

Kloppenberg, James. *Toward Democracy: The Struggle for Self-Rule in European and American Thought.* New York: Oxford University Press, 2016.

Knaap, Gerrit. "All About Money: Maritime Trade in Makassar and West Java around 1775."

Journal of the Economic and Social History of the Orient 49 (2006): 482–502.

Knaap, Gerrit. "Shipping and Trade in Java, c. 1775: A Quantitative Analysis." *Modern Asian Studies* 33 (1999): 405–420.

Knaap, Gerrit, and Heather Sutherland. *Monsoon Traders. Ships, Skippers and Commodities in Eighteenth-Century Makassar.* Leiden: Brill, 2004.

Kocka, Jürgen, trans. Jeremiah Riemer. *A Short History of Capitalism.* Princeton: Princeton University Press, 2016.

Kohler, Timothy A., Sarah Cole, and Stanca Ciupe. "Population and Warfare: A Test of the Turchin Model in Pueblo Societies." In Shennan, ed., *Pattern and Process in Cultural Evolution,* 277–96.

Kuper, Adam. *Culture: The Anthropologists' Account.* Cambridge, MA: Harvard University Press, 1999.

Kuper, Adam. *The Invention of Primitive Society: Transformations of an Illusion.* London: Routledge, 1988.

Kuroda, Akinobu. "The Eurasian Silver Century, 1276–1359: Commensurability and Multiplicity," *Journal of Global History* 4 (2009), 245–269.

Lachance, J., et al., "Evolutionary History and Adaptation from High-Coverage Whole-Genome Sequences of Diverse African Hunter-Gatherers," *Cell* 150 (2012), 457–69.

Laibman, David. *Deep History: A Study in Social Evolution and Human Potential.* Albany: State University of New York Press, 2007.

"Language Vitality and Endangerment. UNESCO Programme Safeguarding of Endangered Languages," Paris, 10–12 March 2003. www.unesco.org/new/fileadmin/MULTIMEDIA/HQ/CLT/pdf/ Language_vitality_and_endangerment_EN.pdf, accessed 19 July 2018.

Levtzion, N., and J.F.P. Hopkins, eds. *Corpus of Early Arabic Sources for West African History.* Cambridge: Cambridge University Press.

Li, Heng, and Richard Durbin. "Inference of Human Population History from Individual Whole-Genome Sequences." *Nature* 475 (2011): 493s–496.

Lieberman, Philip. "The Evolution of Human Speech: Its Anatomical and Neural Bases," *Current Anthropology* 48, 1 (2007), 39–66.

Linebaugh, Peter, and Marcus Rediker. *The Many-Headed Hydra : Sailors, Slaves, Commoners, and the Hidden History of the Revolutionary Atlantic.* Boston: Beacon, 2000.

Liu Xinru. *The Silk Road in World History.* New York: Oxford University Press, 2010.

Lomax, A., and N. Berkowitz, "The Evolutionary Taxonomy of Culture," Science 177 (21 July 1972): 230, 233.

Lombard, Marlize. and Laurel Phillipson, "Indications of Bow and Arrow Use 64,000 Years ago in KwaZulu-Natal, South Africa," *Antiquity* 84 (2010): 635–648.

López, Saioa, Lucy van Dorp, and Garrett Hellenthal. "Human Dispersal Out of Africa: A Lasting Debate." *Evolutionary Bioinformation Online* 11, Suppl 2 (2015): 57–68.

Lopreato, Joseph. *Human Nature and Biocultural Evolution.* Boston: Allen & Unwin, 1984.

Lotka, Alfred J. *Elements of Physical Biology.* Baltimore: Williams & Wilkins, 1925.

Lovelock, James. *The Revenge of Gaia: Earth's Climate Crisis and the Fate of Humanity.* New York: Basic Books, 2007.

Lovelock, James, *Gaia, A New Look at Life on Earth.* Oxford: Oxford University Press, 1979.

Lucassen, Jan, Leo Lucassen, and Patrick Manning, eds. *Migration History in World History: Multidisciplinary Approaches.* Leiden: Brill, 2010.

Lucassen, Leo. "Working Together: New Directions in Global Labour History." *Journal of Global History* 11 (2016): 66–87.

Lumley, Henry de. *La grande histoire des premiers hommes européens.* Paris: O. Jacob, 2007.

Luschan, Felix von. *Völker, Rassen, Sprachen.* Berlin: Welt-Verlag,1922.

Luukkanen, Harri, and William F. Fitzhugh. *The Bark Canoes and Skin Boats of Northern Eurasia.* Washington, DC: Smithsonian Publications, 2018.

Ly, Abdoulaye. *La Compagnie du Sénégal.* Paris: Présence africaine, 1958.

Ma, Ning. *The Age of Silver: The Rise of the Novel East and West.* New York: Oxford University Press, 2018.

MacPhee, Ross D. E. *End of the Megafauna: The Fate of the World's Hugest, Fiercest, and Strangest Animals.* New York: W. W. Norton, 2018.

Magness, Philip W. "The Pejorative Origins of the Term 'Neoliberalism' ," *AIER*, https://www.aier.org/article,pejorative-origins-term- "neoliberalism" .

Mamdani, Mahmood. *Citizen and Subject: Contemporary Africa and the Legacy of Late Colonialism.* Princeton: Princeton University Press, 1996.

Manning, Patrick. *Methods for Human History: Evolution of Multidisciplinary Analysis.* Forthcoming 2019.

Manning, Patrick. "Introduction." In Manning and Owen, eds., *Knowledge in Translation,* 1–16.

Manning, Patrick. "The Life-Sciences, 1900 – 2000: Analysis and Social Welfare from Mendel and Koch to Biotech and Conservation." *Asian Review of World Histories* 6 (2018): 185–208.

Manning, Patrick. "Inequality: Historical and Disciplinary Approaches." *American Historical Review* 122 (2017): 1–22.

Manning, Patrick. "Locating Africans on the World Stage: A Problem in World History," *Journal of World History* 26 (2015): 605–37.

Manning, Patrick. *Big Data in History.* Houndmills, UK: Palgrave Macmillan, 2013.

Manning, Patrick. "Global History and Maritime History." *International Journal of Maritime History* 15 (2013): 1–22.

Manning, Patrick. *The African Diaspora: A History through Culture.* New York: Columbia University Press, 2009.

Manning, Patrick. "Cross-Community Migration: A Distinctive Human Pattern." *Social Evolution and History* 5, 2 (2006): 24–54.

Manning, Patrick. "Homo sapiens Populates the Earth: A provisional synthesis, privileging linguistic data," *Journal of World History* 17 (2006): 115–158.

Manning, Patrick. "1789–1792 and 1989–1992. Global Interactions of Social Movements." *World History Connected* 3, 1 (2005). http://worldhistoryconnected.org/3.1/manning.html.

Manning, Patrick. *Navigating World History: Historians Create a Global Past.* New York: Palgrave Macmillan, 2003.

Manning, Patrick, and Abigail Owen, eds. *Knowledge in Translation: Global Patterns of Scientific Exchange, 1000–1800 CE.* Pittsburgh: University of Pittsburgh Press, 2018.

Manning, Patrick, Dennis O. Flynn, and Qiyao Wang, "Silver Circulation Worldwide: Initial Steps in Comprehensive Research," *Journal of World-Historical Information* 3–4 (2016–17): 1–18.

Manning, Patrick, and Aubrey Hillman. "Climate as a Factor in Migration and Social Change, 200,000 to 5000 years ago." American Historical Association annual meeting, New Orleans (5 January 2013).

Manning, Patrick, with Tiffany Trimmer. *Migration in World History,* 2nd ed. London: Routledge, 2012.

Marcott, Shaun A., Jeremy D. Shakun, Peter U. Clark, Alan C. Mix. "A Reconstruction of Regional and Global Temperature for the Past 11,300 Years." *Science* 339, 6124, (2013); 1198–1201.

Markovits, Claude. *Global World of Indian Merchants, 1750–1947: Traders of Sind from Bukhara to Panama.* Cambridge: Cambridge University Press, 2000).

Maynard Smith, John, and Eörs Szathmáry. *The Major Transitions in Evolution.* Oxford: Oxford University Press, 1995.

Maynard Smith, John, and George R. Price. "The logic of animal conflict," *Nature* 246, 5427 (1973): 15–18.

Mayr, Ernst. *Evolution and the Diversity of Life.* Cambridge, MA: Harvard University Press, 1975.

McBrearty, Sally. "Down with the Revolution." In Paul Mellars, Katie Boyle, Ofer Bar-Yosef, and Chris Stringer, eds., *Rethinking the Human Revolution,* 133–51. Oxford: Oxbow Books, 2007.

McBrearty, Sally, and Alison Brooks. "The Revolution that Wasn't: A New Interpretation of the Origin of Modern Human Behavior." *Journal of Human Evolution* 39 (2000): 453 – 563.

McElreath, Richard, and Robert Boyd. *Mathematical Models of Social Evolution: A Guide for the Perplexed.* Chicago: University of Chicago Press, 2007.

McEvedy, Colin, and Richard Jones. *Atlas of World Population History.* Harmondsworth: Penguin, 1978.

McLean, Paul. *Culture in Networks.* Cambridge: Polity Press, 2017.

McNeill, J. R. *Something New under the Sun: An Environmental History of the Twentieth-Century World.* New York: Norton, 2000.

McNeill, J. R., and Peter Engelke. *The Great Acceleration: An Environmental History of the Anthropocene since 1945.* Cambridge, MA: Belknap Press of Harvard University Press, 2014.

McNeill, J. R., and William H. McNeill. *The Human Web: A Bird's-Eye View of Human History.* New York: Norton, 2003.

Meadows, Donnella H., Dennis L. Meadows, Jørgen Randers, and William W. Behrens II. *The Limits to Growth: A Report for the Club of Rome's Project on the Predicament of Mankind.* New York: Universe Books, 1972.

Mesoudi, Alex. *Cultural Evolution: How Darwinian Theory can Explain Human Culture and Synthesize the Social Sciences.* Chicago: University of Chicago Press, 2011.

Milanovic, Branko. *Global Inequality: A New Approach for the Age of Globalization.* Cambridge, MA: The Belknap Press at Harvard University Press, 2016.

Miller, James G. *Living Systems.* New York: McGraw-Hill, 1978.

Mithen, Steven. *After the Ice: A Global Human History, 20,000 – 5000 BC.* Cambridge, MA: Harvard University Press, 2003.

Mondal, Mayukh, Jaume Bertanpetit and Oscar Lao. "Approximate Bayesian Computation with Deep Learning Supports a Third Archaic Introgression in Asia and Oceania." *Nature Communications* 10, 246 (16 January 2019).

Moore, Jason W. *Capitalism in the Web of Life: Ecology and the Accumulation of Capital.* London: Verso, 2014.

Moore, Jason W., ed. *Anthropocene or Capitalocene?: Nature, History, and the Crisis of Capitalism.* Oakland, CA: PM Press, 2016.

Morange, Michel, trans. Matthew Cobb. *A History of Molecular Biology.* Cambridge, MA: Harvard University Press, 1998.

Moreno-Mayar, J. Victor, et al. "Terminal Pleistocene Alaskan Genome Reveals first Founding Population of Native Americans." *Nature* 553 (2018): 203–08.

Morillo, Stephen. "A 'Feudal Mutation' ? Conceptual Tools and Historical Patterns in World History." *Journal of World History* 14, 4 (2003), 549–50.

Morris, Ian. *The Measure of Civilization. How Social Development Decides the Fate of Nations.* Princeton, NJ: Princeton University Press, 2013.

"Neolithic Site of Çatalhöyük," UNESCO World Heritage Centre, https://whc.unesco.org/en/list/1527.

Nichols, Johanna. *Linguistic Diversity in Space and Time.* Chicago: University of Chicago Press, 1992.

Nichols, Johanna. "The Origin and Dispersal of Languages: Linguistic Evidence." In Jablonski and Aiello, eds., *The Origin and Diversification of Language,* 127–70.

North, Douglass C. "Economic Performance through Time," Nobel Prize Lecture, 1993.

North, Douglass C. John Joseph Wallis, Steven B. Webb, and Barry R. Weingast. *Violence and Social Orders: A Conceptual Framework for Interpreting Recorded History.* New York: Cambridge University Press, 2009.

North, Douglass C., John Joseph Wallis, Steven B. Webb, and Barry R. Weingast. " Limited Access Orders: An Introduction to the Conceptual Framework," in Douglass C. North, John Joseph Wallis, Steven B. Webb, and Barry R. Weingast, eds., *In the Shadow of Violence: Politics, Economics, and the Problems of Development* (New York: Cambridge University Press, 2013), 1–23.

North, Douglass C., and Robert Paul Thomas. *The Rise of the Western World.* Cambridge: Cambridge University Press, 1973.

Novartis Foundation Symposium. *The Limits of Reductionism in Biology.* New York: John Wiley & Sons, 1998.

O'Fallon, Brendan, and Lars Fehren-Schmitz. "Native Americans experienced a strong population bottleneck coincident with European contact." *PNAS* 108, 51 (2011): 20444–20448.

Ogle, Vanessa. "Archipelago Capitalism: Tax Havens, Offshore Money, and the State, 1950s – 1970s." *American Historical Review* 122 (2017): 1431–58.

Okasha, Samir. *Evolution and the Levels of Selection.* Oxford: Clarendon Press, 2006.

Olson, Steve. *Mapping Human History: Genes, Race, and Our Common Origins.* Boston: Houghton Mifflin, 2003.

Oreskes, Naomi, and Erik M. Conway, "Science Isn't Enough to Save Us," *New York Times,* October 17, 2018.

Oreskes, Naomi, and Erik M. Conway. *Merchants of Doubt: How a Handful of Scientists Obscured the Truth on Issues from Tobacco Smoke to Global Warming.* New York: Bloomsbury Press, 2010.

O'Rourke, Kevin H., and Jeffrey G. Williamson. *Globalization and History: the Evolution of a Nineteenth-Century Atlantic Economy.* Cambridge, MA: MIT Press, 1999.

Osterhammel, Jürgen. *The Transformation of the World: a Global History of the Nineteenth Century.* Princeton: Princeton University Press, 2014.

Owen-Smith, Thomas, and Nathan W. Hill, eds. *Trans-Himalayan Linguistics: Historical and Descriptive Linguistics of the Himalayan Area.* Berlin: de Gruyter, 2014.

Paine, Lincoln. *Sea and Civilization: A Maritime History of the World.* New York: Alfred A. Knopf, 2013.

Palmer, Colin. *Human Cargoes: The British Slave Trade to Spanish America, 1700–1739.* Urbana: University of Illinois Press, 1981.

Park, Katharine, and Lorraine Daston, "Introduction: The Age of the New," *The Cambridge History of Science,* vol. 3: *Early Modern Science,* eds. Park and Daston. Cambridge: Cambridge University Press, 2008, 1–18.

Parker, Geoffrey. *Global Crisis: War, Climate Change & Catastrophe in the Seventeenth Century.* New Haven: Yale University Press, 2013.

Parsons, Talcott. “Social Structure and the Symbolic Media of Interchange.” In Peter M. Blau, *Approaches to the Study of Social Structure,* 94–120. New York: The Free Press, 1975.

Parthasarathi, Prasannan. *Why Europe Grew Rich and Asia Did Not: Global Economic Divergence, 1600–1850.* Cambridge: Cambridge University Press, 2011.

Piketty, Thomas, trans. Arthur Goldhammer. *Capital in the Twenty-First Century.* Cambridge, MA: The Belknap Press at Harvard University Press, 2014.

Pinker, Steven. The Blank Slate: *The Modern Denial of Human Nature.* New York: Viking, 2002.

Pinker, Steven. *The Better Angels of our Nature: Why Violence Has Declined.* New York: Viking, 2011.

Pollock, Sheldon. *The Language of the Gods in the World of Men: Sanskrit, Culture, and Power in Premodern India.* Berkeley: University of California Press, 2006.

Pomeranz, Kenneth. *The Great Divergence: China, Europe, and the Making of the Modern World Economy.* Princeton: Princeton University Press, 2000.

Potts, Richard, et al. “Environmental dynamics during the onset of the Middle Stone Age in eastern Africa.” *Science* 360 (2018): 86–90.

Prakash, Om. *The Dutch East India Company in Bengal.* Princeton: Princeton University Press, 1985.

Prazniak, Roxann. “Marāgha Observatory: A Star in the Constellation of Eurasian Scientific Translation.” In Patrick Manning and Abigail Owen, eds., *Knowledge in Translation: Global Patterns of Scientific Exchange, 1000–1800 CE,* 75–90. Pittsburgh: University of Pittsburgh Press, 2018, 227–243.

Preyer, Gerhard, and Georg Peter, eds. *Social Ontology and Collective Intentionality: Critical Essays on the Philosophy of Raimo Tuomela with His Responses.* Cham, Switzerland: Springer, 2017.

Provine, William B. “Ernst Mayr: Genetics and Speciation,” *Genetics* 167, 3 (2004): 1041–46.

Raghavan, Maanasa, et al. “Upper Palaeolithic Siberian genome reveals dual ancestry of Native Americans.” *Nature* 505 (2014): 87–91.

Randolph-Quinney, Patrick, and Anthony Sinclair. “African Tools Push Back the Origins of Human Technological Innovation.” *The Conversation.* March 16, 2018.

Reba, Meredith, Femke Reitsma, and Karen C. Seto, “Spatializing 6,000 Years of Global Urbanization from 3700 BC to AD 2000.” *Scientific Data* 3 (2016), article No. 160034.

Reed DL, JE Light, HL Dibble, JM Allen, JJ Kirchman, “Pair of Lice Lost or Paradise Regained: The Evolutionary History of Anthropoid Primate Lice,” *BMC Biology.* 5 (2007) doi:10.1186/1741-7007-5—7.

Reich, David. *Who We Are and How We Got Here: Ancient DNA and the New Science of the Human Past.* New York: Pantheon, 2018.

Reischauer, E. O. *Ennin's Travels in T'ang China.* New York: The Ronald Press, 1955.

Richerson, Peter J., and Robert Boyd. "The Evolution of Subjective Commitment to Groups: A Tribal Instincts Hypothesis." In Randolph M. Neese, ed., *Evolution and the Capacity for Commitment,* 186–220. New York: Russell Sage Foundation, 2001.

Richerson, Peter J., and Robert Boyd. "Complex Societies: The Evolutionary Origins of a Crude Superorganism." *Human Nature* 10 (1999): 253–89.

Riello, Giorgio. *Cotton: The Fabric that Made the Modern World.* Cambridge: Cambridge University Press, 2013.

Rosenberg, Nathan, and L. E. Birdzell, Jr. *How the West Grew Rich: The Economic Transformation of the Industrial World.* New York: Basic Books, 1986.

Ruddiman, William F. *Earth Transformed.* New York: W. H. Freeman, 2014.

Ruddiman, William F. *Earth's Climate, Past and Future,* 2nd ed. New York: W. H. Freeman, 2008.

Ruhlen, Merritt. *The Origin of Language: Tracing the Evolution of the Mother Tongue.* New York: John Wiley & Sons, 1994.

Russell, Edmund. *Evolutionary History: Uniting History and Biology to Understand Life on Earth.* New York: Cambridge University Press, 2011.

Ryder, A.F.C. *Benin and the Europeans, 1485 – 1897.* New York: Humanities Press, 1969.

Sandgathe D. M., H.L. Dibble, P. Goldberg, et al. "Timing of the Appearance of Habitual Fire Use," *Proceedings of the National Academy of Sciencel of the USA.* (2011) doi/10.173/pnas.1106759108.

Saussure, Ferdinand de, trans. Wade Baskin. *Course in General Linguistics.* New York: McGraw Hill, 1966［1916］.

Scheib, Christiana Lyn, et al., "Ancient Human Parallel Lineages within North America Contributed to a Coastal Expansion," *Science* 360 (2018): 1024–27.

Scheidel, Walter. *The Great Leveler: Violence and the History of Inequality from the Stone Age to the Twenty-first Century.* Princeton: Princeton University Press, 2017.

Schmidtz, D. "Friedrich Hayek." *Stanford Encyclopedia of Philosophy* (updated December 14, 2016), https://plato.stanford.edu/entries/friedrich-hayek/.

Schwartz, Jeffrey H. "What's Real about Human Evolution: Received Wisdom, Assumptions, and Scenarios." In Schwartz, ed., *Rethinking Human Evolution,* 61–91. Cambridge, MA: MIT Press, 2018.

Schweikard, David P., and Hans Bernhard Schmid. "Collective Intentionality." *The Stanford Encyclopedia of Philosophy* (Summer 2013 Edition), Edward N. Zalta (ed.), https://plato.stanford.edu/archives/sum2013/entries/collective-intentionality/.

Scott, James C. *Against the Grain: A Deep History of the Earliest States.* New Haven: Yale University Press, 2017.

Searle, John R. *The Construction of Social Reality.* New York: The Free Press, 1995.

Seed, Pat. "Celestial Navigation," in Manning and Owen, eds., *Knowledge in Translation,* 275–91.

Senut, Brigitte, M. Pickford, D. Gommery, and L. Ségan, "Palaeoenvironments and the

Origin of Hominid Bipedalism," *Historical Biology* 30 (2018): 284–96.

Sereno, Paul C., et al. "Lakeside Cemeteries in the Sahara: 5000 Years of Holocene Population and Environmental Change." PLOS One 3(8): e2995. https://doi.org/10.1371/journal.pone.0002995.

Sharp, Paul, and Jacob Weisdorf. "Globalization Revisited: Market Integration and the Wheat Trade between Noth America and Britain from the Eighteenth Century." *Explorations in Economic History* 50 (2013): 88–98.

Shea, John J., and Matthew L. Sisk. "Complex projectile technology and Homo sapiens dispersal into Western Eurasia." *PaleoAnthropology* 10 (2010): 100–22.

Shennan, Stephen, ed. *Pattern and Process in Cultural Evolution.* Berkeley: University of California Press, 2009.

Shennan, Stephen. *Genes, Memes and Human History: Darwinian Archaeology on Cultural Evolution.* New York: Thames and Hudson, 2003.

Shryock, Andrew, and Daniel Lord Smail, *Deep History: The Architecture of Past and Present.* Berkeley: University of California Press, 2011.

Simon, Herbert. "Near Decomposability and Complexity: How a Mind Resides in a Brain," in H. J. Morowitz and J. L. Singer, eds., *The Mind, the Brain, and Complex Adaptive Systems.* Santa Fe Institute Studies in the Sciences of Compexity, Proceedings Vol. XXII, Reading, MA: Addison Wesley, 1995, 26.

Skoglund, Pontus, et al., "Genetic evidence for two founding populations of the Americas," *Nature* 525 (2018), 104–08 (2015).

Smaldino, Paul E. "The cultural evolution of emergent group-level traits." *Behavioral and Brain Sciences* 37 (2014): 243–54.

Smith, Richard J. "Buddhism and the 'Great Persecution' in China." In *Critical Moments in Religious History,* ed. Kenneth Keulman (1993).

Smith, Terry. "Contemporary Art: World Currents in Transition Beyond Globalization." In *The Global Contemporary and the Rise of New Art Worlds,* eds. Hans Beiting, Andrea Buddensteig, and Peter Weibel, 186 – 92. Cambridge, MA: MIT Press, 2013.

Spencer, Herbert. "Progress: Its Law and Cause," *Humboldt Library of Popular Science Literature* No. 17, 233–85. New York: J. Fitzgerald, 1881.

Spier, Fred. *Big History and the Future of Humanity,* 2nd ed. Malden, MA: John Wiley, 2015.

Staubach, Suzanne. *Clay: The History and Evolution of Humankind's Relationship with Earth's Most Primal Element.* New York: Berkley Books, 2005.

Stausberg, Michael, Yuhan Sohrab-Dinshaw Vevaina, and Anna Tessmann. *The Wiley-Blackwell Companion to Zoroastrianism* (Chichester, UK: Wiley, 2015), 57–59.

Stringer, Chris. "The origin and evolution of Homo sapiens," *Philosophical Transactions of the Royal Society B* (2016) https://doi.org/10.1098/rstb.2015.0237.

Stringer, Chris. In *Search of the Neanderthals: Solving the Puzzle of Human Origins.* London: Thames & Hudson, 1993.

Stringer, Chris, and Peter Andrews. *The Complete World of Human Evolution.* London:

Thames and Hudson, 2005.

Subrahmanyam, Sanjay. "On World Historians in the Sixteenth Century." *Representations* 91, 1 (2005): 26–57.

Sutton, J. E. G. "The Aquatic Civilization of Middle Africa." *Journal of African History* 15 (1974): 527–46.

Tattersall, Ian. *Masters of the Planet: The Search for Our Human Origins.* New York: Palgrave Macmillan, 2012.

Telegin, Dmitry Yakolevich, trans. V. A. Pyatkovskiy, ed. J. P. Mallory. Dereivka. *A Settlement and Cemetery of Copper Age Horse Keepers on the Middle Dnieper.* Oxford: BAR International Series, 1986.

Thompson, E. P. *The Making of the English Working Class.* New York: Pantheon, 1964.

Thorp, Robert L. *China in the Early Bronze Age: Shang Civilization.* Philadelphia : University of Pennsylvania Press, c2006.

Tomasello, Michael. *Becoming Human: A Theory of Ontogeny.* Cambridge, MA: The Belknap Press of Harvard University Press, 2019.

Tomasello, Michael. *A Natural History of Human Thinking.* Cambridge, MA: Harvard University Press, 2014.

Tomasello, Michael. "Human Culture in Evolutionary Perspective." In M. Gelfand, ed., *Advances in Culture and Psychology,* 5 – 51. Oxford: Oxford University Press, 2011.

Tomasello, M., Kruger, A., & Ratner, H. "Cultural learning." Behavioral and Brain Sciences, 16, 3 (1993), 495–511. DOI:10.1017/S0140525X0003123X.

Tooze, Adam J. *Crashed: How a Decade of Financial Crises Changed the World.* New York: Viking, 2018.

Toups, Melissa A., Andrew Kitchen, Jessica E. Light, and David L. Reed, "Origin of Clothing Lice Indicates Early Clothing Use by Anatomically Modern Humans. in Africa." *Molecular Biology and Evolution* 28 (2011):29–32.

Tunscherer, Michel. "Coffee in the Red Sea Area from the Sixteenth to the Nineteenth Century." In *The Global Coffee Economy in Africa, Asia, and Latin America,* eds. William Gervase Clarence-Smith and Steven Topik, 50 – 66. Cambridge: Cambridge University Press, 2003.

Tuomela, Raimo. *Social Ontology: Collective Intentionality and Group Agents.* Oxford: Oxford University Press, 2013.

Tuomela, Raimo. *Philosophy of Social Practices: A Collective Acceptance View.* Cambridge: Cambridge University Press, 2002.

Turchin, Peter. *Ages of Discord: A Structural-Demographic Analysis of American History.* Chaplin, CT: Beresta Books, 2017.

Turchin, Peter, et al., "Quantitative Historical Analysis Uncovers a Single Dimension of Complexity that Structures Global Variation in Human Social Organization." *PNAS* (December 21, 2017), E144 – E151. www.pnas.org/cgi/doi/10.1073/pnas.1708800115 .

Turchin, Peter, *Ultra Society: How 10,000 Years of War Made Humans the Greatest*

Cooperators on Earth. Chaplin, CT: Beresta Books, 2015.

Turchin, Peter. *Historical Dynamics: Why States Rise and Fall.* Princeton: Princeton University Press, 2003.

Turner, Jonathan H. *Human Institutions: A Theory of Societal Evolution.* Lanham, MD: Rowman & Littlefield, 2003.

Turner, Jonathan H. *Human Emotions : A Sociological Theory.* London: Routledge, 2007.

Tylor, Edward B. *Primitive Culture.* London: J. Murray, 1871. It appeared the same year as Darwin's *Descent of Man*, but Tylor gave no attention to *Descent of Man* either then or later.

Tyrrell, Toby. *On Gaia: A Critical Investigation of the Relationship between Life and Earth.* Princeton: Princeton University Press, 2013.

Udehn, Lars. *Methodological Individualism: Background, History, and Meaning.* London: Routledge, 2001.

Unger, Richard W. "The Tonnage of Europe's Merchant Fleets 1300 – 1800." *The American Neptune* 52 (1992): 247–61.

"Unlabeled Renatto Luschan Skin color map.svg." Wikipedia Commons.

van der Linden, Marcel. *Workers of the World. Essays toward a Global Labor History.* Leiden: Brill, 2008.

van Driem, George. "Trans-Himalayan." In Thomas Owen-Smith and Nathan W. Hill, eds., *Trans-Himalayan Linguistics: Historical and Descriptive Linguistics of the Himalayan Area,* 11–40. Berlin: de Gruyter, 2014.

van Rossum, Matthias. *Werkers van de wereld: Globalisering, arbeid en interculturele ontmoetingen tussen Aziatische en Europese zeelieden in dienst van de VOC, 1600–1800.* Hilversum: Verloren, 2014.

van Zanden, Jan Luiten, Joerg Baten, et al. *How Was Life? Global Well-Being since 1820.* OECD Publishing, 2014.

von Bertalanffy, Ludwig. *General System Theory: Foundations, Development, Applications.* New York: G. Braziller, 1969.

von Scheve, Christian, and Mikko Salmela. *Collective Emotions: Perspectives from Psychology, Philosophy, and Sociology.* Oxford: Oxford University Press, 2014.

Wallace-Wells, David. *The Uninhabitable Earth: Life After Warming.* New York: Tim Duggan Books, 2019.

Wallerstein, Immanuel. *The Modern World-System,* 3 vols. (New York: Academic Press, 1974).

Wallis, Helen M., and E. D. Grinstead. "A Chinese Terrestrial Globe." *The British Museum Quarterly* 25 (1962): 83–91.

Warsh, Molly A. *American Baroque: Pearls and the Nature of Empire, 1492 – 1700.* Chapel Hill: University of North Carolina Press, 2018.

Werner, J. Jeffrey, and Pamela R. Willoughby. "Middle Stone Age Technology and Cltural Evolution at Magubike Rockshelter, Southern Tanzania." *African Archaeological*

Review 34 (2017): 249–73.

White, Sam. *A Cold Welcome: The Little Ice Age and Europe's Encounter with North America.* Cambridge, MA: Harvard University Press, 2017.

Wiesner-Hanks, *Gender in History: Global Perspectives,* 2nd ed. (Malden, MA: Wiley-Blackwell, 2011).

Wiesner-Hanks, Merry, ed., *The Cambridge World History,* 10 vols. Cambridge: Cambridge University Press, 2015.

Williams, George C. *Adaptation and Natural Selection: A Critique of Some Current Evolutionary Thought.* Princeton: Princeton University Press, 1966.

Wilson, Edward O. *On Human Nature.* Cambridge, MA: Harvard University Press, 1978.

Witzel, E. J. Michael. *The Origins of the World's Mythologies.* Oxford: Oxford University Press, 2012.

Wolbach, Wendy S., et al. "Extraordinary Biomass-Burning Episode and Impact Winter Triggered by the Younger Dryas Cosmic Impact ~12,800 Years Ago. 1. Ice Cores and Glaciers." *Journal of Geology* 126, 2 (2018): 165–84.

Wong, R. Bin. *China Transformed: Historial Change and the Limits of European Experience.* Ithaca: Cornell University Press, 1997.

Wu, Xiaohong, et al. "Early Pottery at 20,000 Years Ago in Xianrendong Cave, China." *Science* 336 (2012): 1696–1700.

Yang, Bin. *Cowrie Shells and Cowrie Money: A Global History.* London: Routledge, 2018.

Yücesoy, Hayrettin. "Translation as Self-Consciousness: Ancient Sciences, Antediluvian Wisdom, and the 'Abbāsid Translation Movement." *Journal of World History* 20 (2009): 523–57.

Zaccarella, Emiliano, and Angela D. Friederici. "Merge in the Human Brain: A Sub-Region Based on Functional Investigation in the Left Pars Opercularis," *Frontiers in Psychology*, 27 November 2015. https://doi.org/10.3389/fpsyg.

Zahedieh, Nuala. *The Capital and the Colonies: London and the Atlantic Economy 1660 – 1700.* Cambridge: Cambridge University Press, 2010.

注　释

1　James Lovelock, *Gaia, A New Look at Life on Earth* (Oxford: Oxford University Press, 1979). 林恩 · 马古利斯对盖娅理论的发展贡献良多。

2　对人类系统的历史方法的概述，见 Patrick Manning, *Methods for Human History: Studying Social, Cultural, and Biological Evolution* (New York: Palgrave Macmillan, 2020)。

3　对自最初时代以来，人类事务中最大困难的一个深刻的论点，参见 James Burke and Robert Ornstein, *The Axemaker's Gift: A Double-Edged History of Human Culture* (NewYork: G. P. Putnam's Sons)。

4　Theodosius Dobzhansky, *Genetics and the Origin of Species* (New York: Columbia University Press 1937), 126–27.

5　做出积极贡献的学术领域包括人类基因学、古生物学、社会学、文化进化论、文化人类学、进化语言学、心理学、历史学和哲学。

6　Charles Darwin, *On the Origin of Species by Means of Natural Selection* (London: John Murray, 1859), 145.（译文参考达尔文:《物种起源》，舒德干等译，北京：北京大学出版社，2005 年。——译者注）

7　Stephen Jay Gould, *Bully for Brontosaurus* (New York: W. W. Norton, 1991), 63–65, 被引用于 Alex Mesoudi, *Cultural Evolution:How Darwinian Theory Can Explain Human Culture and Synthesize the Social Sciences* (Chicago:University of Chicago Press, 2011), 99–100. 莫索蒂（Mesoudi）注意到基因物质可以通过病毒在细菌和植物之间跨物种传播。

8　Herbert Spencer, "Progress: Its Law and Cause," *Humboldt Library of Popular Science Literature*, No. 17 (New York: J. Fitzgerald, 1881), 236.

9　Edward B. Tylor, *Primitive Culture*, 2 vols. (London: J. Murray, 1871), I:1. 该书与达尔文的《人类的由来》出版于同一年，但泰勒在当时及以后都未注意到它。

10　在后面的章节，我将说明文化的意义在个体层面和群体层面上都能改变。

11　Tylor, *Primitive Culture*, 2–10. 斯宾塞在这篇关于"进步"的文章中，以超前

于泰勒的方式对待“文化”，他指的是现代社会中的群体。Spencer, “Progress.”

12 斯宾塞的方法既普遍又模糊（尽管有些人认为斯宾塞真正关注的是人类社会，而不是其他规模的社会群体）。泰勒和其他社会科学家认为社会与生物学是完全分开的，但他们同意斯宾塞的观点，认为社会进步是不确定的，而不是特定的变化过程。

13 卡尔 · 马克思关于通过阶级冲突进行社会变革的理论更接近于指明变革的机制，尽管马克思主义传统的理论家在实践中经常将各阶段之间的变化视为固有的。几乎在同一时期兴起的经济理论将注意力集中在个体消费者和企业上。

14 Donald T. Campbell, “On the Conflicts between Biological and Social Evolution and between Psychology and Moral Tradition” (presidential address, American Psychological Association), *American Psychologist* (December 1975): 1103–26.

15 The Appendix: Frameworks for Analysis provides a review of my analytical assumptions, methods within six categories, and references to methodological texts.

16 关于世界史的优势和关注问题的一个新近概览，见 Patrick Manning, “Locating Africans on the World Stage:A Problem in World History,” *Journal of World History* 26 (2015): 605–37。关于方法和解释的一个较早的概览，见 Patrick Manning, *Navigating World History: Historians Create a Global Past* (New York: Palgrave Macmillan, 2003)。

17 Jared Diamond, *Guns, Germs, and Steel: The Fates of Human Societies* (New York: Norton, 1997); John R. McNeill and William H. McNeill, *The Human Web: A Bird's-Eye View of Human History* (New York: W. W. Norton, 2003); David Christian, *Maps of Time: An Introduction to Big History* (Berkeley: University of California Press, 2004); Fred Spier, *Big History and the Future of Humanity*, 2nd ed. (Malden,MA: John Wiley & Sons, 2015); Andrew Shryock and Daniel Lord Smail, *Deep History: The Architecture of Past and Present* (Berkeley: University of California Press, 2011); Christopher Chase-Dunn and Bruce Lerro, *Social Change: Globalization from the Stone Age to the Present* (Boulder, CO: Paradigm Publishers, 2014); and Yuval Noah Harari, *Sapiens: A Brief History of Humankind* (New York: Harper, 2015).

18 克里斯蒂安根据人类技术划分时期（旧石器时代和新石器时代），而我以地质年代划分时期（更新世和全新世）。McNeill and McNeill, *Human Web*; Christian, *Maps of Time*, 292.

19 For the key work in this approach, see George C. Williams, *Adaptation and Natural Selection: A Critique of Some Current Evolutionary Thought* (Princeton, NJ: Princeton University Press, 1966).

20 这种“双重继承”和“多层次选择”的文化进化方法，还没有提出大型制度产生的具体机制，而且对探索社会进化的独特机制毫无兴趣。关于这一立场最有力的陈述，参阅 Alex Mesoudi, *Cultural Evolution*, 25–54, and Robert Boyd and Peter J. Richerson, “Culture and the Evolution of Human Cooperation,” *Philosophical Transactions of the Royal Society* 364 (2009): 3281–88.

21 关于文化进化背景下个人层面的文化定义，请参阅 Robert Boyd and Peter J. Richerson, *Culture and the Evolutionary Process* (Chicago: University of Chicago Press,

1985), 1–2; 在颇具影响的社会进化理论中有关群体层面的文化研究方法，请参阅 Campbell, "On the Conflicts between Biological and Social Evolution"；从人文学科的角度研究群体层面的文化，请参见 Felipe Fernández-Armesto, *A Foot in the River: Why Our Lives Change – and the Limits of Evolution* (Oxford: Oxford University Press, 2015),148。

22 该分析针对人类的个体行为（第二、六、九章）；人类的群体行为（第三至十章）；参与网络（第三、六、七、八、十章）；参与等级制度（第六至九章）。

23 Douglas Johnson and David Anderson (eds.), *The Ecology of Survival: Case Studies from Northeast African History* (London: Lester Crook, 1988).

24 关于气候影响，参阅 John L. Brooke, *Climate Change and the Course of Global History: A Rough Journey* (New York: Cambridge University Press, 2014); 关于古生物学和表观遗传学，参阅 Ian Tattersall, *Masters of the Planet: The Search for Our Human Origins* (New York: Palgrave Macmillan, 2012); 关于表观遗传学，参阅 Gary Felsenfeld, "A Brief History of Epigenetics," *Cold Spring Harbor Perspectives in Biology* (2014) DOI: 10.1101/cshperspect.a018200; 关于基因组学，参阅 David Reich, *Who We Are and How We Got Here: Ancient DNA and the New Science of the Human Past* (New York: Pantheon, 2018)。

25 关于文化进化和多层次选择，参阅 Robert Boyd and Peter J. Richerson, *The Origin and Evolution of Cultures* (New York: Oxford University Press, 2005); and Okasha, *Evolution and the Levels of Selection*. 关于人科动物群体规模，参阅 Leslie C. Aiello and R. I. M. Dunbar, "Neocortex Size, Group Size, and the Evolution of Language," *Current Anthropology* 34 (1993): 184–93。关于视觉通信，参阅 Michael Tomasello, *A Natural History of Human Thinking* (Cambridge, MA: Harvard University Press, 2014)。关于潜在语言能力的分析，参阅 Derek Bickerton, *Language and Species* (Chicago: University of Chicago Press, 1981); W. Tecumseh Fitch, *The Evolution of Language* (Cambridge: Cambridge University Press, 2010), 297–385; and Robert Berwick and Noam Chomsky, *Why Only Us: Language and Evolution* (Cambridge,MA: MIT Press, 2016)。关于情感与人类本性，参阅 Joseph Lopreato, *Human Nature and Biocultural Evolution* (Boston: Allen & Unwin, 1984) and Ralph Adolphs and David J. Anderson, *The Neuroscience of Emotion: A New Synthesis* (Princeton, NJ: Princeton University Press, 2018)。

26 最近的研究表明，两足动物并非诞生于热带稀树草原，而是始于中新世晚期树木繁茂的环境中，那里的个体生物兼具行走和爬树这两种能力。Brigitte Senut, M. Pickford, D. Gommery, and L. Ségan, "Palaeoenvironments and the Origin of Hominid Bipedalism," *Historical Biology* 30 (2018): 284–96.

27 Chris Stringer and Peter Andrews, *The Complete World of Human Evolution* (London: Thames & Hudson, 2005).

28 继南方古猿之后是傍人（*Paranthropus*），或者肯尼亚人（*Kenyanthropus*），前者一直存在至 100 万年前。

29 关于分类广度之争，参阅 Tattersall, *Masters of the Planet*, 82–89; and Jeffrey H. Schwartz, "What's Real about Human Evolution: Received Wisdom, Assumptions, and Scenarios," in Schwartz (ed.), *Rethinking Human Evolution* (Cambridge,MA: MIT Press, 2018), 61–91。

30　Cann, Stoneking, and Wilson, "Mitochondrial DNA and Human Evolution," *Nature* 325 (1987): 31–36; Reich, *Who We Are and How We Got Here*. 关于生物进化，参阅 Manning, *Methods*。

31　值得强调的是，到目前为止，所有物种的生物进化仍在继续。参阅 Edmund Russell, *Evolutionary History: Uniting History and Biology to Understand Life on Earth* (New York: Cambridge University Press, 2011)。

32　Patrick Manning and Aubrey Hillman. "Climate as a Factor in Migration and Social Change, 200,000 to 5000 years ago," in American Historical Association annual meeting, New Orleans, January 5, 2013.

33　非洲直立人也被称为匠人。(Tattersall, *Masters of the Planet*, 131.)

34　头虱自全身的虱子中存活下来，体虱则在体毛脱落后出现。这两种虱子于 400 万至 300 万年前彼此分离。参阅 David L. Reed, Jessica E. Ligh, Julie M. Allen, and Jeremy J. Kirchman, "Pair of Lice Lost or Paradise Regained: The Evolutionary History of Anthropoid Primate Lice," *BMC Biology* 5 (2007), DOI: 10.1186/1741-7007-5-7; D. M. Sandgathe, H. L. Dibble, P. Goldberg et al., "Timing of the Appearance of Habitual Fire Use," *PNAS* (2011), DOI: 10.173/pnas.1106759108。

35　塔特索尔将该个体归为匠人，而不是非洲直立人。他认为，"很明显，这一全新的匠人必定起源于一些行为复杂的南方古猿分离者。这具身体非但没有受制于环境，反而在一个新的、不断扩大的环境中，为它的拥有者开创了极为有利的新可能性"（Tattersall, *Masters of the Planet*, 117）。关于表观遗传学，参阅 Manning, *Methods*。

36　Tattersall, *Masters of the Planet*, 98.

37　Ibid., 115.

38　自 1996 年以来已经发掘出大量海德堡人的遗迹。一个相关的遗存是西班牙格兰多利纳（Gran Dolina）的化石，这些 80 万年前的化石可能属于海德堡人，也可能属于前人（*Homo antecessor*）。此外，最近在南非发现了被标记为纳莱迪人（*Homo naledi*）的物种。

39　关于他们可能使用火的推测，参阅 Joop Goudsblom, *Fire and Civilization* (London: Allen Lane, 1992) 和 James C. Scott, *Against the Grain: A Deep History of the Earliest States* (New Haven, CT: Yale University Press, 2017), 3–5, 37–42。

40　Tattersall, *Masters of the Planet*, 157.

41　Chris Stringer, *In Search of the Neanderthals: Solving the Puzzle of Human Origins* (London: Thames & Hudson, 1993).

42　据估计，丹尼索瓦洞穴的居住者距今大约 19.5 万年至 5.2 万年。Katerina Douka et al., "Age Estimates for Hominin Fossils and the Onset of the Upper Paleolithic at Denisova Cave," *Nature* 565 (2019): 640–44.

43　J. Jeffrey Werner and Pamela R. Willoughby, "Middle Stone Age Technology and Cultural Evolution at Magubike Rockshelter, Southern Tanzania," *African Archaeological Review* 34 (2017): 249–73.

44　Chris Stringer, "The Origin and Evolution of Homo sapiens," *Philosophical Transactions of the Royal Society* B (2016), https://doi.org/10.1098/rstb.2015.0237.

45　Tattersall, *Masters of the Planet*, 185.

46　Ibid., 207–08.

47　根据其身高和脑容量的相似性，2003 年发现的佛罗里斯人被认为与能人的关系最为密切。在非洲西部、中部和西北部的进一步研究可能揭示出海德堡人的其他后代。

48　Boyd and Richerson, *Culture and the Evolutionary Process*, 1–2. 关于文化进化分析进展的清晰总结，参阅 Richard McElreath and Robert Boyd, *Mathematical Models of Social Evolution: A Guide for the Perplexed* (Chicago: University of Chicago, 2007)。

49　Boyd and Richerson, *Culture and the Evolutionary Process*, 1–2. 为了营造更广泛的背景，我在文化进化的基础上使用了"个体层面文化"这一术语，在此它意味着个体层面的知识学习和传播。一般来说，"文化"一词通常用于远超行为传播的创造性过程。为了强调这一区别，我用"群体层面文化"这一术语来指代群体层面的文化表现，包括知识和物质的创造、接受、交流和解释。

50　Albert Bandura and Richard H. Walters, *Social Learning and Personality Development* (New York: Holt, Rinehart and Winston, 1963); Albert Bandura, *Social Learning Theory* (Morristown, NJ: General Learning Press, 1971); Bandura, "Self-efficacy: Toward a Unifying Theory of Behavioral Change," *Psychological Review* 84 (1977): 191–215.

51　第九章讨论了这一研究。参阅 Natalie Henrich and Joseph Henrich, *Why Humans Cooperate: A Cultural and Evolutionary Explanation* (Oxford: Oxford University Press, 2007)。

52　Boyd and Richerson, *Culture and the Evolutionary Process*, 172–202. 关于文化进化，参阅 Manning, *Methods*。

53　可以继续讨论的问题是，文化进化中变革的效率是由一种"文化适合度"决定的，还是由与文化进化共同进化的生物特性的遗传适合度决定的。

54　关于广义适合度，参阅 W. D. Hamilton, "The Genetical Evolution of Social Behaviour," *Journal of Theoretical Biology* 7 (1964): 1–52; McElreath and Boyd, *Mathematical Models*, 78–82。

55　关于普莱斯公式，参阅 John Maynard Smith and George R. Price, "The Logic of Animal Conflict," *Nature* 246, 5427 (1973): 15–18; McElreath and Boyd, *Mathematical Models*, 228–32。关于普莱斯公式的重点研究，参阅 Oren Harman, "On the Importance of the Parvenu: The Amazing Case of George Price in Evolutionary Biology," in Oren Harman and Michael R. Dietrich, eds., *Outsider Scientists: Routes to Innovation in Biology* (Chicago: University of Chicago Press, 2013), 312–30。

56　关于多层次选择，麦克尔里思和博伊德强调，"选择的效果总是可以分解为不同层次的效果，并且总是可以被概念化为旨在在个体层面发挥作用——所谓的个人适合度方法。除此之外，这些方法是完全等效的"。McElreath and Boyd, *Mathematical Models*, 224–28. 另见《附录：分析框架》的第二部分。另参阅 Manning, *Methods*。

57　约瑟夫·亨里奇展示了一张表。该表显示有一系列不同特征的亲子传播，其中假设传播成功率很高，并认为这一过程在一定程度上导致了新行为的自我强化扩展。Joseph Henrich, *The Secret of Our Success: How Culture Is Driving Human Evolution, Domesticating Our Species, and Making Us Smarter* (Princeton, NJ: Princeton University Press, 2016), 58–61; Michael Tomasello, Ann Cale. Kruger, and Hilary Horn Ratner, "Cultural Learning," *Behavioral and Brain Sciences*, 16, 3 (1993): 495–511.DOI:10.1017/S0140525X0003123X.

58 然而，在人类创新的过程中，没有什么比过河决策更关注人的能动性了。Henrich, *Secret of Our Success*, 57, 285.

59 Henrich, *Secret of Our Success*, 292–94.

60 Francisco Jose Ayala and Theodosius Dobzhansky (eds.), *Studies in the Philosophy of Biology: Reduction and Related Problems* (London: Macmillan, 1974); Novartis Foundation Symposium, *The Limits of Reductionism in Biology* (New York: John Wiley & Sons, 1998); Michel Morange, *A History of Molecular Biology*, trans. Matthew Cobb (Cambridge, MA: Harvard University Press, 1998), 5, 243–46. 关于还原论，还可参阅 Manning, *Methods*。

61 正如塔特索尔所说："然而，就像我们其他的结构属性一样，我们的新认知能力可能是一次巨大遗传意外的副产品，这次意外导致智人作为一个独立的实体出现……神经成分的增加导致我们的物种倾向于象征性思维，这只是 20 万年前进化重组的一个消极结果，这次进化重组产生了解剖学上可被识别的智人。"变革并非开始于对生活方式的适应，"而是，例如：因为新用途而必备的特征"。Tattersall, *Masters of the Planet*, 209–10.

62 事实上，我对于早期阶段的描述比贝里克和乔姆斯基更为准确；我发现该模型对于语言和更大范围的文化进化早期阶段可能都适用。Berwick and Chomsky, *Why Only Us*, 111–12. See also Bickerton, *Language and Species*, 130–68; and Fitch, *Evolution of Language*, 87–118. 关于进化语言学，还可参阅 Manning, *Methods*。

63 Berwick and Chomsky, *Why Only Us*, 10. 关于更多乔姆斯基的分析，参阅 W. Tecumseh Fitch, "Noam Chomsky and the Biology of Language," in Oren Harman and Michael R. Dietrich, *Outsider Scientists: Routes to Innovation in Biology* (Chicago: University of Chicago Press, 2013), 201–22; 以及 Noam Chomsky, *The Minimalist Program* (Cambridge,MA: MIT Press, 1995)。

64 Berwick and Chomsky, *Why Only Us*, 149.

65 塔特索尔对于这一适应性变化给予了普遍支持："因此，或许我们不应探寻单一'基础'的获得。相反，人类大脑的非凡特性可能是突然出现的，这源于对一个复杂结构相对微小的——而且完全偶然的——添加或修改，而该复杂结构已经为符号思维几乎做好了准备。"Tattersall, *Masters of the Planet*, 223–24.

66 "社会学习"这一术语的涵盖范围逐渐扩大，因为人们认识到，动物和人类都是通过模仿和指导来学习的。托马塞洛和他的同事们试图引入"文化学习"这一术语，以此表示一种可能仅限于人类的更高层次学习形式，这种学习更倾向于相互理解。Tomasello et al. , "Cultural learning."

67 Michael Tomasello, "Human Culture in Evolutionary Perspective," in M. Gelfand (ed.), *Advances in Culture and Psychology* (Oxford: Oxford University Press, 2011), 5–51;

Tomasello, *Becoming Human: A Theory of Ontogeny* (Cambridge, MA: The Belknap Press of Harvard University Press, 2019).

68　Aiello and Dunbar, "Neocortex Size."

69　邓巴和索西斯（Sosis）研究了目前和近来的人类群体，由此发现群体的规模集中在 15 人、50 人、150 人和一些更大的规模。他们重申了 150 人群体的重要性，但也注意到人类有不同规模的特殊群体。Robin I. M. Dunbar and Richard Sosis, "Optimising Human Community Sizes," *Evolution and Human Behavior* 39 (2018): 106–11.

70　1973 年的诺贝尔生理学或医学奖被授予动物行为学的三位奠基人，这是一门在生物学的框架内研究动物行为的学科。Richard W. Burkhardt, Jr., *Patterns of Behavior: Konrad Lorenz, Niko Tinbergen, and the Founding of Ethology* (Chicago: University of Chicago Press, 2005); Irenäus Eibl-Eibesfeldt, *Human Ethology* (New York: Aldine de Gruyter, 1989).

71　Adolphs and Anderson, *Neuroscience*, 40–41. 对于动物行为学更宏观的叙述，参阅 Eibl-Eibesfeldt, *Human Ethology*; 另参阅 Jonathan H. Turner, *Human Emotions: a sociological theory* (London: Routledge, 2007)。关于情感，还可参阅 Manning, *Methods*。

72　该列表包括社交、诱发力、坚持、概括、总体协调、自动和社会沟通。Adolphs and Anderson, *Neuroscience*, 65.

73　例如，巴雷特认为，词汇在儿童的头脑中创造分类、产生互动，从而在特定的社会背景下定义情感和行为类型。巴雷特也探究动物的情感，不过她的分析不在行为学的正式研究范畴内。Lisa Feldman Barrett, *How Emotions are Made: The Secret Life of the Brain* (Boston: Houghton Mifflin Harcourt, 2018), 169–70.

74　费利佩·费尔南德斯–阿梅斯托在一个颇有见地的推测中提出，想象力意味着能够预测猎物规避猎人攻击后的下一步动向。这得益于人类的选择，并成为日后群体文化的基础。Fernández-Armesto, *A Foot in the River*, 148.

75　Tattersall, *Masters of the Planet*, 188–93.

76　Sally McBrearty and Alison Brooks, "The Revolution that Wasn't: A New Interpretation of the Origin of Modern Human Behavior," *Journal of Human Evolution* 39 (2000): 453–563.

77　斯蒂芬·申南（Stephen Shennan）认为，石器技术可以通过观察进行学习，不需要语言。参阅 Stephen Shennan, *Genes, Memes and Human History: Darwinian Archaeology and Cultural Evolution* (New York: Thames and Hudson, 2003), 37–42; 另参阅 Robert L. Kelly, *The Fifth Beginning: What Six Million Years of Human History Can Tell Us about Our Future* (Berkeley: University of California Press, 2016)。

78　Aiello and Dunbar, "Neocortex Size."

79　Henrich, *Secret of Our Success*, 295.

80　McBrearty and Brooks, "The Revolution that Wasn't." 后续研究展示了甚至更早的工具开发实例，请参阅 Patrick Randolph-Quinney 和 Anthony Sinclair 对 McBrearty 和 Brooks 研究的评论，"African Tools Push Back the Origins of Human Technological Innovation," *The Conversation* (March 16, 2018)。另参阅 Sally McBrearty, "Down with the Revolution," in Paul Mellars, Katie Boyle, Ofer Bar-Yosef, and Chris Stringer (eds.),

Rethinking the Human Revolution (Oxford: Oxbow Books, 2007), 133–51。

81 Richard Potts et al. "Environmental Dynamics during the Onset of the Middle Stone Age in Eastern Africa." *Science* 360 (2018): 86–90; Alison S. Brooks et al. "Long-Distance Stone Transport and Pigment Use in the Earliest Middle Stone Age." *Science* (March 15, 2018).

82 Cara Roure Johnson and Sally McBrearty, "500,000 Year Old Blades from the Kapthurin Formation, Kenya," *Journal of Human Evolution* 58 (2010): 193.

83 创始者：这个术语是为了区分使用口语的人类的最初社群与由他们组成的更大规模的智人种群。此外，该术语与恩斯特·迈尔在解释小规模特殊群体如何迅速发展时所使用的 founders 一词的意义相吻合。William B. Provine, "Ernst Mayr: Genetics and Speciation," *Genetics* 167, 3 (2004): 1041–46.

84 语言方面术语的重叠与冲突是可以理解的。在本书中，我所使用的术语如下:（1）"语言"（language），指任何和所有形式的语言——说出的或内在的，句法或非句法;（2）"内在语言"（i-language），指具有逻辑但未说出的语言;（3）"视觉通信"（visual communication），指通过手势进行沟通;（4）"前语言"（pre-language），指说出但不具有句法的语言;（5）"原人"（proto-human），指句法语言的假定源头;（6）"口语"（speech）、"句法口语"（syntactic speech）和"外在语言"（e-language），指句法语言。关于其他用法，贝里克的"原语言"指的是非句法语言；贝里克和乔姆斯基使用"精神器官语言"或"内在语言"的目的在于确定其内部用途和对普遍语言的依赖，这与"外在语言"形成对比。在历史语言学中，"原人类"指的是句法语言的假定祖先；与之类似，"前科伊桑人"也代指一种祖先，而且他们可能重构了语言。关于相关问题的概述，参阅 Fitch, *Evolution of Language*, 399–432; 也可参阅 Berwick and Chomsky, *Why Only Us*, 57–65。

85 Philip Lieberman, "The Evolution of Human Speech: Its Anatomical and Neural Bases," *Current Anthropology* 48, 1 (2007), 39–66.

86 Potts et al., "Environmental dynamics."

87 例如，正如里彻森和博伊德所说，"古人类学家不知道人类语言是在何时成形的"。他们考虑了各种可能性，然而最后却断言，"人类也许直到最近都保持着沉默"。Richerson and Boyd, *Not By Genes Alone*, 144.

88 可以想见存在不止一个创始者社群，然而似乎只有一个这样的语言传统流传下来。Ehret, personal communication. 关于他列出的世界范围内的指示词，包括在指示时广泛使用的*na，参见 www.sscnet.ucla.edu/history/ehret/World_deictics.pdf。在早期研究中，梅里特·鲁伦（Merritt Ruhlen）试图识别原人类语言中的元素，例如他提出用 aq'wa 来指代"水"，用 tik 来指代"手指"或"一"。Merritt Ruhlen, *The Origin of Language: Tracing the Evolution of the Mother Tongue* (New York: John Wiley & Sons, 1994), 107–18.

89 阿特金森对语言音素变化的分析证实了语言起源于非洲，而且是非洲西南部。我认为这是因为他的分析基于他对科伊桑语地理故乡的误解，根据埃雷特的观点，科伊桑语起源于现代的坦桑尼亚。塔特索尔指出，南部非洲的干旱可能减弱在布隆伯斯洞窟的发掘期望。Quentin D. Atkinson, "Phonemic Diversity Supports a Serial

Founder Effect Model of Language Expansion from Africa," *Science* 332, 6027 (2011): 347; Christopher Ehret. "Early Humans: Tools, Language, and Culture," in David Christian (ed.), *The Cambridge World History*. Vol. 1. *Introducing World History, to 10,000 BCE* (Cambridge: Cambridge University Press, 2015), 346–47; Tattersall, *Masters of the Planet*, 201.

90 Noam Chomsky, *Syntactic Structures* ('s-Gravenhage: Mouton, 1957).

91 扎卡雷拉和弗里德里奇声称识别出了合并功能，赖克认为单一变异不太可能是表型改变的来源。Emiliano Zaccarella and Angela D. Friederici, "Merge in the Human Brain: A Sub-Region Based on Functional Investigation in the Left Pars Opercularis," *Frontiers in Psychology* (November 27, 2015), https://doi.org/10.3389/fpsyg.2015.01818; Reich, *Who We Are*.

92 Lieberman, "The Evolution of Human Speech."

93 比克顿也强调这样一种可能性，即前语言在这之前发展起来，它依赖一个没有句法的词库。Bickerton, *Language and Species*, 145–69; Fitch, *Evolution of Language*, 401–14.

94 Berwick and Chomsky, *Why Only Us*, 64, 78–82.

95 塔特索尔也简要提到了儿童是语言开创者的可能性。"事实上，我很乐于接受第一种语言由儿童发明这一概念，他们通常比成年人更容易接受新思想。" Tattersall, *Masters of the Planet*, 220. 菲奇描述了尼加拉瓜失聪儿童的分布状况，当他们聚集在一起达到 400 人时，就能够迅速发展出自己的手语。这个例子强调了一个机构将说话者团结在一起的重要性，而且还表明，在这种情况下，句法语言可以得到迅速发展。Fitch, *Evolution of Language*, 379–80, 419.

96 Robin Dunbar, *Grooming, Gossip, and the Evolution of Language* (London: Faber and Faber, 1996), 148–51.

97 关于"制度"的更完整定义见本章的后续小节。瑟尔和之后的图奥梅拉将我描述的语言预测为第一项制度。更准确地说，图奥梅拉将语言称为"最根本、最基础的社会制度"。John R. Searle, *The Construction of Social Reality* (New York: The Free Press, 1995); Tuomela, *Philosophy of Social Practices: A Collective Acceptance View* (Cambridge:Cambridge University Press, 2002), 159. 约翰・罗尔斯，约翰・R. 瑟尔，约瑟夫・兰斯德尔和安东尼・吉登斯对于开启针对基本规则，包括口语的研究做出了初期贡献，参见 Frank Hindriks, "Constitutive Rule, Language, and Ontology," *Erkenntnis* 71 (2009): 253–57, 260–61, 267–69。

98 然而，联合国教科文组织的文件拒绝提供维持一种语言所需的大概人数。根据艾洛和邓巴的推断，我假定一个言语社群平均需要 150 人。"Language Vitality and Endangerment," UNESCO Programme Safeguarding of Endangered Languages," Paris, March 10–12, 2003. www.unesco.org/new/fileadmin/MULTIMEDIA/HQ/CLT/pdf/Language_vitality_and_endangerment_EN.pdf (accessed July 19, 2018).

99 这些基本术语往往保留在口语中。

100 根据索绪尔所说，"语言在任何一个说话者那里都是不完整的；它只存在于一个集体中……只能通过社群成员签署某种协议"。Ferdinand de Saussure, trans. Wade

Baskin, *Course in General Linguistics* (New York: McGraw Hill, 1966), 14.

101　在人类共有社群的规模方面，邓巴和索西斯分析了 19 世纪胡特尔派和其他美国乌托邦社区，以及 20 世纪以色列集体农场中的小社区。他们的结论是，这些研究证实了先前关于常见群体规模为 15、50、150、500 和 1000 人的观点。邓巴和索西斯认为，关于现代农业社会的这些研究结果应该对早期的狩猎采集社群也有效。Dunbar and Sosis, "Optimising Human Community Sizes." 关于群体规模，还可参阅 Manning, *Methods*。

102　图奥梅拉对此做出了区分，并运用博弈论中团队的方法来证明群我群体的行为不能简化为自我群体的行为。Raimo Tuomela, *Social Ontology: Collective Intentionality and Group Agents* (Oxford: Oxford University Press, 2013), 183–84, 194–95.

103　比克顿将皮钦语和克里奥尔语视作通向句法口语最初诞生的阶段。他本应清楚地认识到作为初始的、非正规单词组合的皮钦语和后来的、普遍的情况之间的区别，在后者中，皮钦语被简化为跨社群交流的方式，而交流双方均能熟练运用自己一方的句法语言。Bickerton, *Language and Species*, 118–26; Fitch, *Evolution of Language* I, 406.

104　塔尔科特·帕森斯指出，"制度"一词通常有两种用法。他将"组织和其他集体"与"财产、协议和权力"进行了对比，认为它们是"规范性规则和原则的集合体……目的在于规范社会行为和关系"——帕森斯的分析严格来说是在后一个定义的范畴内。如果说后者，即规范性定义，与当代社会学有关，那么前一个定义与其对于成员的关注则更适合于研究社会进化，尤其是早期阶段。道格拉斯·诺斯的"新制度主义"也将制度视作规范："制度是构建人与人之间互动的人为设计约束。"社会学家乔纳森·特纳认为，"制度分析是内在的进化，因为它探索人类如何创造全人类范围的结构和文化系统，使得他们能够在环境中生存，其中，环境通常是由他们自己创造的"。然而，尽管他对于制度进化的分析非常详细，但其仍然主要是对连续时间段内制度规范的一种简要论述。相比之下，拉伊莫·图奥梅拉认为，"社会制度通常以解决协调问题和个体理性观点与集体理性观点之间的集体行动问题为总目标，或者至少起到创造社会秩序的作用"。Talcott Parsons, "Social Structure and the Symbolic Media of Interchange," in Peter M. Blau, *Approaches to the Study of Social Structure* (New York: The Free Press, 1975), 97; Douglass C. North, "Economic Performance through Time," Nobel Prize Lecture, 1993; Jonathan H. Turner, *Human institutions: A Theory of Societal Evolution* (Lanham, MD: Rowman & Littlefield, 2003), 5; Tuomela, *Social Ontology*, 215–15; 还可参阅 Joseph Henrich, "Cooperation, Punishment, and the Evolution of Human Institutions," *Science* 312 (2006): 60–61; 以及 Manning, *Methods*。

105　将制度作为群体分析也涉及制度规范，但这是通过对制度动力的内源性分析来实现的，而非将制度视为假定规范的外部因素。关于诺斯研究中的这一说明，参阅 Lars Udehn, *Methodological Individualism: Background, History, and Meaning* (London: Routledge, 2001)。

106　有关这些术语及其用法的重述，参阅本书《附录：分析框架》第四部分。

107　然而，在群我群体中，决策的执行还是有赖于成员的个体行动。Tuomela, *Social Ontology*, 46–51.

108　另一方面，文化进化的相关学科也关注群体的变化以及群体之间的变化。在这一框架内，文化进化的个体过程逐渐建立起个体之间的合作心理，从而在多代人的时间内形成了可以被称为自我群体的种族群体。这种群体强调合作与共性，每个群体都试图取代其他的竞争性群体。（从文化进化的角度来看，为一个群体带来差异的迁移被认为会削弱群体团结。）与此相对，社会进化侧重于社群内的共识、制度的创建与改革。作为可以被群体采用的创新的基础，它可以很快发生，并在语言群体中产生变化——它还可以通过进一步的迁移与其他人发生交换。

109　Ernst Mayr, *Evolution and the Diversity of Life* (Cambridge, MA: Harvard University Press, 1975), 26–29; Ronald A. Fisher, *The Genetical Theory of Natural Selection* (Oxford: Clarendon Press, 1930). 所有这些方面共同构成了新达尔文综合论，20 世纪 70 年代表观遗传学的兴起为生物学理论增加了另外一个维度。

110　“群体思想”可以被定义为，某些单位具有很多在分析意义上相同的元素，对这些单位进行单一层面分析，追踪它们相互作用的模式。路德维希・玻耳兹曼发展了这一思想，特别是在气体热力学领域；莱昂・瓦尔拉斯将其应用于他的一般均衡经济分析，而阿尔弗雷德・洛特卡则在人口统计学领域提出了族群理论。在此处最重要的是，罗纳德・费希尔开创了种群遗传学。群体思想被称为生物进化和文化进化的核心。但对于生物进化来说，随着表观遗传学的理论化及其对种群成员生命过程发展的研究，分析的层面又添加了一层。对于社会进化来说，群体思想非常重要，但它还为集体意向性的逻辑分析所补充，允许个体之间的差异，从而使种群成员组成群我群体来执行选定的功用。

111　在生物当量中，DNA 是档案；它以化学方式自我复制，这一过程始于 RNA 和蛋白质的产生。

112　有一个众所周知的例子，即血细胞中镰状细胞的特性，它虽然可能导致贫血，但也能预防疟疾。自然选择在微观、宏观和环境层面上发挥作用，导致了这一结果。

113　文化档案反馈的具体性质，无论有意识还是无意识，都需要进一步的理论化和分析。这一问题自然涉及先天与后天的平衡。

114　本章中讨论的制度包括语言、社群、家庭、仪式、迁移和少年的成人仪式。此外，承载有关社会制度知识的档案既可以被视为一项制度，也可以被视为存档和复制其他制度行为的记录。

115　在这一框架中，探究和概念化继续对档案事例进行详细阐释。关于从进化角度研究制度的成果合集，参阅 Kaori Kawai (ed.), *Institutions: The Evolution of Human Sociality*, trans. Minako Sato［Kyoto: Kyoto University Press, 2017 (2013)］。

116　与之相反，研究个体层面文化进化的理论家认为，人脑既是文化行为的源头，也是传递给下一代信息的储存库。

117　对于全新世，我们会考虑等级制度（见第六章），一些制度中出现了利益有别于其他成员的领导者。

118　R. I. M. Dunbar, “Mind the Bonding Gap: Constraints on the Evolution of Hominin Societies,” in Stephen Shennan (ed.), *Pattern and Process in Cultural Evolution* (Berkeley: University of California Press, 2009), 223–34.

119　这一单位规模将扩大 5~10 倍的，在家庭之外构建社群的假设，最终应该是可以被检验的。不过考古学无法进行很好的测试，因为居民群体和物质文化可能并没有立刻发生改变。定期的聚会和仪式本来就是社群的主要活动。

120　Patrick Manning, with Tiffany Trimmer, *Migration in World History*, 2nd ed. (London: Routledge, 2012), 6–13.

121　Patrick Manning, "Cross-Community Migration: A Distinctive Human Pattern." *Social Evolution and History* 5, 2 (2006): 24–54.

122　James G. Miller, *Living Systems* (New York: McGraw-Hill, 1978). 米勒的著作对梅纳德·史密斯和萨斯马利的合著 *Major Transitions in Evolution* 产生了重要的影响。

123　Boyd and Richerson, *Culture and the Evolutionary Process*, 172–203.

124　Miller, *Living Systems*, xxiv–xxvi, 1–4, 30–34.

125　Miller, *Living Systems*, 18, 32, 67, 333.

126　举一个时间上较晚的例子，市场是一项在交换商品方面分散决策的制度，而不是试图将它们集中在社会层面。

127　为了对网络进行研究，系统理论家们发明了"复杂系统"这一术语用于分析系统，它"可以作为多个存在一定相互关联的组成部分进行分析，每一个组成部分的行为取决于其他组成部分的行为"。Herbert Simon, "Near Decomposability and Complexity: How a Mind Resides in a Brain," in H. J. Morowitz and J. L. Singer (eds.), *The Mind, the Brain, and Complex Adaptive Systems* (Santa Fe Institute Studies in the Sciences of Complexity, Proceedings Vol. XXII, Reading, MA: Addison Wesley, 1995), 26.

128　关于网络，参阅 Paul McLean, *Culture in Networks* (Cambridge: Polity Press, 2017)，以及本书《附录：分析框架》第五部分。等级制度的相关问题虽然在早期的概念化中很重要，但它是在日后的社会关系中获得了重要性。

129　米勒使用的术语是"通信网"（nets of communication）而不是"网络"（network），但在讨论内部转换者和通道与网状子系统时，他将注意力放在了这些连接上。Miller, *Living Systems*, 333–36.

130　我根据人类学对这些制度目的的描述为它们进行了标注。图奥梅拉则根据个人和集体意向性的层面列出了相关制度。Tuomela, *Social Ontology*, 6.

131　Aiello and Dunbar, "Neocortex Size."

132　共同进化这一概念由埃利希和雷文提出，指的是密切接触的物种在表型上的相互影响，不过后来该术语所使用范围逐渐变得宽泛；斯蒂纳和菲利-哈尔尼克最近回顾了人类共同进化的历程。Paul R. Ehrlich and Peter H. Raven, "Butterflies and Plants: A Study in Coevolution," *Evolution* 18 (1964): 586–608; Mary C. Stiner and Gillian Feeley-Harnik, "Energy and Ecosystems," in Shryock and Smail, *Deep History*, 78–102; 还可参阅 William H. Durham, *Coevolution: Genes, Culture, and Human Diversity* (Stanford: Stanford University Press, 1991)。

133　我们有理由同样关注社会进化中的漂变。

134　更坚定地关注共同进化应该有助于遏制生物学家在生物进化范畴内解释变化的最大范围的趋势，以及文化进化论者通过他们的分析机制解释一切人类行为变化的趋势。随着他们的论述越来越强大，关注社会进化的学者需要警惕类似的趋势。

135　Adolphs and Anderson, *Neuroscience of Emotion;* Barrett, *How Emotions Are Made*. 还可参阅 Manning, *Methods*。

136　“我们的情感也在我们的个人利益服从群体利益的过程中发挥作用。” Kent Flannery and Joyce Marcus, *The Creation of Inequality: How Our Prehistoric Ancestors Set the Stage for Monarchy, Slavery, and Empire* (Cambridge, MA: Harvard University Press, 2012), 561. 图奥梅拉认为，群体可以表达“集体情感”，参阅 Tuomela, Social Ontology, 6, 260–62; 另参阅《附录：分析框架》第六部分。

137　正如我所说的，这些是自我群体，它们由对家庭的忠诚而不是制度协议构成。Peter Turchin, *Ultra Society: How 10,000 Years of War Made Humans the Greatest Cooperators on Earth* (Chaplin, CT: Beresta Books, 2015), 61; Peter J. Richerson and Robert Boyd, “The Evolution of Subjective Commitment to Groups: A Tribal Instincts Hypothesis,” in Randolph M. Neese (ed.), *Evolution and the Capacity for Commitment* (New York: Russell Sage Foundation, 2001), 186–220.

138　正如我所说的，这些是群我群体，它们通过协议而不是内在的相似性构成。

139　关于人类持续的生物进化及其对其他物种生物进化的影响，参阅 Russell, *Evolutionary History*, 6–30, 85–102。

140　McBrearty and Brooks, “The Revolution that Wasn’t.”

141　关于从基因组的角度确认这一点，参阅 Reich, *Who We Are*, 207–08。

142　如果能够对线粒体 DNA、Y 染色体、体细胞 DNA 和古代全基因组的研究进行全面的回顾（也许对于公元 1000 年前的研究进行几次这样的工作），将是十分有意义的。

143　现在还不清楚这种清晰口语起始的时间。不过基因和考古数据证明，至 6.5 万年前，存在从非洲东北部向非洲和亚洲其他地区的大规模外向迁移。

144　S. H. Ambrose, “Late Pleistocene Human Population Bottlenecks, Volcanic Winter, and Differentiation of Modern Humans,” *Journal of Human Evolution* 34, 6 (1998): 623–51. 关于从基因组数据中识别种群规模和瓶颈的方法，参阅 Henry Harpending and Alan Rogers, “Genetic Perspectives on Human origins and Differentiation,” *Annual Review of Genomics and Human Genetics* 1 (2000): 361–85，以及 Heng Li and Richard Durbin, “Inference of Human Population History from Individual Whole-Genome Sequences,” *Nature* 475 (2011): 493–96。

145　Ehret, “Early Humans,” 346–47. 关于使用基因组数据阐释瓶颈与有效群体大小相关争论的综述，参阅 M. Husemann, F. E. Zachos, R. J. Paxton, and J. C. Habel, “Effective Population Size in Ecology and Evolution,” *Heredity* 117 (2016): 191–92，以及相关的特刊。

146　关于现代非洲东北部的生态多样性，参阅 Johnson and Anderson, *Ecology of Survival*。

147　他们对比了其他灵长类和人类的社会秩序，因为灵长类多由雄性头领领导，对人类来说，“阿尔法是看不见的超自然存在……贝塔是看不见的祖先，他们听从阿尔法的命令，保护他们活着的后代免受伤害。在这个系统中，任何活着的人都不能被认为是超越伽马的存在”。Flannery and Marcus, *Creation of Inequality*, 59.

148　关于我基于语言数据对人类迁移的初步研究，参阅 P. Manning, "*Homo sapiens* Populates the Earth: A Provisional Synthesis, Privileging Linguistic Data," *Journal of World History* 17 (2006): 115–58。

149　见《附录：分析框架》第三部分以及本章"人类迁移"一节。

150　Joseph H. Greenberg, *Studies in African Linguistic Classification* (New Haven, CT: Compass Publishing Company, 1955); Greenberg, *The Languages of Africa* (Bloomington: Indiana University Press, 1963); Greenberg (ed.), *Universals of Language*, 2nd ed. (Cambridge, MA: MIT Press, 1965); William Croft, *Joseph Harold Greenberg, 1915–2001: A Biographical Memoir* (Washington, DC: National Academy of Sciences, 2007), 23.

151　批评格林伯格有关美洲语言分析的人拒绝接受他的大规模分类。另一方面，通过将亚非诸语纳入以欧亚诸语为基础的语系中，一些人主张定义一个名为诺斯特拉的超语系。这些人可能混淆了初始的原人类语言与其在北方的亚级诸语的相关证据，而后者被格林伯格归类为欧亚诸语。关于美洲语言的讨论，参阅 Joseph H. Greenberg, Christy G. Turner II, Stephen L. Zegura et al., "The Settlement of the Americas: A Comparison of the Linguistic, Dental, and Genetic Evidence [and Comments and Reply]," *Current Anthropology* 27 (1986): 477–97; 以及 Greenberg, *The Languages of the Americas* (Stanford: Stanford University Press, 1987)。关于诺斯特拉诸语和欧亚诸语，参阅 Aharon Dolgopolsky, with an introduction by Colin Renfrew, *The Nostratic Macrofamily and Linguistic Palaeontology* (Cambridge: McDonald Institute for Archaeological Research, 1998); 以及 Greenberg, *Indo-European and Its Nearest Neighbors: The Eurasiatic Language Family*, 2 vols. (Stanford: Stanford University Press, 2000)。关于诺斯特拉诸语和原人类分类的混淆，参阅 Christopher Ehret, "Nostratic - or proto-Human?" in Renfrew, *Nostratic Macrofamily*。

152　在今天的非洲东北部，一种已知的模式是年龄等级。在该模式下，男性和女性每隔几年就要经历一次社群范围内的入会仪式，所有儿童将会组成一个群体，那些已经从入会仪式中毕业的人也会组成一个群体。在分散却有效的社会秩序体系中，社会责任按照年龄和性别在整个社会秩序中进行分配。尚不清楚这种社会组织形式是何时发明的。

153　J. E. G. Sutton, "The Aquatic Civilization of Middle Africa," *Journal of African History* 15 (1974): 527–46.

154　对与衣服相关的体虱基因组的研究表明，虱子起源于非洲，时间不晚于8.3万年前。起源于非洲的人类最初认为，衣服是用来展示的，而不是取暖。Melissa A. Toups, Andrew Kitchen, Jessica E. Light, and David L. Reed, "Origin of Clothing Lice IndicatesEarly Clothing Use byAnatomicallyModernHumans in Africa," *Molecular Biology and Evolution* 28 (2011): 29–32; 关于早期虱子的研究，参阅 D. L. Reed et al., "Pair of Lice Lost"。

155　Ehret, "Early Humans," 348–57. 基因数据再次证明他的分析框架与细节的正确性。另参阅 Patrick Manning, "Migration," in David Christian (ed.), *Cambridge World History*, 1: 277–310; Jibril Hirbo, A. Ranciaro, and S. A. Tishkoff, "Population Structure and

Migration in Africa: Correlations between Archaeological, Linguistic and Genetic Data," *Causes and Consequences of Human Migration: An Evolutionary Perspective*, C.B.C. (2009): 135–71. 10.1017/CBO9781139003308.011; Michael C. Campbell and Sarah A. Tishkoff, "The Evolution of Human Genetic and Phenotypic Variation in Africa," *Current Biology* 20 (2010): R166–73。

156 赖克指出了获得更多非洲基因组数据的重要性。Reich, *Who We Are*, 207–09.

157 另参阅 Ehret, "Khoesan Languages,"；以及 J. Lachance et al., "Evolutionary History and Adaptation from High-Coverage Whole-Genome Sequences of Diverse African Hunter-Gatherers," *Cell* 150 (2012), 457–69。至于在森林地区定居的语言群体，这一问题尚未得到解决，因为操尼日尔–科尔多凡诸语中班图语的定居者在全新世迁移期间取代了操早期语言的居民。

158 Ehret, "Early Humans"；Ehret, *Proto-Afroasiatic*.

159 另参阅 Greenberg, *Languages of Africa*, 6–49, 149–60; Kay Williamson and Roger Blench, "Niger-Congo," in Heine and Nurse, *African Languages*, 11–42。

160 Christopher Ehret, "Africa from 48,000 to 9500 BCE," in David Christian (ed.), *Cambridge World History*, 1: 362–93.

161 关于人类与灵长类血缘关系的概述，即明确界定家庭早期过程的见解，可参阅 Thomas R. Trautmann, Gillian Feeley-Harnik, and John C. Mitani, "Deep Kinship," in Shryock and Smail, *Deep History*, 160–88。

162 洛普雷托将这些不同的动机称为同源联系和异源联系。Lopreato, *Human Nature*, 343.

163 Marlize Lombard and Laurel Phillipson, "Indications of Bow and Arrow Use 64,000 years ago in KwaZulu-Natal, South Africa," *Antiquity* 84 (2010): 635–48.

164 关于芦苇船，参阅 Paul Johnstone, *The Sea-Craft of Prehistory* (Cambridge, MA: Harvard University Press, 1980), 9–16。考古学上已知的非洲最古老的水运工具是一艘来自今天尼日尔的独木舟，但它只有 6000~8000 年的历史。Abubakar Garba, "The Architecture and Chemistry of a Dug-Out: the Dufuna Canoe in Ethno-archaeological Perspective," *Berichte des Sonderforschungsbereichs* 268 (1996): 193–200.

165 关于网络的逻辑，参阅第三章及《附录：分析框架》第五部分；另参阅 Flannery and Marcus, *Creation of Inequality*, 24–25, 33–35, 54–55。

166 一个例外是对澳大利亚基因组的分析，其中有 2% 可能来源于一个早期从非洲迁移到亚洲的群体。我的假设是，这样一个群体如果存在的话，它只会迁移到阿拉伯南部，并在那里被纳入之后的移民群体中。关于先前支持从非洲进行多次扩散的论述的摘要，参阅 Saioa López et al., "Human Dispersal Out of Africa: A Lasting Debate," *Evolutionary Bioinformation Online* 11, Suppl 2 (2015): 57–68。

167 克罗夫特过去几年对格林伯格的评论传达了后者的观点："他计划转向一个最有可能由尼日尔–科尔多凡诸语、尼罗–撒哈拉诸语、埃兰–达罗毗荼诸语、印太诸语和澳大利亚诸语组成的南方集体。" William Croft, *Joseph Harold Greenberg, 1915–2001: A Biographical Memoir* (Washington, DC: National Academy of Sciences, 2007), 23.

168 这种模式可以解释丹尼索瓦人的 DNA 在今天巴布亚新几内亚所占比例相

对较高的现象。根据我的观点，智人和丹尼索瓦人的杂交不可能早于 4.5 万年前。目前的研究还没有东南亚或南亚的丹尼索瓦人标本记录，也没有证实南亚人中丹尼索瓦人的血统。Mayukh Mondal, Jaume Bertranpetit, and Oscar Lao, "Approximate Bayesian Computation with Deep Learning Supports a Third Archaic Introgression in Asia and Oceania," *Nature Communications* 10, 246 (16 January, 2019).

169　Manning and Hillman, "Climate as a Factor in Migration and Social Change."

170　印太诸语创始根据地的复杂性将在下文中进行讨论。

171　经考古学证实，发生在之后即大约 4 万年前沿着多瑙河和地中海沿岸的迁移，往往证实了沿着印度洋沿岸及相关河流迁移的逻辑。

172　同样发源自喜马拉雅山脉的长江，在中国温带地区中的位置更加偏北；最初的热带移民潮并没有涉及这里。

173　也称汉藏诸语。另参阅 George van Driem, "Trans-Himalayan," in Thomas Owen-Smith and Nathan W. Hill (eds.), *Trans-Himalayan Linguistics: Historical and Descriptive Linguistics of the Himalayan area* (Berlin: de Gruyter, 2014), 11–40。

174　南方诸语通常因其主要组成部分而为人知晓：南岛诸语、南亚诸语、苗瑶诸语和台–卡岱诸语（壮侗诸语）。

175　克里斯·克拉克森的研究小组（来自昆士兰大学）现在断言，北澳大利亚的人类遗骸可以追溯至 6.5 万年前。*New York Times*, July 19, 2017.

176　另参阅 Joseph H. Greenberg, "The Indo-Pacific Hypothesis (1971)," in Greenberg (edited and introduced by William Croft), *Genetic Linguistics: Essays on Theory and Method* (Oxford: Oxford University Press, 2018), 193–276。

177　Jim Allen and James F. O'Connell, "Getting from Sunda to Sahul," in Geoffrey Clark, Foss Leach, and Sue O'Connor (eds.), *Islands of Inquiry: Colonisation, Seafaring, and the Archaeology of Maritime Landscapes* (Canberra: Australian National University Press, 2009), 31–46.

178　Johnstone, *Sea-Craft of Prehistory*.

179　这些洞穴中图画的年代是通过铀系分析进行测定的，检测对象是爪哇野牛（或称野牛）图画（加里曼丹岛，4 万年前）和东南亚疣猪（或称鹿猪）图画（苏拉威西岛，3.5 万年前），以及珊瑚洞穴堆积物。迄今为止，非洲和澳大利亚的绘画最早可以追溯至 2.9 万年前。Maxime Aubert et al., "Paleolithic Cave Art in Borneo," *Nature* 564 (2018): 254–57; Aubert et al., "Pleistocene Cave Art from Sulawesi, Indonesia," *Nature* 514 (2014): 223–27; and Ehret, "Early Humans," 358. 关于这样的视觉表现是萨满的作品这一观点，参阅 Jean Clottes, trans. Olivier Y. Martin and Robert T. Martin, *What Is Paleolithic Art? Cave Paintings and the Dawn of Human Creativity* (Chicago: University of Chicago Press, 2016)。

180　这里的例外是，大约在 11.5 万年前，智人（可能还不会说话）曾在以色列的卡夫泽洞穴短暂居住。

181　关于人类对自身栖息地的影响，参阅 Russell, *Evolutionary History*, 42–53。

182　Manning and Hillman, "Climate as a Factor in Migration and Social Change."

183　John J. Shea and Matthew L. Sisk, "Complex Projectile Technology and Homo sapiens Dispersal into Western Eurasia," *PaleoAnthropology* 10 (2010): 100–22.

184 E. J. Michael Witzel, *The Origin of the World's Mythologies* (Oxford: Oxford University Press, 2012), 5–6, 357–73.

185 威策尔认为，劳亚古陆神话出现于6万年前至2万年前。我提出4.5万年前这个时间点，而地点则是在开伯尔山口路径南端的某些地方。来自新环境的挑战可能是形成更复杂新神话的部分原因。采用修改后的神话必定导致社会冲突，因为先前生效的冈瓦纳古陆神话的宗教制度，现在必须要加以规范和取代。也许是新神话的出现对旧神话形成了挑战，也许是旧神话未能在不断改变的社会环境中发挥良好效用。其中的一个问题是，随着劳亚古陆神话的出现，神话的社会适应标准是否发生了变化。Witzel, *World's Mythologies*, 105–85. 关于作为社会共同纲领的神话，参阅 Flannery and Marcus, *Creation of Inequality*, 56。

186 这种杂交过程类似在同一时期或稍早时候推定进行的非洲人口杂交。

187 卡特维尔诸语没有展现出任何与北高加索诸语或欧亚诸语令人信服的关系，这可能是因为使用这种语言的人是从南方独立迁移而来的——例如，是操埃兰-达罗毗荼诸语的人，而不是操跨喜马拉雅诸语的人。

188 北高加索诸语和巴斯克诸语似乎与跨喜马拉雅诸语有关联，在现代的巴基斯坦和阿富汗还存在跨喜马拉雅诸语的残余。Ruhlen, *Origin of Language*, 74, 164–66, 191–93.

189 Qiaomei Fu et al., "DNA Analysis of an Early Modern Human from Tianyuan Cave, China," *PNAS* 110 (2013): 2223–27.

190 Ruhlen, *Origin of Language*, 49, 164–66.

191 Kambiz Kamrani, "Tianyuan Man Genome Reveals the Nuances of Asian Prehistory," *Anthropology.net – Blog, Physical Anthropology* (October 14, 2017).

192 埃兰德松引述了琉球群岛中冲绳岛和宫古岛上的人类遗骸，这些遗骸可以追溯至2.9万—1.7万年前，它们的主人可能自日本岛或台湾岛航海而来。这些人可能是操印太诸语的水手。Jon Erlandson, "Ancient Immigrants: Archaeology and Maritime Migrants," in Jan Lucassen, Leo Lucassen, and Patrick Manning (eds.), *Migration History in World History: Multidisciplinary Approaches* (Leiden: Brill, 2010), 201–02.

193 Johnstone, *Sea-craft of Prehistory*, 26–43; Harri Luukkanen and William F. Fitzhugh, *The Bark Canoes and Skin Boats of Northern Eurasia* (Washington, DC: Smithsonian Institution Scholarly Press, 2018).

194 人与狗相遇的地方尚未确定，但我认为东北亚是一个可能的地点。Laura R. Botigué et al., "Ancient European Dog Genomes Reveal Continuity since the Early Neolithic," *Nature Communications* 8, 16082 (2017).

195 Karen E. Carr, "Who Invented Sewing? History of Clothing." Quatr.us Study Guides, June 8, 2017. January 14, 2018. https://quatr.us/central-asia/inventedsewing-history-clothing.htm.

196 V. Gordon Childe, *What Happened in History* (Harmondsworth, England: Pelican Books, 1942). 贾雷德·戴蒙德也强调了农业生产的影响，时间段最早可以追溯至新仙女木事件，不过通常是指晚些时候。Diamond, *Guns, Germs, and Steel*.

197　考古记录最终可能会提供有关人类在末次冰盛期迁移到避难地区的信息。据我所知，无论是基因数据还是语言数据，都没有提供这些难民的迁移证据。关于低纬度和高纬度地区的气温变化，参阅 Shaun Marcott et al., “A Reconstruction of Regional and Global Temperature for the Past 11,300 Years,” *Science* 339, 6124 (2013): 1199–1200。

198　更新世带来了相对规律的周期。在周期中，先是冰盛期，厚实的冰盖覆盖了极地地区，而后则是快速升温和冰层融化，再之后又是逐渐变冷。在大约 2 万年前的末次冰盛期之前，在 14 万年前、24 万年前和 33.5 万年前均出现过冰盛期。Lovelock, *Gaia*; Brooke, *Climate Change*.

199　位于法国地中海地区特拉 · 阿玛塔的一座庇护所遗迹可以追溯至 40 万年前。Henry de Lumley, *La grande histoire des premiers hommes européens* (Paris : O. Jacob, 2007).

200　位于基辅南部梅日里奇的住所可以追溯至 1.8 万至 1.4 万年前，其宽约 5 米，屋顶为猛犸象的毛皮，墙壁为猛犸象的骨骼。Flannery and Marcus, *Creation of Inequality*, 13.

201　在 20 世纪 20 年代初的考古发掘中发现的一具男孩遗骸经过研究后被标记为 MA-1。https://en.wikipedia.org/w/index.php?title=Mal%27ta-Buret%27_culture&oldid=867852592。其他住所的例子还有乌克兰的地下房屋，时间为 2.8 万—2.4 万年前，以及俄罗斯平原上科斯滕基的一座大型长屋，在这座 29.75 米长、12.5 米宽的建筑中有 10 座供居住家庭使用的炉灶，时间为 4.2 万—3 万年前。Flannery and Marcus, *Creation of Inequality*, 12–13.

202　参见 www.youtube.com/watch?v=wbsURVgoRD0. After Arthur S. Dyke, “An Outline of North American Deglaciation,” 2004，以下简称“Deglaciation”。

203　Ross D. E. MacPhee, *End of the Megafauna: The Fate of the World's Hugest, Fiercest, and Strangest Animals* (New York: W. W. Norton, 2018), 41; “Deglaciation,” www.youtube.com/watch?v=wbsURVgoRD0.

204　在横跨公元前 20000 年—公元前 4000 年的 52 个简短章节中，米森带领读者考察了世界上每个地区的考古遗址，他以马赛克的方式追踪人们所面临的挑战和变化。Steven Mithen, *After the Ice: A Global Human History, 20,000–5000 BC* (Cambridge, MA: Harvard University Press, 2003).

205　Wu Xiaohong et al., “Early Pottery at 20,000 Years Ago in Xianrendong Cave, China,” *Science* 336 (2012): 1696–1700; Suzanne Staubach, *Clay: The History and Evolution of Humankind's Relationship with Earth's Most Primal Element* (New York: Berkley Books, 2005).

206　Douglas Kenrick, *Jomon of Japan: The World's Oldest Pottery* (London: Kegan Paul International, 1995); Friederike Jesse, “Early Pottery in Northern Africa – An Overview,” *Journal of African Archaeology* 8 (2010): 219–38.

207　Staubach, *Clay*.

208　操亚非诸语的人收割野生谷物的历史可以追溯至 2 万年前。Christopher Ehret, personal communication.

209　我所说的“联盟”是指语言社群（包含 150 个或更多的个体）合并或联合

为大约相当于原来 3~4 倍大小的群体。在本阶段，我避免使用“社会”这个术语，该术语将被我用于更宏观的场景，用来指代之后形成的各种形式的社会，参阅第六章。

210 此外，这些变化都不是突然或者有规律发生的，而且各地之间的差异很大。例如，很多觅食社群可能拒绝转向建立集合联盟，或是用生产来代替觅食。若要证实人类群体在更新世晚期显著扩大，需要大量的研究。尽管如此，“考古证据表明，一些人（冰期觅食者）组成了大规模永久性群体，他们认为彼此之间存在联系，无论这是否属实”。Flannery and Marcus, *Creation of Inequality*, 549.

211 正如弗兰纳里和马库斯所言，对于那些没有所属部族的觅食者来说，即使他们参加了成人仪式或婚礼仪式，他们的“我们对他们”的心态也证明了其袭击其他群体的合理性。此外，氏族不一定是觅食行为发展的第二阶段。

212 作为提示，在米勒子系统中用于繁殖（复制）的是繁殖者（复制者）和边界，负责传输信息的是输入转换者、内部转换者（请关注第三章。我觉得分发者与其他子系统有重叠，也许应该改为内部转换者）、渠道和网络、解读者、关联者、记忆者、决策者、编译者和输出转换者。米勒借鉴了洛马克斯和伯科维茨的研究成果，简要论述了社会层面的文化进化。然而，米勒的研究仅限于对存在文化属性的要素进行分析，而没有注意到选择的过程。Miller, *Living Systems*, 756–60; A. Lomax and N. Berkowitz, “The Evolutionary Taxonomy of Culture,” *Science* 177 (21 July, 1972): 230, 233.

213 个人和家庭受生物和文化进化过程支配，社群和联盟受社会进化过程支配。

214 虽然我很想提出这种情感泛化的可能性，但我承认，图奥梅拉指出了将群体情感传递给变化群体或更大群体的局限性。“对于情感的传递，与存在相同认知条件有关的不变性，以及基于这些条件的行为均必须存在。” Tuomela, *Social Ontology*, 261–62.

215 位于最东方的欧亚诸语群体是爱斯基摩-阿留申诸语，而位于最西方的则是印欧诸语和伊特鲁里亚诸语。大约从公元 1700 年起，印欧诸语已经传播到了世界的每个角落。

216 Ruhlen, *Origin of Language*, 49, 164–66.

217 约翰娜·尼科尔斯在其早期研究中指出，操印太诸语的人曾参与东北亚和美洲的定居活动。Fu, “Tianyuan Cave”；Johanna Nichols, “The Origin and Dispersal of Languages: Linguistic Evidence,” in Jablonski and Aiello (eds.), *The Origin and Diversification of Language*, 127–70 (San Francisco: California Academy of Sciences, 1998). 关于 3.5 万年前途经冲绳的海上航行，参阅 Erlandson, “Ancient Immigrants,” 201–02。

218 Johnstone, *Sea-Craft of Prehistory*, 26–43.

219 关于语言分布，参阅 Ehret，*Proto-Afroasiatic*。关于同期的基因分布，凯塔和博伊斯对在埃及提取的单体型样本进行了 Y 染色体分析，结果表明，最突出的那个单体型样本生成较早（中王国之前），且来自南方。希腊-罗马时代和伊斯兰时代对埃及的征服增加了其他单体型样本。参阅 S. O. Y. Keita and A. J. Boyce, “Genetics, Egypt, and History: Interpreting Geographical Patterns of Y Chromosome Variation,” *History in Africa* 32 (2005): 221–46。

220 支持这一观点的间接证据是一个来自西伯利亚马尔塔的基因组，时间为 2.4 万年前，以及另一个来自育空河谷中部上阳河上游的基因组，时间为 1.15 万年前。Maanasa Raghavan et al., “Upper Palaeolithic Siberian Genome Reveals Dual Ancestry of Native Americans,” *Nature* 505 (2014): 87–91; J. Victor Moreno-Mayar et al., “Terminal Pleistocene Alaskan Genome Reveals Founding Population of Native Americans,” *Nature* 553 (2018): 203–08.

221 “Deglaciation,” www.youtube.com/watch?v=wbsURVgoRD0.

222 沙伊布等人的基因组分析显示，北美洲北部和东部的人类与其他美洲人类是分离的；这与将北美洲 Almosan–Keresiouan 诸语和其他美洲语言分开的语言分析颇为相似。C. L. Scheib et al., “Ancient Human Parallel Lineages within North America Contributed to a Coastal Expansion,” *Science* 360 (2018): 1024–27; Moreno-Mayar et al., “Terminal Pleistocene Alaskan Genome.”

223 Jon M. Erlandson, Michael H. Graham, Bruce J. Bourque, Debra Corbett, James A. Estes, and Robert S. Steneck, “The Kelp Highway Hypothesis: Marine Ecology, the Coastal Migration Theory, and the Peopling of the Americas,” *Journal of Island and Coastal Archaeology* 2 (2007): 161–74.

224 关于美洲定居的多学科研究初步报告，参阅 Greenberg et al., “Settlement of the Americas”；另参阅 Greenberg, *Language in the Americas*。

225 Tom D. Dillehay et al., “New Archaeological Evidence for an Early Human Presence at Monte Verde, Chile,” *PLoS ONE* (November 18, 2015): 1–27, DOI: 10.137.

226 Scheib et al., “Ancient Human Parallel Lineages.”

227 沙伊布等人对额外细节的研究集中于属于北方群体的安大略阿尔冈昆诸语居民，以及属于南方群体的加利福尼亚沿岸岛屿的数据。

228 这种语言和基因组数据的主要例外是，除了 Almosan–Keresiouan 诸语外，沙伊布的北方基因组群体包含钦西安诸语，而钦西安诸语是佩纽蒂诸语（另外也是南方群体）的一部分，它也属于纳–德内诸语，而格林伯格的理论是将纳–德内诸语独立于美洲诸语之外的。我认为，这些差异表明，主要的混合，可能还有之前的南北基因组群体分离，都发生在我们现在所说的西北太平洋地区。

229 Scheib et al., “Ancient Human Parallel Lineages,” 1024; P. Skoglund et al., “Genetic Evidence for Two Founding Populations of the Americas,” *Nature* 525 (2018), 104–08 (2015).

230 反过来说，可以认为德内–叶尼塞诸语与跨喜马拉雅诸语存在联系。

231 也许早在 1.8 万年前海达瓜伊岛就没有冰层覆盖了，这一点在“Deglaciation”中得到了清晰体现。www.youtube.com/watch?v=wbsURVgoRD0.

232 由于人们只能通过基因组学和考古学证据来认识白令人，因此现在无法得知他们讲什么语言。

233 Moreno-Mayar et al., “Terminal Pleistocene Alaskan Genome”；Scheib et al., “Ancient Human Parallel Lineages,” 1024.

234 虽然克洛维斯矛尖在 Keresiouan 诸语居民的土地上分布得最为密集，但位于冰川覆盖地区以南的几乎所有北美洲地区都曾发现克洛维斯矛尖。

235 属于克洛维斯人的基因组来源于男婴 Anzick-1。Scheib et al., “Ancient Human Parallel Lineages,” 1024.

236　在气温骤然降低时期，仙女木分布范围更广。这里的三个寒冷时期分别为最老仙女木期（15070—14670 年前）、老仙女木期（约 14000—13800 年前）和新仙女木期（12900—11500 年前）。放射性碳年代测定法帮助我们确定了具体时间。

237　Wendy S. Wolbach et al., "Extraordinary Biomass-Burning Episode and Impact Winter Triggered by the Younger Dryas Cosmic Impact ~12,800 Years Ago. 1. Ice Cores and Glaciers," *Journal of Geology* 126, 2 (2018): 165–84. Bibcode: 2018JG . . .. 126..165W. DOI: 10.1086/695703.

238　Kurt H. Kjaer, "A Large Impact Crater beneath Hiawatha Glacier in Northwest Greenland," *Science Advances* 4, 11 (2018), DOI: 10.1126/sciadv.aar8173.

239　Anna Groves, "There's a second impact crater under Greenland," *Astronomy Magazine*, February 13, 2019, www.astronomy.com. 此外，威廉·拉迪曼强调，在新仙女木事件中，甲烷水平先是下降，之后又上升，而二氧化碳的水平抑制了甲烷水平的上升；这可能与大型动物的数量有关。William F. Ruddiman, *Earth Transformed* (New York: W. H. Freeman, 2014), 27, 39.

240　MacPhee, *End of the Megafauna*.

241　语言群体的分布主要通过词汇分析进行研究，在这里展示的研究中，其似乎与最早期的迁移模式是吻合的。约翰娜·尼科尔斯重申了一个共识，即"比较法只适用于近 1 万年左右的时间"，她同时认为，将词汇研究与其他语言模式相结合可以提供早期语言分布的信息。Johanna Nichols, *Linguistic Diversity in Space and Time* (Chicago: University of Chicago Press, 1992), 184.

242　L. L. Cavalli-Sforza, *Genes, Peoples, and Language* (New York: North Point Press, 2000).

243　关于肤色，我暂时使用在众多科学研究中被选用的展现肤色全球分布的世界地图。然而，这张地图的原始版本是比亚苏蒂在 1941 年经过研究后绘制的，他借鉴（而不是复制）了卢尚在 1922 年提出的 36 种肤色的方案。关于肤色变化的生物学研究已经取得了令人瞩目的进展，但是肤色的全球分布地图却显得过时了。卡瓦利-斯福扎等人于 1994 年出版的地图对比亚苏蒂以太平洋为中心的罗宾逊投影地图进行了部分简化，维基百科上的版本是以大西洋为中心的墨卡托投影地图，它以比亚苏蒂以太平洋为中心的罗宾逊投影地图为蓝本重新绘制而成。N. G. Jablonski and G. Chaplin, "The Evolution of Skin Coloration," *Journal of Human Evolution* 39 (2000): 57–106; L. Luca Cavalli-Sforza, Paolo Menozzi, and Alberto Piazza, *The History and Geography of Human Genes*, abridged (Princeton, NJ: Princeton University Press, 1994), 145; "Unlabeled Renatto Luschan Skin color map.svg," Wikipedia Commons; Felix von Luschan, *Völker, Rassen, Sprachen* (Berlin: Welt-Verlag,1922); "Tavole VI. Distribuzione della varia intensità del colore della pelle," in Renato Biasutti (ed.), *Le Razze e I popoli della terra*, 4 vols. (Turin: Unione Tipografico – Editrice Torinese, 1967［1941］), 1: 224–29.

244　对于成年人和儿童来说，学习一门语言需要加入一个群我群体，因为他们必须遵守集体准则。

245　Flannery and Marcus, *Creation of Inequality*, 189.

246　Patrick Manning, *The African Diaspora: A History through Culture* (New York:

Columbia University Press, 2009), 40, 51.

247　例如以下人类群体的定居：白令人、操美洲诸语的人类（包括具有印太血统的人类）、操纳-德内诸语的人类，以及后来操爱斯基摩-阿留申诸语的人类的定居，还有被认为已经返回亚洲的人类。

248　印度洋航行迁移的观点在安达曼群岛和莎湖可以找到证据，西太平洋航行迁移为冲绳的考古发掘所证实，东太平洋航行的遗存则见诸萨利希海和蒙特维德。

249　例如位于俄罗斯西北部的一处全新世早期墓地，参阅 Mithen, *After the Ice*, 168–77。

250　正如弗兰纳里和马库斯所说，历史学和人类学资料倾向于得出这样的结论：向等级制酋长政体的过渡要比文献记载的更加迅速，自主改变动力也更强。同样，关于国家的兴起，詹姆斯·斯科特最近也指出，国家形成的时间通常要晚于人们所认为的时间。例如，在非洲，许多长期使用铁器并拥有高水平农业制度的社会直到 15 世纪或更晚才形成国家。Flannery and Marcus, *Creation of Inequality*; Scott, *Against the Grain*; Peter Turchin et al., "Quantitative Historical Analysis Uncovers a Single Dimension of Complexity that Structures Global Variation in Human Social Organization," *PNAS* (December 21, 2017), E144–51; www.pnas.org/cgi/doi/10.1073/pnas.1708800115 .

251　我对"社会"的定义与詹姆斯·米勒类似："社会是一个庞大的、活跃的、实在的系统，其拥有组织与较低层次的生命系统作为子系统和组成部分。"他的定义包括现代国家、古代城邦国家和王国，以及小型社会。米勒谈论了社会的文化进化，但只是列出了它们的特征，并没有给出文化进化的机制或过程。泰勒、摩根和恩格斯通过对发展阶段的分析给出了关于社会进化模式的认识，而对这些阶段来说，唯一的机制就是逐步采用等级制度。卡内罗提出了一套更为详尽的社会特征，并通过因素分析研究了为数众多的社会，但他的研究也是按照表型差异进行的分类，而没有给出一套社会进化的机制。Miller, *Living Systems*, 747, 756–60; R. L. Carneiro, "Scale Analysis, Evolutionary Sequences, and the Rating of Cultures," in R. Naroll and R. Cohen (eds.), *A Handbook of Method in Cultural Anthropology* (Garden City, NY: Doubleday, 1970), 846.

252　人类试图主宰自然的观点时常被人提及，例如卢梭。这是在社会进化背景下的一个观点。

253　这些有关群体规模的观点与邓巴和索西斯在同时期人类研究中所确定的群体规模相类似（见第二章和第三章注释）。重点在于，根据邓巴和索西斯的研究，我们必须假设，人类在任何时候都会组成规模不同的群体，尽管 150 人的群体似乎一直存在。Dunbar and Sosis, "Optimising Human Community Sizes."

254　此外，尽管历史语言学的精确性受制于尚未解决的方法上的冲突，但比较语言学有望为人们提供更多全新世的信息。

255　参阅第三章"制度选择"和"社会适合度"两个部分。

256　除了评估一项制度适合度的标准这一问题外，人们还可以根据由此产生的人口规模、物质收益，或社会福利的总体水平来衡量适合度水平。

257　Diamond, *Guns, Germs, and Steel*, 83–130.

258　我已经从社会进化的角度分析了这些制度。理彻森和博伊德从文化进化的角度揭示了农业和畜牧业："我们假设存在两套社会'本能'支持并制约着复杂社会的进化。其中一套是远古的，为人类与其他社会灵长类动物所共享；另一套则是由我们发展而来的，是独特的。后者进化于更新世晚期，导致了无领导社会中中等复杂制度的进化。复杂社会的制度常常与我们的社会本能相冲突。在过去几千年中，复杂社会之所以能够发挥作用，是因为文化进化创造了有效的‘管理方法’来管理这些本能。" Richerson and Boyd, "Complex Societies: The Evolutionary Origins of a Crude Superorganism," *Human Nature* 10 (1999), 253.

259 Dmitry Yakolevich Telegin, trans. V. A. Pyatkovskiy, ed. J. P. Mallory, *Dereivka. A Settlement and Cemetery of Copper Age Horse Keepers on the Middle Dnieper* (Oxford: BAR International Series, 1986); Anon., "Ancient Krasnyi Yar," www.amnh.org/exhibitions/horse/domesticating-horses/ancient-krasnyi-yar; American Museum of Natural History.

260 对于东欧大草原到黎凡特的这一广大地区，关于其农业、畜牧业、战车作战、文化习俗和有关印欧诸语、阿尔泰诸语、闪米特诸语、北高加索诸语语者的移民潮兴起的时间、地点和特点，仍然存在尚待解决的巨大争议。J. P. Mallory, *In Search of the Indo-Europeans: Language, Archaeology, and Myth* (London: Thames and Hudson, 1989); David W. Anthony, *The Horse, the Wheel, and Language: How Bronze-age Riders from the Eurasian Steppes Changed the World* (Princeton, NJ: Princeton University Press, 2007); Marija Gimbutas, *The Goddesses and Gods of Old Europe, 6500–3500 BC, Myths and Cult Images*, new and updated ed. (Berkeley: University of California Press, 1982).

261 "Neolithic Site of Çatalhöyük," UNESCO World Heritage Centre, https://whc.unesco.org/en/list/1527.

262 Erlandson, "Ancient Immigrants."

263 Paul C. Sereno et al., "Lakeside Cemeteries in the Sahara: 5000 Years of Holocene Population and Environmental Change," *PLoS ONE* 3(8): e2995. https://doi.org/10.1371/journal.pone.0002995.

264 "在等级社会中，战争成为主要的扩张手段。" Flannery and Marcus, *Creation of Inequality*, 552, 555.

265 Flannery and Marcus, *Creation of Inequality*, 153–83.

266 Ibid., 79, 105–09, 551.

267 这个问题可以与社会规模的暴力和压迫问题联系起来。更大规模的社会是否意味着更多社会层面的暴力和更少家庭层面的暴力？参阅 Turchin, *Ultra Society*; Walter Scheidel, *The Great Leveler: Violence and the History of Inequality from the Stone Age to the Twenty-first Century* (Princeton, NJ: Princeton University Press, 2017); Ian Morris, *The Measure of Civilization: How Social Development Decides the Fate of Nations* (Princeton, NJ: Princeton University Press, 2013)。

268 此外，世袭等级制社会是通过操控"宇宙观、互惠交换、社会义务、财富转移和下级世系服从"而产生的。Flannery and Marcus, *Creation of Inequality*, 65, 87.

269 关于普莱斯公式的细节，参阅第二章。在这一模型中，成功的群体被假定为同类的。此外，这一分析隐含了口语逐渐产生，而不是迅速出现的假设。

270 Turchin, *Ultra Society*, 41.

271 Turchin, *Ultra Society*, 168–78, 213–25; Steven Pinker, *The Better Angels of Our*

Nature: Why Violence Has Declined (New York: Viking, 2011). 关于文化进化理论的修正方法，参阅 Paul E. Smaldino, "The Cultural Evolution of Emergent Group-Level Traits," *Behavioral and Brain Sciences* 37 (2014): 243–54。

272 Turchin, *Ultra Society*; 另参阅特刊 "Evolutionary Biology Arguments in Political Economy"，载于 *Journal of Bioeconomics* 17, 1 (2015)。关于图尔钦早期对战争分析的讨论，参阅 Timothy A. Kohler, Sarah Cole, and Stanca Ciupe, "Population and Warfare: A Test of the Turchin Model in Pueblo Societies," in Shennan (ed.), *Pattern and Process in Cultural Evolution*, 277–96; and Peter Turchin, *Historical Dynamics: Why States Rise and Fall* (Princeton, NJ: Princeton University Press, 2003)。

273 这种文化进化模式依赖多层次选择。相较之下，社会进化模式则依赖制度、社会选择、连接社会的网络，以及成就和等级模式的区分。关于多层次选择，参阅《附录：分析框架》的第二部分，以及 Turchin, *Ultra Society*, 19, 81–82, 92。

274 Ruddiman, *Earth Transformed*, 19–42.

275 Ibid., 231–44, 346–47.

276 在大洋洲的总面积中，澳大利亚占据了 90%。此外，还可以将面积达 200 万平方千米的马来群岛纳入大洋洲的面积。

277 "非洲-亚欧大陆"这一术语的问题在于，虽然其涉及范围包含整个亚欧大陆，但是它在非洲的范围却是模棱两可的：通常仅限于北非和撒哈拉，有时则包括整个非洲。

278 国家的形成和巩固往往需要很多年，甚至是数千年。Flannery and Marcus, *Creation of Inequality*, 555. 另参阅 Scott, *Against the Grain*; and Ronald Cohen and Elman R. Service, *Origins of the State: The Anthropology of Political Evolution* (Philadelphia: Institute for the Study of Human Issues, 1978)。

279 粗略地说，陶器的烧制温度是 1000℃（1830 ℉）~1200℃（2190 ℉），炻器的烧制温度是 1100℃（2010 ℉）~1300℃（2370 ℉），瓷器的烧制温度是 1200℃（2190 ℉）~1400℃（2550 ℉）。

280 Richard W. Bulliet, *The Wheel: Invention and Reinvention* (New York: Columbia University Press, 2016), 51–70, 79.

281 同上，71–91。

282 关于最新的全球城市化数据研究，参阅 Meredith Reba, Femke Reitsma, and Karen C. Seto, "Spatializing 6,000 Years of Global Urbanization from 3700 BC to AD 2000," *Scientific Data* 3 (2016), article no. 160034。

283 Peter Bellwood, James J. Fox, and Darrell Tryon, *The Austronesians: Historical and Comparative Perspectives* (Canberra: Australian National University, 1995); and Catherine Cymone Fourshey, Rhonda M. Gonzales, and Christine Saidi, *Bantu Africa: 3500 BCE to Present* (New York: Oxford University Press, 2017).

284 很有可能是讲印太诸语者在讲南方诸语者之前就占据了台湾岛。

285 Bellwood et al., *Austronesians*, 102.

286 Fourshey et al., *Bantu Africa*.

287 操班图诸语者的扩张最终导致了津巴布韦国家形成；操南方诸语者的扩

张形成了等级森严的太平洋国家；而操印度-雅利安诸语者的移民则促成了印度北部诸国。

288　Scott DeLancy and Victor Golla, "The Penutian Hypothesis: Retrospect and Prospect," *International Journal of American Linguistics* 63 (1997), 171–202; Jason A. Eshelman et al., "Mitochondrial DNA and Prehistoric Settlements: Native Migrations on the Western Edge of North America," *Human Biology* 76 (2004), 55–75.

289　有人猜测，尤卡坦原来的居民采用了佩纽蒂诸语移民的语言。

290　这个时代的其他迁移（尚未确定精确时间）包括：在亚欧大陆，操乌拉尔诸语者从北极地区向西迁移，操印欧诸语者进入欧洲，操南方诸语者向西迁移至印度；在非洲，操阿达马瓦-东部诸语者从喀麦隆向东迁移；在美洲，操纳瓦霍诸语者和操其他纳-德内诸语者从阿萨巴斯卡迁移至亚利桑那和新墨西哥，而操阿尔冈昆诸语者则从太平洋沿岸迁移到了大湖区的大部分地区。有关语言证据对历史分析贡献的概览分析，参阅 Christopher Ehret, *History and the Testimony of Language* (Berkeley: University of California Press, 2011)。

291　Eric H. Cline, *1177 BC: The Year Civilization Collapsed* (Princeton, NJ: Princeton University Press, 2014); 关于商朝，参阅 Robert L. Thorp, *China in the Early Bronze Age: Shang Civilization* (Philadelphia: University of Pennsylvania Press, 2006)。

292　然而，铁的使用并没有扩散到太平洋岛屿上。当冶金业在美洲许多地区发展起来时，熔炉所能承受的最高温度只允许人们冶炼金、银和铜。

293　弗兰纳里和马库斯清楚地区分了成就领导和继承领导，我个人的观点是将其视作非洲社会与亚欧社会的区别。Flannery and Marcus, *Creation of Inequality*.

294　Bulliet, *The Wheel*.

295　Philip D. Curtin, *Cross-Cultural Trade in World History* (New York: Cambridge University Press, 1984).

296　Bin Yang, *Cowrie Shells and Cowrie Money: A Global History* (London: Routledge, 2018), 94–110, 161–71.

297　此外，范·巴维尔提出了有关商业制度内部动力的理论。他认为，在 3—7 个世纪的时间里，这股动力促成了从社会反抗到经济平等、制度建设、经济增长、不平等和衰落等阶段。有关进一步的讨论，参阅第八章。Bas van Bavel, *The Invisible Hand? How Market Economies Have Emerged and Declined since AD 500* (Oxford: Oxford University Press, 2016).

298　希罗多德（约公元前 484—约公元前 425 年），玄奘（约公元 602—公元 664 年），伊本·法德兰（公元 877—公元 960 年）。Richard N. Frye, ed. and trans., *Ibn Fadlan's Journey to Russia: A Tenth-Century Traveler from Baghdad to the Volga River* (Princeton, NJ: Markus Wiener, 2005).

299　关于大型宗教的早期贡献，查拉图斯特拉从这之前的 1000 余年前就开始在波斯东北部进行布道。Michael Stausberg, Yuhan Sohrab-Dinshaw Vevaina, and Anna Tessmann, *The Wiley-Blackwell Companion to Zoroastrianism* (Chichester, UK: Wiley, 2015), 57–59.

300　罗马诸神和希腊诸神的相似之处值得注意，同样重要的是在更大的印欧诸神中二者的祖先。

301 Richard J.Smith, "Buddhism and the 'Great Persecution' in China," in *Critical Moments in Religious History*, ed. Kenneth Keulman (1993); E. O. Reischauer, *Ennin's Travels in T'ang China* (New York: The Ronald Press, 1955).

302 关于阿拔斯帝国的经济，参阅 van Bavel, *The Invisible Hand?*, 41–96；关于伊斯兰教传统的改变，参阅 Chouki El Hamel, *Black Morocco: A History of Slavery, Race, and Islam* (Cambridge: Cambridge University Press, 2013), 15–59。

303 弗兰纳里和马库斯谈到了殖民统治的深厚渊源，他们认为，它"有 4300 年的历史，是统治者们试图拓展土地、增加贡赋的产物"。我认可他们的观点，而且我发现，殖民统治概念更适用于阿契美尼德帝国、孔雀帝国和迦太基帝国。Flannery and Marcus, *Creation of Inequality*, 557.

304 Jane Burbank and Frederick Cooper, *Empires in World History: Power and the Politics of Difference* (Princeton, NJ: Princeton University Press, 2010).

305 被翻译成阿拉伯语的作品包括用希腊语或叙利亚语写就的亚里士多德和克劳迪奥・托勒密的著作，埃及象形文字的初步解码，以及梵语的数学著作。花剌子米（约 780—850 年）除了进行翻译工作外，还发展了初级代数，并在算术符号和计算中推广了 0 的使用。

306 Sheldon Pollock, *The Language of the Gods in the World of Men: Sanskrit, Culture, and Power in Premodern India* (Berkeley: University of California Press, 2006); 关于术语的概括，参阅 Alexander Beecroft, *An Ecology of World Literature: From Antiquity to the Present Day* (London: Verso, 2015)。在两个大都会中，值得注意的是有许多语言以印欧诸语为核心，如希腊语、拉丁语、梵语、波斯语、俄语，以及一些西欧语言。

307 McNeill and McNeill, *The Human Web*.

308 Xinru Liu, *The Silk Road in World History* (New York: Oxford University Press, 2010).

309 Edmund Burke III, "Islam at the Center: Technological Complexes and the Roots of Modernity," *Journal of World History* 20 (2009): 165–86.

310 Shaun Marcott et al., "Regional and Global Temperature," 1198–1201.

311 "气候与社会、生态与生物以及微生物与人类构成了这样一个动力系统的六个核心组成部分……每个组成部分都应被视为半独立的子系统，它们由直接或间接反馈所连接的子元素组成，每个子系统因此拥有独立的动力。然而，它们并不是孤立存在的，因此，在六个核心组成部分中，任何一个的变化都会引起另外一个或多个部分的变化，这种变化的性质，部分是由其他组成部分的现行状态所调和影响的……将内生的人类过程置于表面上外生的环境事件之上，这也是在制造错误的二分法，因为在该模型中，没有任何东西不是内生的。" Bruce M. S. Campbell, *The Great Transition: Climate, Disease and Society in the Late-Medieval World* (Cambridge: Cambridge University Press, 2016), 21–22.

312 Campbell, *Great Transition*, 1.

313 Monica Green, "Taking 'Pandemic' Seriously: Making the Black Death Global," *The Medieval Globe* 1, 1 (2014), https://scholarworks.wmich.edu/tmg/vol1/iss1/4.

314　Ruddiman, *Earth Transformed*, 291–92.

315　Ibid., 312–13.

316　Gérard Chouin, "Reflections on Plague in African History (14th–19th c.)," *Afriques: débats, méthodes, et terrains d'histoire* 9 (2018), https://journals.openedition.org/afriques/2084.

317　Monica Green, "Putting Africa on the Black Death Map: Narratives from Genetics and History," *Afriques: débats, méthodes, et terrains d'histoire* 9 (2018), https://journals.openedition.org/afriques/2084.

318　P. D. Jones and M. E. Mann, "Climate over Past Millennia," *Reviews of Geophysics* 42, 2 (2004); Alfred W. Crosby, *The Columbian Exchange: Biological Consequences of 1492* (Westport, CT: Greenwood Publishers, 1972).

319　这项研究估计，美洲印第安总人口下降了50%~90%。Noble David Cook, *Born to Die: Disease and New World Conquest, 1492–1650* (Cambridge: Cambridge University Press, 1998).

320　在此我十分感激安·雅内塔（Ann Jannetta），她通过有关日本的记载描述了这一系列事件。

321　这项研究基于来自整个美洲地区的137个现代样本和67个古代样本的线粒体DNA。Brendan O'Fallon and Lars Fehren-Schmitz, "Native Americans Experienced a Strong Population Bottleneck Coincident with European Contact," *PNAS* 108, 51 (2011): 20444–48.

322　Ruddiman, *Earth Transformed*, 312–28. 大多数对长期人口变化的估计往往假定存在稳定的增长率，但更详细、多学科的信息使得识别波动成为可能。Cf. Colin McEvedy and Richard Jones, *Atlas of World Population History* (Harmondsworth: Penguin, 1978).

323　"在讨论动机和行为时，使用好战这一概念可以部分克服理性和非理性之间毫无裨益的区分。好战可以被认为是动机和行为的关键，也是战争的必要条件，甚至是战争的定义……好战也有助于解释战争在开始后继续下去的原因。"我的问题是，这种模式能否合理地与情感的生理和社会表达，以及它们的变化相联系。Jeremy Black, *War and Its Causes* (London: Rowman and Littlefield, 2019), 8–9.

324　Barrett, *How Emotions Are Made*; Adolphs and Anderson, *The Neuroscience of Emotion*. 另参阅 Christian von Scheve and Mikko Salmela, *Collective Emotions: Perspectives from Psychology, Philosophy, and Sociology* (Oxford: Oxford University Press, 2014)。

325　然而，1420年，永乐皇帝又把首都迁回北京，之后明朝首都在北京稳定下来。不过，随着清朝于1644年确立统治，首都又一次经历了征服和档案转移的过程。

326　在旧大陆的东端，一个兼有印度教和佛教信仰的地区，海上国家三佛齐通过两个重要通道，即北部的马六甲海峡和南部苏门答腊的巽他海峡，在南部海域参与并维护了数百年的贸易活动。然而，当三佛齐提高了对贸易的征税额度后，印度南部的朱罗做出反应，在孟加拉湾发动了海上突袭，以及1025年的一次大规模远征，这些行动削弱了三佛齐的实力。

327　温暖的气候导致了撒哈拉以南非洲国家的扩张，其扩张方式当然是战争。马蓬古布韦王国兴起于12世纪，不过其在13世纪为津巴布韦王国所继承。同一时期，东非高原上出现了班约罗王国，而在西非，贝宁和莫西国家分别崛起于海岸和内陆。

328 R. J. Barendse, "The Feudal Mutation: Military and Economic Transformations of the Ethnosphere in the Tenth to Thirteenth Centuries," *Journal of World History* 14 (2003): 503–29; Stephen Morillo, "A 'Feudal Mutation'? Conceptual Tools and Historical Patterns in World History," *Journal of World History* 14, 4 (2003), 549–50.

329 Nicola Di Cosmo, "Climate Change and the Rise of an Empire." *The Institute Letter* (Institute for Advanced Study), Spring 2014, 1, 15.

330 Janet Abu-Lughod, *Before European Hegemony: The World System AD 1250–1350* (New York: Oxford University Press, 1989).

331 乔治·里埃洛在对印度洋地区棉花的分析中指出，这一地区的繁荣在某种程度上具有很强的延续性。另参阅杨斌对宝贝贝壳货币使用区域的分析，该区域以印度洋贸易区为中心，但范围超出了这一区域，这也表明印度洋地区的繁荣具有更强的持续性。Giorgio Riello, *Cotton: The Fabric that Made the Modern World* (Cambridge: Cambridge University Press, 2013); Yang, *Cowrie Shells and Cowrie Money*.

332 Abu-Lughod, *Before European Hegemony*; Immanuel Wallerstein, *The Modern World-System*, vol. 1 (New York: Academic Press, 1974). 关于经济和政治循环的长周期解释，参阅 Barry K. Gills and Andre Gunder Frank, "World System Cycles, Crises, and Hegemonic Shifts, 1700 BC to 1700 AD," in Frank and Gills (eds.), *The World System: Five Hundred Years or Five Thousand?* (London: Routledge, 1992), 143–99。

333 Campbell, *Great Transition*; Maarten Prak, *Citizens without Nations: Urban Citizenship in Europe and the World, c. 1000–1789* (Cambridge: Cambridge University Press, 2018); van Bavel, *The Invisible Hand?*

334 Barendse, "Feudal Mutation"; Morillo, "A 'Feudal Mutation'?"; Abu-Lughod; *Before European Hegemony*; Gills and Frank, "World System Cycles."

335 Roxann Prazniak, "Marāgha Observatory: A Star in the Constellation of Eurasian Scientific Translation," in Patrick Manning and Abigail Owen (eds.), *Knowledge in Translation: Global Patterns of Scientific Exchange, 1000–1800 CE* (Pittsburgh: University of Pittsburgh Press, 2018), 227–43.

336 John Darwin, *After Tamerlane: The Global History of Empire after 1405* (London: Bloomsbury Press, 2008). 阿拉伯和北非成为马匹的主要繁殖中心。更进一步讲，在非洲大草原的战争中，跨撒哈拉马匹贸易至关重要，尼日尔河下游山谷森林中的贝宁王国更是将马作为国家象征。

337 明朝、朝鲜和日本三国在后蒙古时代都经历了一段引人注目的文化繁荣时期。人们可能会问，三国的模式是否符合伊本·赫勒敦对伊斯兰世界政治动态的看法。

338 "好战的文化、社会和政治可以被解释为战争频繁爆发的原因。然而，这与特定的战争爆发原因并不相同。其中存在这样一个联系，即好战鼓励了对利益、主张和争端的积极而暴力的追求，无论其起源和性质如何。" Black, *War and Its Causes*, 42.

339 另参阅 Tuomela, *Social Ontology*, 260–62。

340 在唐纳德·坎贝尔看来，生物进化优化了个体和基因频率系统，而社会进化优化了社会系统的功能。"对于许多行为倾向来说，这两个系统都会过量地给予对方支持。对于他者来说，这两者是相冲突的，且相互制约。”对于动机之间的冲突区域，“在社会和生物系统发生冲突的区域，人们会期望典型的社会化成人受到适当的抑制和压制”。Campbell, “On the Conflicts between Biological and Social Evolution,” 1116. 关于情感，另参阅 Adolphs and Anderson, *Neuroscience*, 40–41; and Barrett, *How Emotions Are Made*, 169–70，这些内容在第二章中有过讨论。

341 纪律严明的军队和君主制是群我群体，它们基于共同的逻辑进行征服和统治。强调好战的时代精神不一定是这类群体的固有动力，但存在共同发展的可能。

342 1381 年英国瓦特·泰勒抗税起义即是一个著名的例子。

343 Robert Irwin, *Ibn Khaldun: An Intellectual Biography* (Princeton, NJ: Princeton University Press, 2018), 108–17.

344 伊本·赫勒敦发明了 asabiyya 一词，指的是作为北非战争核心的游牧部落之间的紧密联盟；这实际上是使部落成为高效的军事机构的“群我模式协议”（we-mode agreement）。Ibn Khaldun, *The Muqaddimah: An Introduction to History*, 3 vols., translated from the Arabic by Franz Rosenthal (Princeton, NJ: Princeton University Press, 1958). 他的评论特指穆拉比特王朝和阿尔摩哈德王朝。

345 Irwin, *Ibn Khaldun*; Mohamad Ballan, “The Scholar and the Sultan: A Translation of the Historic Encounter between Ibn Khaldun and Timur.” 另参阅 N. Levtzion and J. F. P. Hopkins (eds.), *Corpus of Early Arabic Sources for West African History* (Cambridge: Cambridge University Press), 332–35，著作包括伊本·赫勒敦对苏丹国王的描述。

346 John Darwin, *After Tamerlane*.

347 Guido Alfani, trans. Christine Calvert, *Calamaties and the Economy in Renaissance Italy: The Grand Tour of the Four Horsemen of the Apocalypse* (New York: Palgrave Macmillan, 2013).

348 于 14 世纪和 15 世纪崛起的非洲国家包括：刚果、卢巴、库巴（中非）、豪萨、格贝、阿坎（西非）、卢旺达、马拉维和丰吉（东非）。在美洲，阿兹特克和印加帝国崛起于 15 世纪中叶。

349 Lincoln Paine, *Sea and Civilization: A Maritime History of the World* (New York: Alfred A. Knopf, 2013). 关于陆地的分析比较，参阅 Patrick Manning, “Global History and Maritime History,” *International Journal of Maritime History* 15 (2013): 1–22。

350 因此，一艘船的成员是一个群我群体——在招募船员的时候，当船长表明他的意愿，这个群体就有了一个共同的目的。如果几艘船组成一支船队，它们就组成了一个规模更大的群我群体。然而，这些严格管理的船只航行其中的商业网络则是一个自我群体，其中大多数的参与群体都是自愿的。

351 Robert Batchelor, “The Global and the Maritime: Divergent Paradigms for Understanding the Role of Translation in the Emergence of Early Modern Science,” Patrick Manning and Abigail Owen (eds.), *Knowledge in Translation: Global Patterns of Scientific Exchange, 1000–1800 CE* (Pittsburgh: University of Pittsburgh Press, 2018), 77–87.

352 正如阿布-卢格霍德所暗示的那样，战争和商业的交替或许是旧大陆商业网络所固有的。Abu-Lughod, *Before European Hegemony*.

353 Regina Grafe and Oscar Gelderblom, “The Rise and Fall of the Merchant Guilds:

Re-thinking the Comparative Study of Commercial Institutions in Premodern Europe," *Journal of Interdisciplinary History* 40 (2010): 477–79.

354 Van Bavel, *The Invisible Hand?*

355 关于波斯棉花生产和贸易扩张，参阅 Richard Bulliet, *Cotton, Climate, and Camels in Early Islamic Iran: A Moment in World History* (New York: Columbia University Press, 2011)。

356 Lucassen, Jan, and Leo Lucassen. "The Mobility Transition Revisited, 1500–1900: What the Case of Europe Can Offer to Global History," *Journal of Global History* 4 (2009): 355.

357 Ahmad Ibn Mājid al-Sa'dī, *Kitāb al-fawā'id fī uṣūl 'ilm al-baḥr wa-al-qawā'id* (Damascus: al-Maṭba'ah al-Ta'āwunīyah, 1971).

358 伊本·马吉德将欧洲航海和阿拉伯航海进行了对比，前者注重观测太阳，而后者则重视星辰观测；他可能从印度洋的意大利商人那里习得了欧洲航海的创新。Pat Seed, "Celestial Navigation," in Manning and Owen (eds.), *Knowledge in Translation*, 275–91.

359 在自愿加入时常波动的旧大陆商业网络时代，存在各式各样的构建制度的努力：波罗的海的汉萨同盟；奥格斯堡的富格尔银行家族；满者伯夷的海洋帝国；以及威尼斯、热那亚和葡萄牙的商业帝国。

360 哥伦布选定的西行纬度就是上海所在的纬度。

361 Robert Batchelor, "The Global and the Maritime: Divergent Paradigms for Understanding the Role of Translation in the Emergence of Early Modern Science," in Manning and Owen (eds.), *Knowledge in Translation*, 75–90.

362 正是在这一时期，横跨太平洋的马尼拉大帆船加入新航路的贸易之列。

363 印度洋奴隶贸易总量时常波动，而大西洋奴隶贸易总量在 19 世纪前基本呈上升趋势。

364 Batchelor, "The Global and the Maritime."

365 Crosby, *Columbian Exchange*.

366 在另一个仍在东南亚流传的故事中，一个马来人在里斯本与其他葡萄牙人一起加入了麦哲伦船队，在船队经过马六甲时他便离开探险队回了家。已故的亚当·麦基翁为我讲述了这个故事。

367 Helen M. Wallis and E. D. Grinstead, "A Chinese Terrestrial Globe," *The British Museum Quarterly* 25 (1962): 83–91.

368 正如明朝时编纂的《元史》所述，札马鲁丁进献了一个木制地球仪，"其制以木为圆球，七分为水，其色绿；三分为土地，其色白，画江河湖海，脉络贯穿于其中。画作小方井，以计幅员之广袤，道里之远近"。1623 年的地球仪制造者知道这件 1267 年的地球仪的存在。Thomas T. Allsen, *Culture and Conquest in Mongol Eurasia* (Cambridge: Cambridge University Press, 2011), 107–8; Wallis and Grinstead, "Terrestrial Globe," 83.

369 作为与圭恰迪尼对 16 世纪世界看法的对比，桑贾伊·苏布拉马纳姆对另外四位 16 世纪历史学家的观点进行了总结。Kenneth R. Bartlett, "Burckhardt's Humanist

Myopia: Machiavelli, Guicciardini and the Wider World," *Scripta Mediterranea* 16–17 (1995–96): 17–30; Sanjay Subrahmanyam, "On World Historians in the Sixteenth Century," *Representations* 91, 1 (2005): 26–57.

370 Katharine Park and Lorraine Daston, "Introduction: The Age of the New," *The Cambridge History of Science, vol. 3: Early Modern Science*, ed. Park and Daston (Cambridge: Cambridge University Press, 2008), 15–16.

371 Patrick Manning, "Introduction," in Manning and Owen (eds.), *Knowledge in Translation*, 9–11, 15–16.

372 此外，阿拔斯王朝还向埃及派遣了一支考古队，其工作包括对象形文字进行初步破译。Hayrettin Yücesoy, "Translation as Self-Consciousness: Ancient Sciences, Antediluvian Wisdom, and the 'Abbāsid Translation Movement," *Journal of World History* 20 (2009): 523–57.

373 Sebouh David Aslanian, *From the Indian Ocean to the Mediterranean: The Global Trade Networks of Armenian Merchants from New Julfa* (Berkeley: University of California Press, 2011); Claude Markovits, *Global World of Indian Merchants, 1750–1947: Traders of Sind from Bukhara to Panama* (Cambridge: Cambridge University Press, 2000); Curtin, *Cross-Cultural Trade*.

374 关于不同市场中的工艺和工业劳动，参阅 Maxine Berg, "Skill, Craft, and Histories of Industrialisation in Europe and Asia," *Transactions of the Royal Historical Society* 24 (2014): 127–48。

375 阿姆斯特丹国际社会历史研究所的最新研究记录了自 1500 年以来世界范围内多种劳动类别的变化。Karin Hofmeester, Jan Lucassen, Leo Lucassen, Rombert Stapel, and Richard Zijdeman, "The Global Collaboratory on the History of Labour Relations, 1500–2000: Background, Set-up, Taxonomy, and Applications," Working paper, October 2013, http://hdl.handle.net/10622/40GRAD; 另参阅 Marcel van der Linden, *Workers of the World: Essays Toward a Global Labor History* (Leiden: Brill, 2008)。

376 Karin Hofmeester and Marcel van der Linden (eds.), *Handbook Global History of Work* (Berlin: de Gruyter, 2018); Merry Wiesner-Hanks, *Gender in History: Global Perspectives*, 2nd ed. (Malden, MA: Wiley-Blackwell, 2011).

377 Marcott et al., "Regional and Global Temperature."

378 Geoffrey Parker, *Global Crisis: War, Climate Change, & Catastrophe in the Seventeenth Century* (New Haven, CT: Yale University Press, 2013).

379 如第七章所述，拉迪曼认为，瘟疫大流行导致旧大陆人口下降，而之后在新大陆则导致气温降低。Ruddiman, *Earth Transformed*, 312–28.

380 Anne Gerritsen, "Ceramics for Local and Global Markets: Jingdezhen's Agora of Technologies," in Dagmar Schäfer (ed.), *Cultures of Knowledge: Technology in Chinese History* (Leiden: Brill, 2011), 161–84.

381 波托西富有创新精神的矿工们在 16 世纪中叶发明了利用汞从矿石中提取银的技术。Saul Guerrero, "The Environmental History of Silver Mining in New Spain and Mexico, 16c to 19c: A Shift of Paradigm," PhD dissertation, McGill University, 2015.

关于早期白银贸易，参阅 Akinobu Kuroda, “The Eurasian Silver Century, 1276–1359: Commensurability and Multiplicity,” *Journal of Global History* 4 (2009), 245–69。

382 Dennis O. Flynn and Arturo Giráldez. “Born with a ‘Silver Spoon’: World Trade’s Origin in 1571,” *Journal of World History* 6 (1995): 201–21.

383 A. G. Frank, *ReOrient: Global Economy in the Asian Age* (Berkeley: University of California Press, 1998); Prasannan Parthasarathi, *Why Europe Grew Rich and Asia Did Not: Global Economic Divergence, 1600–1850* (Cambridge: Cambridge University Press, 2011).

384 早在 1517 年，一艘葡萄牙船就从印度洋将宝贝贝壳带到了尼日尔河口的福卡多斯，这种贝壳在两地均承担货币职能。这种贸易后来为荷兰人所控制。Yang, *Cowrie Shells and Cowrie Money*, 171–73. 关于珍珠，参阅 Molly Warsh, *American Baroque: Pearls and the Nature of Empire, 1492–1700* (Chapel Hill: University of North Carolina Press, 2018)。

385 “人口以每年 0.45% 的速度增长，而白银存储量则以每年 0.7% 的速度增长（1700—1900 年）——接近人口增长速率的两倍，而且这一全球白银持有量惊人的增长速率很可能意味着货币化的扩张。在 16 世纪，人口增长速度较慢（可能总体上在下降），而白银存储量则在以更快的速度增长。”这些估计假定白银存储量每年损耗 1%。Patrick Manning, Dennis O. Flynn, and Qiyao Wang, “Silver Circulation Worldwide: Initial Steps in Comprehensive Research,” *Journal of World-Historical Information* 3–4 (2016–17): 10.

386 奴隶进口量于 17 世纪持续扩大，这些奴隶成为士兵、桨帆船桨手、农业劳动者和家庭用人。Lucassen and Lucassen, “Mobility Transition,” 355.

387 咖啡作为一种高原作物，一直为埃塞俄比亚和也门本地人所消费，直到烘培技术允许咖啡被运输一段距离。不断扩张的奥斯曼帝国和萨菲帝国都促进了咖啡贸易，它们在伊斯坦布尔、伊斯法罕和其他地方开设了许多咖啡馆。欧洲人也开始在也门购买咖啡，并从 17 世纪开始，将咖啡植株移植到爪哇和加勒比海地区。Michel Tunscherer, “Coffee in the Red Sea Area from the Sixteenth to the Nineteenth Century,” in William Gervase Clarence-Smith and Steven Topik (eds.), *The Global Coffee Economy in Africa, Asia, and Latin America* (Cambridge: Cambridge University Press, 2003), 50–66.

388 Om Prakash, *The Dutch East India Company in Bengal* (Princeton, NJ: Princeton University Press, 1985); Titas Chakraborty, “Work and Society in the East India Company Settlements in Bengal, 1650–1757,” PhD dissertation, University of Pittsburgh, 2016.

389 Lauren A. Benton, *Law and Colonial Cultures: Legal Regimes in World History, 1400–1900* (Cambridge: Cambridge University Press, 2002).

390 Ray A. Kea, *Settlements, Trade, and Polities in the Seventeenth-Century Gold Coast* (Baltimore: Johns Hopkins University Press, 1982).

391 13 世纪卡斯蒂利亚为管理奴隶制度而制定的《七编法》，并没有按照种族区分奴隶，但该法的制定越来越带有种族色彩。Jacques Gillot and Jean-François Niort, *Le Code Noir* (Paris: Editions le Cavalier Bleu, 2015); Elsa Goveia, “The West Indian Slave Laws of the Eighteenth Century,” Revista de Ciencias Sociales 4 (1960): 75–105.

392 El Hamel, *Black Morocco*, 95. 在另一种形式的奴役中，贫穷的俄国农民将自己或他们的孩子卖身为奴，这种情况尤其发生在 17 世纪。随着时间的推移，这种情况发展为农奴制。Richard Hellie, *Slavery in Russia, 1450–1725* (Chicago: University of Chicago Press, 1982).

393 即使在欧洲商人几乎没有竞争对手的大西洋地区，基于独木舟的非洲航运业也在非洲西海岸伴随着欧洲长途贸易一同发展。A. F. C. Ryder, *Benin and the Europeans, 1485–1897* (New York: Humanities Press, 1969), 73–74.

394 皮姆·德·兹瓦特友好地为我指出，在 18 世纪末，印度洋的大部分贸易仍然为亚洲商人所主导。关于印度尼西亚，参阅 Gerrit Knaap, "Shipping and Trade in Java, c. 1775: A Quantitative Analysis," *Modern Asian Studies* 33 (1999): 405–20; Knaap, "All About Money: Maritime Trade in Makassar and West Java around 1775," *Journal of the Economic and Social History of the Orient* 49 (2006): 482–502; Gerrit Knaap and Heather Sutherland, *Monsoon Traders. Ships, Skippers and Commodities in Eighteenth-Century Makassar* (Leiden: Brill, 2004)。关于印度，参阅 Sushil Chaudhury, *From Prosperity to Decline, Eighteenth Century Bengal* (New Delhi: Manohar, 1995), and Sushil Chaudhury, "The Asian Merchants and Companies in Bengal's export trade ca. Mid-eighteenth century," in Chaudhury and Morineau, *Merchants, Companies and Trade: Europe and Asia in the Early Modern Era* (Cambridge: Cambridge University Press, 1999)。

395 表 8.1 中的数字在某种程度上是对这两种来源的推测性反映，我对某些时期缺失的数据进行了增补。Matthias van Rossum, *Werkers van de wereld: Globalisering, arbeid en interculturele ontmoetingen tussen Aziatische en Europese zeelieden in dienst van de VOC, 1600–1800* (Hilversum: Verloren, 2014), 63, 65, 70–71; Richard W. Unger, "The Tonnage of Europe's Merchant Fleets 1300–1800," *The American Neptune* 52 (1992): 256–61. 另参阅 Jan de Vries for estimates on European shipping to Asia: de Vries, "Connecting Europe and Asia: A Quantitative Analysis of the Cape Route Trade, 1497–1795," in Dennis Flynn, Arturo Giráldez, and Richard von Glahn (eds.), *Global Connections and Monetary History, 1470–1800* (London: Ashgate, 2003), 35–106。

396 马蒂亚斯·范·罗苏姆指出，"亚洲航运"的估计值仅限于印度洋内的岸到岸航行，不包括每段海岸重要的海岸贸易。Van Rossum, personal communication; Knaap, "All about Money"; Chaudhury, "Asian Merchants."

397 Van Bavel, *The Invisible Hand?*; Gills and Frank, "World System Cycles."

398 Regina Grafe and Oscar Gelderblom, "The Rise and Fall of Merchant Guilds: Re-thinking the Comparative Study of Commercial Institutions in Premodern Europe," *Journal of Interdisciplinary History* 40 (2010), 477–511.

399 我在这里使用的术语，如企业、商会和全国性业主联合组织都符合群我群体和社会制度的标准，它们有成员（且按照等级制度组织起来），有共同目标，并且寻求在全球经济网络中建立影响力。

400 科卡指出，企业逐渐变得更加注重盈利能力。Jürgen Kocka, trans. Jeremiah Riemer, *A Short History of Capitalism* (Princeton, NJ: Princeton University Press, 2016), 21–22, 40–46, 58–64, 69. 关于企业的其他论述，参阅 Gerritsen, "Jingdezhen's Agora";

Grafe and Gelderblom, “Merchant Guilds”; and Prak, *Citizens without Nations*。

401 “商会直至 18 世纪末才从欧洲大部分地区消失……保护商人和他们的货物、执行合同，以及降低风险，这些责任在很大程度上成为国家活动或垂直管理的一体化企业的职能。” Grafe and Gelderblom, “Merchant Guilds,” 478–79.

402 在实践中，组织很少在这一框架中得到关注。Douglass C. North, John Joseph Wallis, and Barry R. Weingast, *Violence and Social Orders: A Conceptual Framework for Interpreting Recorded History* (New York: Cambridge University Press, 2009). 另参阅 Udehn, *Methodological Individualism*; and Daron Acemoglu and James A. Robinson, *Why Nations Fail: The Origins of Power, Prosperity, and Poverty* (London: Profile, 2012), 209–12。

403 此外，制度最终必须证明自身的制度适合度。Searle, *Construction of Social Reality*; and Tuomela, *Social Ontology*. 关于图奥梅拉观点的进一步讨论，参阅 Gerhard Preyer and Georg Peter (eds.), *Social Ontology and Collective Intentionality: Critical Essays on the Philosophy of Raimo Tuomela with His Responses* (Cham, Switzerland: Springer, 2017)。

404 当然，到目前为止，我对于群体形成和制度变迁的研究都是定性的，而不是定量的，尽管这确实可以与其他制度的兴起进行比较。

405 奥尔斯顿等人将制度定义为“公认的权威机构制定和执行的规则”。Eric Alston, Lee J. Alston, Bernardo Mueller, and Tomas Nonnenmacher, *Institutional and Organizational Analysis: Concepts and Applications* (Cambridge: Cambridge University Press, 2018), 1, 26–27, 276–82. 另参阅 Leo Lucassen, “Working Together: New Directions in Global Labour History,” *Journal of Global History* 11 (2016): 66–87。

406 在我撰写本节时所参考的资料中，其他人使用了“制度”这一术语，有时有描述但却没有定义：参阅 Kocka, *Capitalism*; Van Bavel, *The Invisible Hand?*; Prak, *Citizens without Nations*; 以及 Grafe and Gelderblom, “Merchant Guilds”。

407 查理生于 1500 年，1506 年成为勃艮第公爵，1516 年成为卡斯蒂利亚国王，1519 年成为神圣罗马帝国皇帝。他于 1556 年退位，1558 年去世。后来，英国航海家弗朗西斯·德雷克在 1577—1580 年环游世界，从利马附近海域的两艘船上夺取了西班牙的财宝。

408 Pepijn Brandon, *War, Capital, and the Dutch State (1588–1795)* (Leiden: Brill, 2015), 2.

409 英国人在詹姆斯敦的定居点几乎被严寒摧毁。Sam White, *A Cold Welcome: The Little Ice Age and Europe's Encounter with North America* (Cambridge, MA: Harvard University Press, 2017).

410 布兰登借用了葛兰西“历史集团”一词，并借鉴了蒂利有关经纪的概念。Brandon, *War, Capital*, 22–24, 33–34.

411 Brandon, *War, Capital*, 288–89.

412 可以说，如果粗略地看，这一提议与 1688 年所达成的关系状态相当接近。Brandon, *War, Capital*, 50–51.

413 Brandon, *War, Capital*, 86, 100–01.

414 关于法国国王路易十四，布莱克认为“路易好战的一个关键因素在于，他对自己所发动的战争在外交、军事或政治上的发展缺乏现实体会”。Black, *War and Its Causes*, 50. 另参阅 Brandon, *War, Capital*, 86–93.

415　英国人在向莫卧儿帝国投降后，被允许留在孟买，并没有被驱逐。

416　关于法国商人的作用，参阅 Abdoulaye Ly, *La Compagnie du Sénégal* (Paris: Présence africaine, 1958)。

417　沃勒斯坦的追随者将“世界体系”一词用于更早的时期和更小的地区。

418　这一观点在保罗·肯尼迪的书中得到了更全面的发展。Paul Kennedy, *The Rise and Fall of the Great Powers* (New York: Random House, 1988).

419　沃勒斯坦在《现代世界体系》的第一卷中并没有提及荷兰东印度公司，但他在第二卷中明确指出，应该将其排除在分析范畴之外。Wallerstein, *Modern World-System*, 2: 46–51.

420　同样的，沃勒斯坦也把最基础的奴隶来源地非洲排除在外。“但是为什么非洲人会成为新的奴隶呢？……它必须来自一个世界经济格局之外的地区，这样欧洲人就不用担心将大量劳动力作为奴隶移出这一奴隶来源地区的经济后果。”Wallerstein, *Modern World-System*, 1: 89. 他在第二卷中申明，非洲是位于体系之外的：Wallerstein, *World-System*, 2: 9, 17。分析一个系统确实需要将其边界也归入该系统之中，但沃勒斯坦可以选择跟踪商品跨境流动，而不是假设一个孤立的系统。其他跨区域联系的例子，包括俄罗斯与中国和伊朗交换毛皮，以及连接印度、东南亚和东亚的大量贸易活动。

421　Kocka, *Short History of Capitalism*, 6–24.

422　Ibid., 63–64.

423　Ibid., 54–84，再加上有关 1800 年之后时期的章节。关于公民身份的社会理论调查研究，参阅 Prak, *Citizens without Nations*, 1–17; 关于资本主义，参阅 van Bavel, *The Invisible Hand?*, 270–76。

424　Nuala Zahedieh, *The Capital and the Colonies: London and the Atlantic Economy 1660–1700* (Cambridge: Cambridge University Press, 2010). 她列举的一个关键人物是吉尔伯特·希斯科特爵士（1652—1733 年），他是一位伦敦商人，其贸易遍布波罗的海、非洲、西班牙、纽芬兰、纽约和牙买加。在他逝世时，他的财产已经达到 75 万英镑。

425　Zahedieh, *The Capital and the Colonies*, 126–36.

426　扎赫戴尔充分展示了伦敦大商人在商业上的成功，但对他们对国家政策的影响鲜有详细说明。布兰登对荷兰商人群体的描述不如扎赫戴尔详细，不过他具体描述了他们的政治影响力，尽管他强调这种影响力必须通过与其他群体进行联合才能实现。Zahedieh, *The Capital and the Colonies*; Brandon, *War, Capital*.

427　Brandon, *War, Capital*, 13; Giovanni Arrighi, *The Long Twentieth Century: Money, Power, and the Origins of Our Times* (London: Verso, 1994).

428　Jonathan I. Israel, *Dutch Primacy in World Trade, 1585–1740* (Oxford: Clarendon Press, 1989).

429　Van der Linden, *Workers of the World*. 关于其他通过大量文献获得的成果，参阅 E. P. Thompson, *The Making of the English Working Class* (New York: Pantheon, 1964); 以及 Peter Linebaugh and Marcus Rediker, *The Many-Headed Hydra: Sailors, Slaves,*

Commoners, and the Hidden History of the Revolutionary Atlantic (Boston: Beacon, 2000)。

430　关于制度变迁和发展的讨论，参阅 Pim de Zwart and Jan Luiten van Zanden, *The Origins of Globalization: World Trade in the Making of the Global Economy, 1500–1800* (Cambridge: Cambridge University Press, 2018), 252–57。

431　德·兹瓦特和范·赞登已经向前迈出了一步，他们对世界上大部分地区的情况进行了梳理总结，追踪了从第二个千年早期到 1800 年的贸易增长和贸易联系。de Zwart and van Zanden, *Origins of Globalization*. 关于早期主要关注欧洲经济扩张的经典研究，参阅 Douglass C. North and Robert Paul Thomas, *The Rise of the Western World* (Cambridge: Cambridge University Press, 1973); Eric L. Jones, *The European Miracle*; David S. Landes, *The Wealth and Poverty of Nations* (Boston: Little, Brown, 1998); 以及 Nathan Rosenberg and L. E. Birdzell, Jr., *How the West Grew Rich: The Economic Transformation of the Industrial World* (New York: Basic Books, 1986)。全球探索包括 Wallerstein, *Modern World-System*; Samir Amin, *L'accumulation à l'échelle mondiale: critique de la théorie du sous-développement* (Dakar : IFAN, 1970); 以及 Andre Gunder Frank, *World Accumulation 1492–1789* (New York: Monthly Review Press, 1978。另参阅 Paul Bairoch, *Le Tiers-Monde dans l'impasse. De démarrage économique du XVIIIe au XXe siècle* (Paris: Gallimard, 1971)。

432　德·兹瓦特通过三种方法计算了 13 种商品的价格趋同情况。事实上，在竞争激烈的中国和印度市场购买的商品，如茶叶、丝绸、纺织品和硝石，其趋同性是最强的。Pim de Zwart, "Globalization in the Early Modern Era: New Evidence from the Dutch-Asiatic Trade, c. 1600–1800," *Journal of Economic History* 76 (2016): 526–31; de Zwart, personal communication. 关于大西洋地区商品价格趋同的平行研究，参阅诸如 Paul Sharp and Jacob Weisdorf, "Globalization Revisited: Market Integration and the Wheat Trade between North America and Britain from the Eighteenth Century," *Explorations in Economic History* 50 (2013): 88–98。另参阅 de Zwart and van Zanden, *The Origins of Globalization*。

433　De Zwart, "Globalization," 541–43. 总的来说，德·兹瓦特对全球化研究的一个贡献是他的估计提供了欧洲商人的利润率：人们可能希望未来会出现对亚洲商人利润率的研究。

434　Kevin H. O'Rourke and Jeffrey G. Williamson, *Globalization and History: The Evolution of a Nineteenth-Century Atlantic Economy* (Cambridge, MA: MIT Press, 1999).

435　Colin Palmer, *Human Cargoes: The British Slave Trade to Spanish America, 1700–1739* (Urbana: University of Illinois Press, 1981).

436　Gregory Clark and David Jacks, "Coal and the Industrial Revolution, 1700–1869," *European Review of Economic History* 11 (2007): 39–72.

437　虽然印度军队也需要这种硝石，但他们从未拒绝向欧洲买家供应这种资源。

438　Frank. *ReOrient*; R. Bin Wong, *China Transformed: Historical Change and the Limits of European Experience* (Ithaca, NY: Cornell University Press, 1997); Kenneth Pomeranz, *The Great Divergence: China, Europe, and the Making of the Modern World Economy* (Princeton, NJ: Princeton University Press, 2000).

439　人口增长使中国的总产出增长，但却使人均产出下降。Stephen Broadberry, Hanhui Guan, and David Daokui Li, "China, Europe and the Great Divergence: A Study in Historical National Accounting, 980–1850," *Journal of Economic History* 78 (2018): 955–1000.

440　他接着写道："……如果文化真的进化了，从逻辑上讲，它不可能按照达尔文的方式进化。" Fernández-Armesto, *A Foot in the River*, 148, 163.

441　这些引文似乎特别适合群体层面的文化，而不是个体层面的文化。Fernández-Armesto, *A Foot in the River*, 178, 180.

442　本书讨论了"文化"和"文化的"的各种含义。在此我考虑的是群体文化的各种类别，即从微观的日常饮食到宏观的文化认同。

443　必须说中国是一个例外，烟草和甘薯似乎很早就到达那里。中国政府似乎加快了几种美洲作物的推广速度。

444　北美洲的班卓琴自非洲形制发展而来，因为它与吉他相似，因此能够更好地存在和推广。同样，俄罗斯和哈萨克斯坦的传统弦乐器巴拉莱卡琴，也为演奏于黑海港口的吉他所强化改造。

445　Ning Ma, *The Age of Silver: The Rise of the Novel East and West* (New York: Oxford University Press, 2018). 关于将世界文学和世界历史联系起来这一新思想的精准概要，参阅 May Hawas (ed.), *The Routledge Companion to World Literature and World History* (London: Routledge, 2018)。

446　作为一个全球视野的例子，17 世纪的莫卧儿皇帝查罕杰为自己选用的称号意为"世界毁灭者"，如果这并不代表他的能力的话，至少也表明了他的雄心。

447　Dena Goodman, *The Republic of Letters: A Cultural History of the French Enlightenment* (Ithaca, NY: Cornell University Press, 1994).

448　人们认为，威廉·琼斯爵士在研究梵语时在很大程度上借鉴了印度学者的成果，孟德斯鸠在他的《波斯人信札》中主要依靠的是虚构的波斯学者，而不是实际的波斯学者。Sebastian Conrad, "Enlightenment in Global History: A Historiographical Critique," *American Historical Review* 117 (2012): 999–1027. 关于欧洲文学界的可视化表征，参阅 http://republicofletters.stanford.edu; 另参阅 Muhsin J. al-Musawi, *The Medieval Islamic Republic of Letters: Arabic Knowledge Construction*; 以及 Subrahmanyam, "On World Historians in the Sixteenth Century"。

449　最好对这些全球和科学分析的交流周期进行长时段研究，包括托勒密（罗马时代）、玄奘（唐朝）、花剌子米（阿拔斯）、伊本·西拿（阿拔斯晚期）、图西和拉施德丁（蒙古时代）、埃尔南德斯（西班牙帝国）、林奈和库克（18 世纪），以及洪堡（19 世纪）。

450　James Kloppenberg, *Toward Democracy: The Struggle for Self-Rule in European and American Thought* (New York: Oxford University Press, 2016).

451　同上，6。

452　同上，13。

453　关于切罗基人，参阅 Robert J. Conley, *The Cherokee Nation: A History* (Albuquerque: University of New Mexico Press, 2008); 关于蒂普苏丹，参阅 Parthasarathi, *Why Europe*,

198–200, 207–08；关于穆罕默德·阿里帕夏，参阅 Khaled Fahmy, *All the Pasha's Men: Mehmed Ali, His Army and the Making of Modern Egypt* (Cambridge: Cambridge University Press, 1997)。

454 我对于转折点时间的选择，基于 1800—1850 年人类系统发生最大转变的事实，而不是自然界发生了最大转变。对于后者，观察家们提出的时间最早是在公元前 1600 年，最晚则是 1960 年。参阅 J. R. McNeill, *Something New under the Sun: An Environmental History of the Twentieth-Century World* (New York: W. W. Norton, 2000); 以及 Ruddiman, *Earth Transformed*。人类世的早期概念是弗拉基米尔·韦尔纳茨基提出的"人类圈"（Noosphere），他于 1938 年撰写了《科学思想作为地质力量》。苏联科学家似乎早在 20 世纪 60 年代就用"人类世"一词代指第四纪，即最新的地质时期。生态学家尤金·费尔莫·施托莫随后在 20 世纪 80 年代应用了另一种意义上的"人类世"术语；2000 年，大气化学家保罗·约瑟夫·克鲁岑推广了这一术语，他认为，近几个世纪以来人类行为对地球大气的影响如此重大，以至于形成了一个新的地质时代。

455 在描述自然界时，我坚持为其贴上"盖娅"的标签。我将它与人类系统联系起来，并关注两者的平衡与失衡。盖娅并不是整个自然界——它是地球上的生物和有机物质，以及伴随它们一同存在的无机物质，它们之间的相互作用在一定程度上保持了生命得以生存的温度与化学成分。

456 在这一制度框架下，19 世纪的资本主义是否应该被认定为一个自我群体网络，抑或是一个群我群体网络或群我群体等级制度？如果这一框架被认为是有意义的，那么我们可以对这些问题进行假设和分析。

457 关于棉布的发展程度和育种技术的变革，参阅 Russell, *Evolutionary History*, 103–144。

458 参阅奥斯特哈默在 Civilization and Exclusion 中的杰出论述，尤其是第 834—836 页。Jürgen Osterhammel, *The Transformation of the World: A Global History of the Nineteenth Century* (Princeton, NJ: Princeton University Press, 2014), 826–72.

459 Kenneth Pomeranz, *The Great Divergence: China, Europe, and the Making of the Modern World Economy* (Princeton, NJ: Princeton University Press, 2000); Andre Gunder Frank, ed. Robert A. Denemark, *ReOrienting the Nineteenth Century: Global Economy in the Continuing Asian Age* (Boulder, CO: Paradigm Publishers, 2014).

460 格兰认为，1850 年以后"人们能看到世界上越来越多的主导因素在寻求促进市场资本主义的过程中日益相互依赖"。Peter Gran, *The Rise of the Rich: A New View of Modern World History* (Syracuse, NY: Syracuse University Press, 2009), 100.

461 得克萨斯于 1836 年脱离墨西哥，建立了一个由美国定居者领导的、维持奴隶制的共和国；1845 年，得克萨斯被美国吞并；1846 年，美墨两国爆发战争。

462 发生于 1856—1860 年的第二次鸦片战争也被称为亚罗战争。当时，英国向中国施压，要求扩大通商口岸规模。以"亚罗"号事件为借口，英法联军首次攻占广州。1860 年的《北京条约》结束了战争，条约进一步扩大了通商口岸规模，并允许鸦片贸易继续进行。

463 一项关于棉花和帝国的广泛而深刻的研究将美国内战置于全球的大背景下，参阅 Sven Beckert, *Empire of Cotton: A Global History* (New York: Alfred A. Knopf, 2014)。

464　此外，同一时期还发生过一场大国冲突：在 1853—1856 年的克里米亚战争中，英国、法国和奥斯曼帝国与不断扩张的俄国交战，后者战败，伤亡近百万人。

465　至 2020 年，在联合国 193 个会员国中，君主制国家的数量已经降至 29 个。在这 29 个国家中，除 10 个国家外，其余国家均有宪政。

466　海地，更确切地说是海地北部，在 1804—1818 年的大部分时间里都维持着君主制政体。

467　A. G. Hopkins, "Globalization with and without Empires: From Bali to Labrador," in A. G. Hopkins (ed.), *Globalization in World History*, 222–30 (New York: W. W. Norton, 2002). 另参阅 Hopkins, *American Empire: A Global History* (Princeton, NJ: Princeton University Press, 2018)。

468　最奇怪的例子是比利时，这个国家的立宪君主在国内几乎没有权力，然而在 19 世纪 80 年代，利奥波德二世国王通过运用娴熟的外交手腕，成功控制了一个庞大的非洲帝国——实际上是整个刚果盆地——长达 20 年。Adam Hochschild, *King Leopold's Ghost: A Story of Greed, Terror, and Heroism in Colonial Africa* (Boston: Houghton Mifflin, 1998).

469　这些国家包括加拿大、巴西、阿根廷、墨西哥、智利及其他一些国家。

470　非殖民化也意味着巴尔干化。建立区域联合体的努力，如阿拉伯国家和非洲国家，之所以失败，部分原因在于大国的反对。然而，欧洲国家却能够一步步建立一个区域联合体。

471　在没有直接的帝国支持的情况下，阿拉伯语和汉语普通话各自都有广泛传播。

472　霍普金斯指出，随着这一阶段的开始，美国试图维持冷战时期的经济和军事霸权，而与之相竞争的国家的影响力也在上升。Hopkins, *American Empire*, 821–46.

473　Hannah Ritchie and Max Roser, "Our World in Data," "Global Primary Energy by Source." https://ourworldindata.org, 引用 "BP Statistical Review of World Energy" (online) 和 Vaclav C. Smil, *Energy Transitions: Global and National Perspectives*, 2nd ed. (Santa Barbara, CA: Praeger, 2017)。

474　从 1859 年开始至 1910 年，美国原油日产量达到 60 万桶，并在 1970 年达到 1000 万桶的最高点。世界原油日产量则从 1950 年的 1000 万桶上升至 2000 年的 7500 万桶。

475　United Nations Conference on Trade and Development, Review of Maritime Transport, 2017. https://unctad.org/en/PublicationsLibrary/rmt2017_en.pdf.

476　自 1600 年的 5.7 亿以来，世界人口每年的上涨幅度不及 0.3%。

477　也就是说，大约有 40 亿人口居住在城市。

478　Patrick Manning with Tiffany Trimmer, *Migration in World History*, 2nd ed. (London: Routledge, 2012), 148–65.

479　Jan Luiten van Zanden et al., *How Was Life? Global Well-Being since 1820* (Amsterdam: OECD, 2014), 42. 我已经对 1820 年的非洲人口进行了更正。

480　Hopkins, *American Empire*, 705–06.

481　Jean-Baptiste Fressoz and Christophe Bonneuil, "Growth Unlimited: The Idea of Infinite Growth from Fossil Capitalism to Green Capitalism," in Iris Borowy and Matthias Schmelzer (eds.), *History of the Future of Economic Growth: Historical Roots of Current Debates on Sustainable Growth* (London: Routledge, 2017), 52–68.

482　马库斯·图利乌斯·西塞罗（公元前 106 年—公元前 43 年），罗马律师、官员和作家，他将这句话归于卡西乌斯名下。

483　生物物种由单位生物组成，每个生物又由单位器官和细胞组成：基因变化适合度最明显的衡量标准就是生物和物种的后代。人类社会由更灵活的社会、社区和亚群体组成。制度变化成果的适合度必须通过社会或物种的福利进行衡量。但在实践中，这种衡量可能会基于不同的亚群体。基于受益群体的适合度衡量具有理想的灵活性，但其结果将具有矛盾和争议。

484　我居住在洛杉矶时，那里的警车都写着"保护和服务"的口号。这句口号隐晦地将城市居民作为受益群体，口号本身是警察队伍的制度目标，而警察力量是该制度的成员。此外，警察制度显然也有其自己的负责人。

485　工会主义的相关文献数量庞大而杂乱无章。关于 1760—1950 年工会历史最为广泛的叙述，参阅 William Z. Foster, *Outline History of the World Trade Union Movement* (New York: International Publishers, 1956)。

486　塞缪尔·冈珀斯是以行业为导向的美国劳工联合会的主席，他与美国总统伍德罗·威尔逊进行合作，在国际劳工组织立法过程中发挥了主导作用。然而，美国直到 1934 年才加入国际劳工组织，与苏联加入的时间相同。

487　由于国际劳工组织、苏联和红色国际劳工联合会都是新机构，人们可以对它们进行类似的创新、复制、选择和适合度分析。苏联在 1934—1937 年是国际劳工组织成员，之后于 1954 年再次加入。红色国际劳工联合会于 1937 年宣布解散。

488　Patrick Manning, "The Life-Sciences, 1900–2000: Analysis and Social Welfare from Mendel and Koch to Biotech and Conservation," *Asian Review of World Histories* 6 (2018), 185–208.

489　其中包括这样一些观点：工会及其成员代表特殊利益，而公司则代表更普遍的利益；工会反对经济自由，支持社会主义；工会有社会偏见（种族主义和性别歧视）；他们支持不配得到其所得工资和利益的劳工贵族；工会领导人腐败；工人应该完全依靠雇主，而不是花钱来支持一个雇员组织。

490　在对工会主义的研究中，我选择对社会主义的地位给予最低限度的关注。我简化了论点，以此说明社会进化原则在工会动力中的应用。如果拥有更多的时间和空间，人们可以进行与之类似的社会主义社会进化分析，也可以更广泛地追溯工会主义与社会主义的重叠和差异。

491　对于这些社会运动中的每一种，人们都可以向工会提出一整套问题，包括工会的目标、成员资质、活动、所取得的变革以及面临的反对。

492　底特律的迦勒底人是一群来自伊拉克的基督教移民，他们保持着一种源于古阿拉姆语的语言。Natalie Henrich and Joseph Henrich, *Why Humans Cooperate: A Cultural and Evolutionary Explanation* (Oxford: Oxford University Press, 2007).

493　如果用我在本书中的术语，一群合作的人就是一个"自我群体"。Henrich and Henrich, *Why Humans Cooperate*, 38–39, 57.

494 Henrich and Henrich, *Why Humans Cooperate*, 38–39.

495 同上书，51。

496 同上书，55。

497 同上书，180–84。

498 战后布雷顿森林体系于 1971 年的崩溃与越南战争中美国的负债有关，这给经济变革的背景提供了另一个面向。

499 Iris Borowy, "Science and Technology for Development in a Postcolonial World. Negotiations at the United Nations, 1960–1980," *NTM Journal of the History of Science, Technology and Medicine* 26 (2018): 31–62.

500 Donnella H.Meadows et al., *The Limits to Growth: A Report for the Club of Rome's Project on the Predicament of Mankind* (New York: Universe Books, 1972); Jay W. Forrester, *World Dynamics* (Cambridge,MA: Wright-Allen Press, 1971).

501 Rachel Carson, *Silent Spring* (New York: Fawcett Crest, 1962). 环境问题不仅出现在欧洲和北美洲，也出现在工业化的亚洲国家和任何倾倒垃圾的地方。

502 1978 年，美国禁止在罐装喷雾剂中使用氟利昂——一种氯氟烃;《维也纳议定书》(1985 年)和《蒙特利尔议定书》(1987 年)标志着限制这些化学品已成国际共识。

503 哈耶克在 1899 年生于奥地利，1931 年移居英国，1950 年移居美国，1962 年移居德国。

504 关于生物学研究广阔前景的杰出论述，参阅 François Jacob, "Evolution and Tinkering," Science 196 (1977): 1161–66。相较于哈耶克，我认为社会进化是制度的自觉发展。因此，我假设存在一个重要过程来规范和改革现行制度，而不是采取要么接受、要么放弃的态度。F. A. Hayek, *Studies in Philosophy, Politics and Economics* (Chicago: University of Chicago Press, 1967); D. Schmidtz, "Friedrich Hayek," *Stanford Encyclopedia of Philosophy* (updated December 14, 2016), https://plato.stanford.edu/entries/friedrich-hayek/. 关于起源于 20 世纪 20 年代路德维希・冯・米塞斯的新自由主义思想，参阅 Philip W. Magness, "The Pejorative Origins of the Term 'Neoliberalism'," *AIER*, www.aier.org/article,pejorative-origins-term- "neoliberalism"。另参阅 Manning, *Methods*。

505 种群思维是生物学思维上的一个重要进展，其由罗纳德・艾尔默・费希尔关于种族遗传学的研究发展而来：该思维将种群的各个元素视为平等的个体。然而，种群思维忽略了种群要素中可能存在的组成部分，并将种群要素的可能分组进行了最小化。

506 在这一推理中，哈耶克忽略了历史。人类系统及其网络从一开始就在处理稀缺资源的分配，但直到几千年前才正式形成价格网络。人际网络的其他方面涉及社会和文化问题，其不一定会采取利润最大化的方式。

507 理性选择强调个体层面决策，其在经济学、社会学等领域也得到了广泛关注。

508 欧文・贾尼斯于 1982 年对"群体思维"的批判，展示了一个群体的一致性欲望是如何导致非理性决策的。贾尼斯的著作的第一版聚焦美国外交政策的灾难，第二版则通过扩大对群体行为的质疑，从各个方面强化了新自由主义思想。Irving L. Janis, *Groupthink: Psychological Studies of Policy Decisions and Fiascoes*, 2nd ed. Boston:

Houghton Mifflin Co., 1982.

509 撒切尔夫人因此拒绝了多元主义的观点，而在所有知识领域，多样性都正在日益得到认可；然而，这一手段很好地帮助了她的政党将其他观点边缘化。

510 美国于 1984 年退出联合国教科文组织，2003 年再次加入，2017 年再次退出。英国于 1985 年退出，1997 年再次加入。新加坡于 1984 年退出，2007 年再次加入。然而，在 1985 年后，美国和英国的地方团体都积极支持联合国教科文组织，这些国家的学术组织也继续留在了联合国的学术机构中。

511 Naomi Oreskes and Erik M. Conway, *Merchants of Doubt: How a Handful of Scientists Obscured the Truth on Issues from Tobacco Smoke to Global Warming* (New York: Bloomsbury Press, 2010).

512 Naomi Oreskes and Erik M. Conway, "Science Isn't Enough to Save Us" (*New York Times*, October 17, 2018).

513 Vanessa Ogle, "Archipelago Capitalism: Tax Havens, Offshore Money, and the State, 1950s–1970s," *American Historical Review* 122 (2017): 1431–58.

514 Van Bavel, *The Invisible Hand?*; Gran, *Rise of the Rich*.

515 例如，20 世纪末，伊朗、菲律宾、海地和南非等国在国家层面上发生的事件。

516 Patrick Manning, "Songs of Democracy," http://manning.pitt.edu.

517 Aiqun Hu, *China's Social Insurance in the Twentieth Century: A Global Perspective* (Leiden: Brill, 2015).

518 Adam J. Tooze, *Crashed: How a Decade of Financial Crises Changed the World* (New York: Viking, 2018).

519 J. R. McNeill and Peter Engelke, *The Great Acceleration: An Environmental History of the Anthropocene since 1945* (Cambridge, MA: The Belknap Press of Harvard University Press, 2014).

520 格雷戈里 · 库什曼强调了当前关注岩石圈开采的宏观意义。Gregory T. Cushman, *Guano and the Opening of the Pacific World: A Global Ecological History* (New York: Cambridge University Press, 2013).

521 他提出了对以下因素的担忧："时间常量"，或盖娅在条件改变后达到平衡状态所需的时间；"回路增益"，或反馈的具体幅度，以及其对盖娅的调整具有正面影响还是负面影响。Lovelock, *The Revenge of Gaia*; 另参阅 Toby Tyrrell, *On Gaia: A Critical Investigation of the Relationship between Life and Earth* (Princeton, NJ: Princeton University Press, 2013)。

522 Hansen, James, *Storms of My Grandchildren: The Truth about the Coming Climate Catastrophe and Our Last Chance to Save Humanity* (London: Bloomsbury, 2009).

523 Thomas Piketty, trans. Arthur Goldhammer, *Capital in the Twenty-first Century* (Cambridge, MA: The Belknap Press at Harvard University Press, 2014); Branko Milanovic, *Global Inequality: A New Approach for the Age of Globalization* (Cambridge, MA: The Belknap Press at Harvard University Press, 2016).

524 Patrick Manning, "Inequality: Historical and Disciplinary Approaches,"

American Historical Review 122 (2017): 1–22; Patrick Manning, *Big Data in History* (Houndmills, UK: Palgrave Macmillan, 2013). 这份报告中提到的 CHIA 项目已经能够确定在建立全球数据收集方面的问题，但尚未获得大量资金支持。就此而言，这是杰伊·福里斯特工作的延续。Forrester, *World Dynamics*.

525 James E. Hansen, "Scientific Reticence and Sea Level Rise," *Environmental Research Letters* 2 (May 2007).

526 南非的塔博·姆贝基政府（1999—2008 年）否认人类免疫缺陷病毒会导致艾滋病症状，结果为此付出了高昂代价；在其他地方，由于拒绝接种疫苗而普遍复发的麻疹是另外一个否认性的例子。有关尼日利亚埃博拉疫情令人鼓舞的情况，参阅 Katherine Harmon Courage, "How Did Nigeria Quash Its Ebola Outbreak So Quickly?" *Scientific American*, October 18, 2014。

527 David Wallace-Wells, *The Uninhabitable Earth: Life After Warming* (New York: Tim Duggan Books, 2019).

528 更具讽刺意味的是，还有另外一种石化原料有待开发：蕴藏于永久冻土层下和水下大陆架的天然甲烷水合物。开发这种资源的努力将进一步推升气温。参阅 Gerald R. Dickens, "Methane Hydrates and Abrupt Climate Change," *Geotimes* (November 2004), www.geotimes.org/nov04/feature_climate.html。

529 健康状况正在趋同——2018 年，北美的平均预期寿命为 79 岁，拉美为 76 岁；这两个地区的识字率也非常接近。但随着财富愈发集中，贫困人口的数量将保持不变。

530 1980 年以来，财富有向最富有者转移的迹象，参阅 "World Inequality Report, 2018," https://wir2018.wid.world/files/download/wir2018-summary-english.pdf。

531 "社会科学和人文科学，尤其是在其最负盛名的理论堡垒中，显示出它们没能比在能源政策和气候政治上挣扎的政府更加适应人类世的到来。知识分子对现实的逃避使得那些掌权者更容易逃避现实。" McNeill and Engelke, *The Great Acceleration*, 208–09.

532 生物和文化进化方面的专家已经根据个体层面的逻辑，为人类的繁衍和行为塑造出了精细和明确的模型。近年来，他们试图证明个体层面逻辑可以导致协作行为的发展。社会科学家（经济学家和社会学家）依靠简单的模型来探索个体层面逻辑。历史学家和一些人类学家假设了一个群体行为和个体行为的混合情况，但他们没有对细节加以完善。这三种个体层面人类行为研究方法的倡导者几乎没有彼此交流过。

533 正如我在前文中提到的，拉伊莫·图奥梅拉已经通过博弈论证明，群我群体是在一个不可简化为个体层面的层次上运行的。Tuomela, *Social Ontology*, 179–213.

534 流行文化提高了平民在社会中的地位和相对力量，这一观点导致了另一个问题，即平民的相对力量随时间而发生变化的问题。有没有方法可以在过去几千年中追踪这一问题?

535 这种徽章制作于 1787 年，奴隶船的版画则完成于 1789 年；二者都得到了伦敦废除奴隶贸易协会的认可和分发。

536 Seymour Drescher, *Abolition: A History of Slavery and Antislavery* (Cambridge: Cambridge University Press, 2009); Sylviane Diouf, ed. *Fighting the Slave Trade: West*

African Strategies (Athens, OH: Ohio University Press, 2003).

537 Nile Green, "Persian Print and the Stanhope Revolution: Industrialization, Evangelicism, and the Birth of Printing in Early Qajar Iran," *Comparative Studies of South Asia, Africa and the Middle East* 30 (2010): 473–90.

538 Manning, *African Diaspora*, 209–82.

539 "在欧美以外的许多艺术创作中心，本土、传统、现代和全球化之间的各种协调首先导致了不同种类现代艺术的形成。随后，在与邻近地区和遥远地区中心的艺术交流中，特定种类的当代艺术开始出现。" Terry Smith, "Contemporary Art: World Currents in Transition Beyond Globalization," in Hans Beiting, Andrea Buddensteig, and Peter Weibel (eds.), *The Global Contemporary and the Rise of New Art Worlds* (Cambridge, MA: MIT Press, 2013), 186–92, at 192.

540 John Dower, *War without Mercy: Race and Power in the Pacific War* (New York: Pantheon, 1986).

541 人们可以使用的术语有"信息"和"知识"，尽管前者倾向于指数字化形式的专属数据。在这两种情况下，人们可以衡量 19 世纪图书出版物和今天万亿字节中所蕴含的知识量。

542 其中一个简单且流行的联系是创作借鉴科学技术中新奇事物的文学作品：儒勒·凡尔纳是这一方法的成功践行者。

543 创建于 1968 年的罗马俱乐部及其"限制增长"的主张是一个重要但失败的努力，其旨在确定和限制企业利益相对于社会利益的优先地位。它获得了广泛关注，但在意识形态上遭遇了失败。它的研究项目在系统动力方面取得了一些进展，但社会科学家和历史学家并没有参与其中。《世界末日的模型》(*Models of Doom*) 是对批评所做的一个回应，见 H. S. D. Cole et al. (eds.), *Models of Doom: A Critique of the Limits to Growth* (New York: Universe Books, 1973)。该书中有《增长的极限》(*Limits to Growth*) 一书的作者对这一论断所做出的详细而富有价值的回应，pp. 217–40。另参阅 Meadows, *Limits to Growth*。

544 *Scientific American* 在 2018 年 9 月这期聚焦于"A Singular Species: The Science of Being Human"。

545 Mahmood Mamdani, *Citizen and Subject: Contemporary Africa and the Legacy of Late Colonialism* (Princeton, NJ: Princeton University Press, 1996); Frederick Cooper, *Citizenship, Inequality, and Difference: Historical Perspectives* (Princeton, NJ: Princeton University Press, 2018).

546 人口最多的 7 个国家是中国、印度、美国、印度尼西亚、巴西、巴基斯坦和尼日利亚。根据预测，至 2020 年，这些国家的人口都在 2 亿以上。第二批次的 7 个人口大国是孟加拉国、俄罗斯、墨西哥、日本、菲律宾、埃塞俄比亚和埃及，这些国家的人口在 2020 年将在 1 亿以上。尼日利亚预计将在 2050 年成为世界第三的人口大国，其人口届时将达到 4 亿。

547 本尼迪克特·安德森关于民族主义传播的经典研究可能将再次得到合理修正，以此解释这样一个世界，即国家无论大小，均在包容与排斥之间交替。Benedict R. Anderson, *Imagined Communities: Reflections on the Origin and Spread of Nationalism*,

rev. ed. (London: Verso, 2006).

548 维基百科 2019 年列出世界 20 大慈善基金会，其中美国 11 个，欧洲 5 个，亚洲 3 个，加拿大 1 个。

549 社会运动并不局限于普通大众。一个明显的例子是，20 世纪末，新自由主义意识形态的支持者在整个商业界，以及其他很多领域结成同盟，在减少对公司管制的运动过程中取得了重大进展。这个群体也参与到了对全球性民主的讨论之中。

550 关于泰诺人和加勒比海地区其他人种“灭绝”的传闻被夸大了，特别是许多泰诺妇女与移民男子生下了后代，而且她们在教育子孙时也十分关注泰诺文化。

551 北极理事会（https://arctic-council.org）成立于 1996 年，这是一个有 8 个成员国的政府间组织，其中的原住民秘书处（www.arcticpeoples.com）有 6 个原住民组织成员，成立于 1994 年。

552 克洛彭伯格有关民主的见解（在第八章讨论 18 世纪的部分中曾简要介绍过）值得在人类世时代加以推广。在我看来，问题在于能否在全球一级契合在国家一级有帮助作用的原则：人民主权、自治、平等、商议、多元化和互惠。Kloppenberg, *Toward Democracy*.

553 例如盖茨基金会、联合国开发计划署。

554 Prasenjit Duara, *The Crisis of Global Modernity: Asian Traditions and a Sustainable Future* (Cambridge: Cambridge University Press, 2015).

555 Gran, *Rise of the Rich*.

556 Patrick Manning, “1789–1792 and 1989–1992. Global Interactions of Social Movements,” *World History Connected* 3, 1 (2005) http://worldhistoryconnected.org/3.1/manning.html.

557 可以想象，这些问题的讨论可以在两个机构中进行：达沃斯世界经济论坛和设在阿雷格里港的世界社会论坛。是否存在这样的情况：二者都挑战增长的教条，寻求在较小规模增长中获益的途径。或者，在何种情况下，二者挑战自我监管的教条，探索监管制度的新方式，以此促进社会福利？

译后记

本书作者曼宁教授是国际知名的世界史专家，曾长期执教于东北大学（1984—2006年，波士顿），后担任匹兹堡大学 Andrew W. Mellon 讲座教授，2016年荣休，同年担任美国历史学会主席。中国学界对他并不陌生，其专著《世界历史上的移民》《世界史导航》已译成中文出版。他的学术生涯始于非洲经济史研究（达荷美王国）、人口史（奴隶贸易），后扩展到非洲侨民、世界移民史等领域。2014年以来，曼宁教授专注于人类历史的理论化，包括语言的兴起、家庭和机构的早期社会进化、科学与知识的历史，以及人类的不平等、环境破坏和大众社会运动等领域。《人类系统：生物、文化和社会进化如何让我们走到今天》是他最新的研究成果之一。

2015年8月23—29日，第22届国际历史科学大会在山东大学召开，我负责大会的学术筹备工作，因此与曼宁教授有不少交流。他虽已年逾古稀，但精力却异常充沛，不仅组织、主持了“世界与全球史组织网络”（The Network of World and Global History Organizations, NOGWHISTO）专题会议，宣读论文，还担任“历史与伦理”“青年学者墙报”两场会议的主要评议人，对大会贡献很多。会议期间的交流虽然都很短暂，但他对全球史研究的热情、渊博的多学科知识和谦逊友好的态度，给我留下了深刻的印象。2016 年 6 月，山东大学成立了全球史与跨国史研究院。我写信邀请曼宁教授担任研究院顾问并讲学，他很愉快地答应了。次年 9 月开学，他如期来到山大，为我院师生做了七次有关人类史、全球史主题的讲座。此外，他还接受了学生采访，畅谈了个人学术经历以及他对全球史与跨国史研究的看法。访谈内容以《帕特里克 · 曼宁谈全球史、移民与民族国家》为题，发表于澎湃新闻的《上海书评》栏目。

曼宁教授是一位非常勤奋的学者，他到山大之前，已经撰写了《人类系统》的三章初稿，在讲学之余仍夜以继日地写作。他不仅通过讲座与师生分享其心得，还把完整的书稿发给我和同事们。我读完初稿即提出由研究院负责翻译并出版，他欣然同意。2020 年初《人类系统》由剑桥大学出版社出版。稍有遗憾的是，英文版将该书原稿中有关研究方法的内容做了大幅删减。曼宁教授心有不甘，于是将删减部分加以补充，以《人类历史的研究方法：社会、文化与生物进化》（*Methods for Human History: Studying Social, Cultural, and Biological Evolution*）为题出版（Palgrave Macmillan，2020）。他在该书中对其研究方法做了全面说明，尤其是关于社会进化的研究，展示了物理、生物、生态和社会科学等多学科之间的融合。相比之下，该书更能反映曼宁教授在世界史研究方法论上的独到之处，同样值得引进出版。

《人类系统》的翻译工作得到了山东大学、山东省重点教改项目“全球史与跨国史课程群建设”的支持，由我与学生梅云鹤合作完成。云鹤是山大世界史本科生，曾选修过我的两门课程，课堂表现活跃，好学深思，目前在伯明翰大学古典系修读拜占庭研究方向的硕士学位，准备读博，未来可期。本书先由云鹤翻译初稿，然后由我逐句逐段对照原文修订。我们两人经常就一些理解有歧义的概念进行讨论，中间也多次向曼宁教授电邮请教，并在他指导下修订了英文版中的个别错误。全书由我负责审校定稿。尽管我们已很用心，但一定还有若干语意理解不准、翻译不当之处，所有疏漏舛错概由我负责，请大家多批评指正。

最后，本书能够顺利出版，离不开中信出版社及编辑们的大力支持，特别是马晓玲女士，当时尚未谋面，我通过微信介绍了曼宁教授和他的著作，她认为值得出版，很快开启版权调查与选题论证，商定了出版合同。感谢关建先生、汪思涵女士、程时音女士的持续跟进，他们高效、认真的编校为本书增色不少，在此一并表示谢忱。

刘家峰

2022 年 6 月 21 日于山东大学知新楼